●机械设计制造及其自动化专业系列教材

省级教改项目，基于多层次课题任务的工科大学生创新能力培养模式研究与实践，项目编号为：JG2014010868。

工程制图基础

主　编　杨冬霞

副主编　范长胜　才　智　王宝芹

主　审　杨红孺

HEUP 哈尔滨工程大学出版社

内容简介

本书是普通高等教育"十二五"重点规划教材。共分8章,包括制图的基本知识和技能,投影基础,基本体的投影,立体表面的交线,组合体,机件的表达方法,轴测图,计算机绘图等内容。

本书将徒手绘图、尺规作图及计算机绘图三种方法都随课程内容逐步介绍,将经典内容与现代的计算机知识融合在一起。为了强化学生的空间想象能力,本书从不同角度、不同层次加强了二维图形与三维形体的内容。本着学有所用的思想,既系统地介绍了 AutoCAD2010 的绘图功能,又结合实例讲解了 CAD 绘图方法。

本书可作为普通高等院校少学时的机械类专业、近机械类和非机械类等专业的工程制图课程的教材,也可作为继续教育同类专业的教材及供有关工程技术人员参考。

图书在版编目(CIP)数据

工程制图基础/杨冬霞主编.—哈尔滨:
哈尔滨工程大学出版社,2014.11(2018.8 重印)
ISBN 978-7-5661-0946-0

Ⅰ.①工… Ⅱ.①杨… Ⅲ.①工程制图
Ⅳ.①TB23

中国版本图书馆 CIP 数据核字(2015)第 004871 号

出版发行 哈尔滨工程大学出版社
社　　址 哈尔滨市南岗区南通大街 145 号
邮政编码 150001
发行电话 0451-82519328
传　　真 0451-82519699
经　　销 新华书店
印　　刷 北京中石油彩色印刷有限责任公司
开　　本 787mm×1092mm　1/16
印　　张 13.75
字　　数 342 千字
版　　次 2015 年 2 月第 1 版
印　　次 2018 年 8 月第 3 次印刷
定　　价 29.00 元
http://www.hrbeupress.com
E-mail:heupress@hrbeu.edu.cn

前　　言

本书是高等学校机械设计制造及其自动化专业的专业基础课,是从事机电系统设计必需知识的重要组成部分。本书是根据教育部工程图学教学指导委员会2004年通过的“普通高等院校工程图学课程教学基本要求”,总结近年来编者及国内外教学改革的经验编写而成的。

工程制图是机械类和近机类学生的一门重要专业课。随着社会的进步和技术的发展,本课程的内容也在不断地发展与更新,除经典内容日臻成熟,现代计算机技术内容的比例也在不断增加。

本书以最新颁布的《技术制图和机械制图》国家标准中的有关规定为依据,采用工程中的多面正投影、轴测投影、计算机二维和三维建模的分析方法进行绘图。采用将这些方法互相补充、相互融合的表述方式使读者在学习过程中能更容易、更直观地理解二维与三维图形的转换过程与分析方法。在编写过程中努力体现理论与实践相结合的特点,精选教学内容,强化组合体的构图设计,增强计算机绘图。注重培养学生的空间想象能力,将计算机的三维造型与零部件的二维图形有机结合,更易于提高学生创新性思维能力。为使教材质量提高到一个新的水平,以符合现阶段计算机绘图主流的趋势,本书更注重计算机三维图形的设计与表达,尽管本书主要用于少学时机械类专业、近机械类和非机械类专业学生的教材,但其教学体系和教学内容力求符合本课程的教学特点,着力于学生基础知识及读图识图能力的培养。

本书由哈尔滨学院杨冬霞主编;东北林业大学范长胜、聊城职业技术学院才智、黑龙江工程学院王宝芹任副主编。具体分工如下:第一、二、三章由杨冬霞编写;第四、五章由才智编写;第六、七章由王宝芹编写;第八章由范长胜编写。全书由杨冬霞、范长胜统稿,杨红孺教授主审,并提出宝贵意见。

本书在编写过程中参阅了大量相关文献,在此向有关作者一并表示感谢!

由于编者水平和经验有限,书中有错误或不足之处,敬请广大读者批评指正。

编　者

2014.3

目　录

第一章　制图的基本知识和技能

本章将重点介绍中华人民共和国国家标准《技术制图》和《机械制图》中的基本规定，它是绘制图样的重要依据。同时介绍绘图工具的使用方法、绘图基本技能、几何作图方法及平面图形的尺寸分析和绘图步骤等。

图样是设计和制造过程中的重要技术文件，是表达设计思想、技术交流、指导生产的工程语言。因此，必须对图纸的各个方面有统一的规定。我国在 1959 年首次颁布了国家标准《机械制图》，对图样作了统一的技术规定。为适应生产技术的发展和国际间的经济贸易往来和技术交流，我国的国家标准经过多次修改和补充，已基本上等同或等效于国际标准。

国家标准简称“国标”，属性代号为“GB”。例如 GB/T14689—1993，其中“T”为推荐性标准，“14689”是标准顺序号，“1993”是标准颁布的年代号。本节仅介绍其中的部分标准，其余的将在后续章节中分别介绍。

1.1 《技术制图》的基本规定

本节参照最新的国家标准，介绍其中《技术制图》的有关规定，如图纸幅面、格式、比例、图线、字体和尺寸等。制图时必须严格遵守。

1.1.1 图纸幅面和格式(GB/T14689—1993)

(一)图纸幅面

绘制图样时应优先采用表 1－1 中规定的基本幅面。幅面共有 5 种，其代号为 A0，A1，A2，A3，A4。必要时，可按规定加长幅面，如图 1－1 所示。

表 1－1　图纸基本幅面及图框尺寸

幅面代号	A0	A1	A2	A3	A4
$B \times L$	841 × 1189	594 × 841	420 × 594	297 × 420	210 × 297
e	20		10		
c	10			5	
a	25				

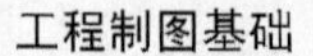

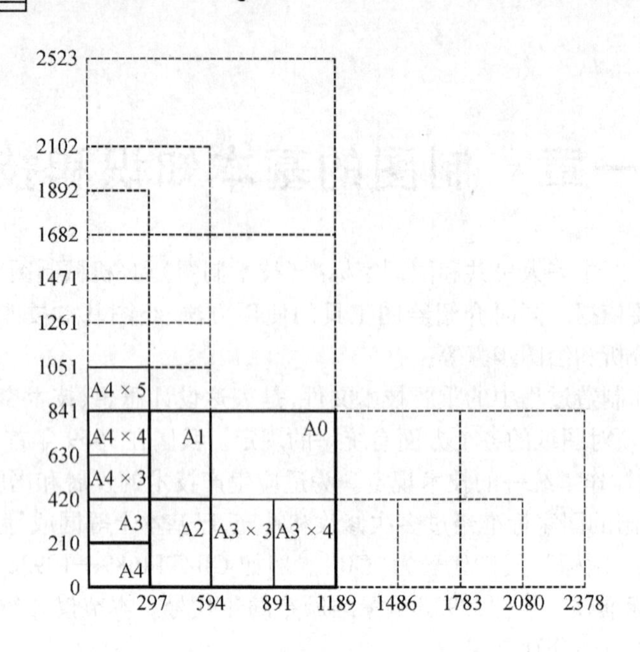

图 1－1　图纸幅面及加长边

（二）图框格式

图样无论是否装订，都必须用粗实线画出图框，其格式分为不留装订边和留有装订边两种，如图 1－2、图 1－3 所示。每种图框的周边尺寸按表 1－1 选取。需要装订的图样，一般采用 A4 幅面竖装，或 A3 幅面横装。但应注意，同一产品的图样只能采用一种格式。

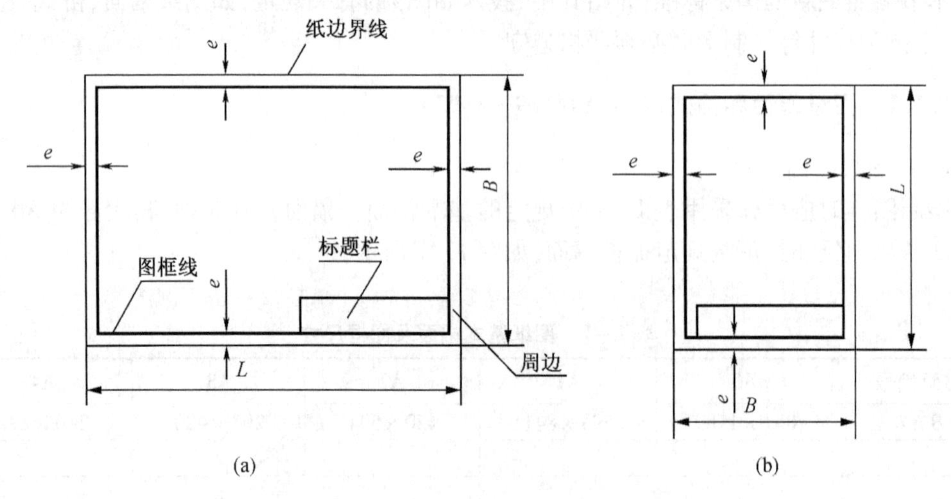

图 1－2　不留装订边的图框格式

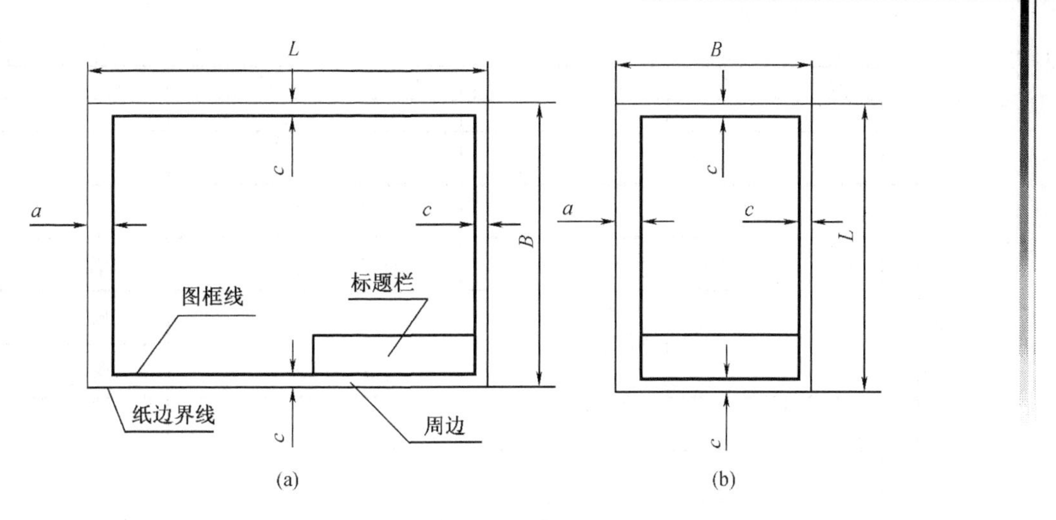

图 1－3　留装订边的图框格式

(三)标题栏的方位

国标《技术制图　标题栏》规定每张图纸中均应有标题栏,标题栏一般位于图纸的右下角(图 1－2、图 1－3),标题栏的长边置于水平方向并与图纸的长边平行时,则构成 X 型图纸如图 1－2(a)和图 1－3(a)所示,若标题栏的长边与图纸的长边垂直时,则构成 Y 型图纸,如图 1－2(b)和图 1－3(b)所示。

(四)标题栏

每张图样中均应有标题栏,用来填写图样上的综合信息,它是图样中的重要组成部分。

国家标准 GB/T 10609.1—1989 规定了标题栏格式、内容及尺寸,标题栏中的文字方向通常为看图方向,字体应符合 GB/T 14691—1993 的规定(责任签名除外)。各设计单位的标题栏格式可以有不同变化,本书采用的零件图标题栏的格式如图 1－4 所示。

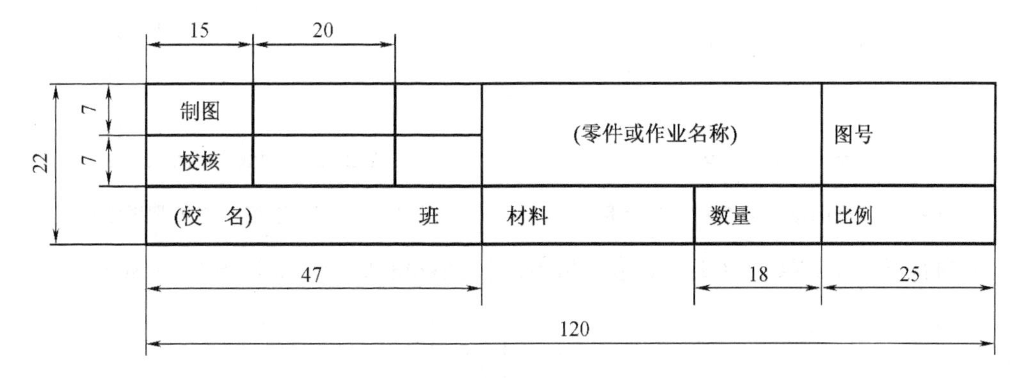

图 1－4　零件图标题栏

对于装配图,除了标题栏外,还必须具有明细栏。明细栏描述了组成装配体的各种零、部件的数量和材料等信息。明细栏配置在标题栏的上方,按照由下至上的顺序书写。通常装配图标题栏及明细栏的参考尺寸及格式见图 1－5 的样式。

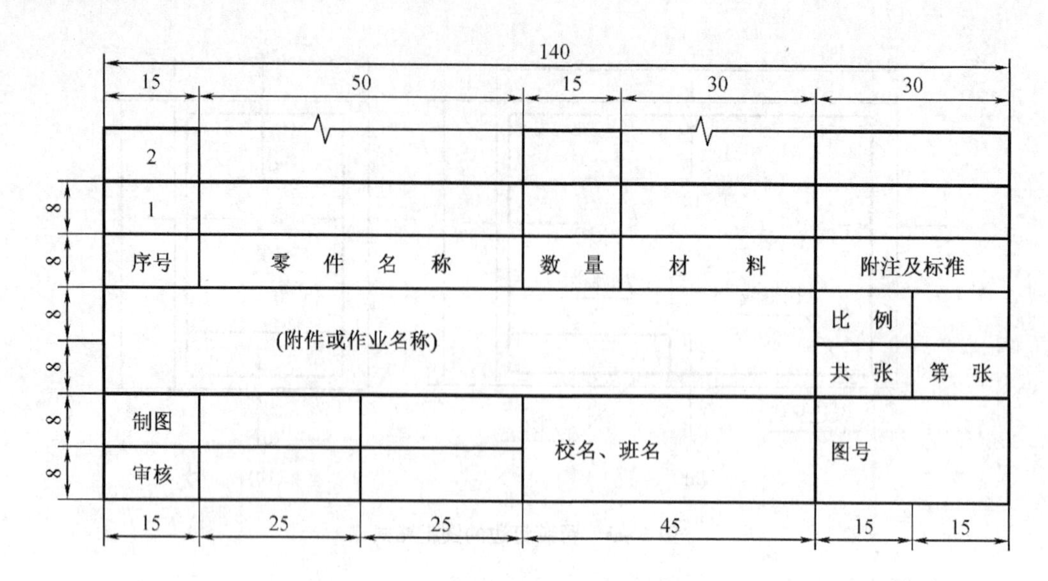

图 1－5　装配图的标题栏与明细栏

（五）附加符号

每张图纸上除了必须画出图框、标题栏等，还可以根据需要画上附加符号，如对中符号、方向符号、剪切符号、图幅分区、米制参考分度符号等。

为了利用预先印制的图纸，允许将 X 型图纸的短边置于水平位置使用，如图 1－6 所示；或将 Y 型图纸的长边置于水平位置使用，如图 1－7 所示。此时标题栏应在右上角，而且必须画上方向符号。

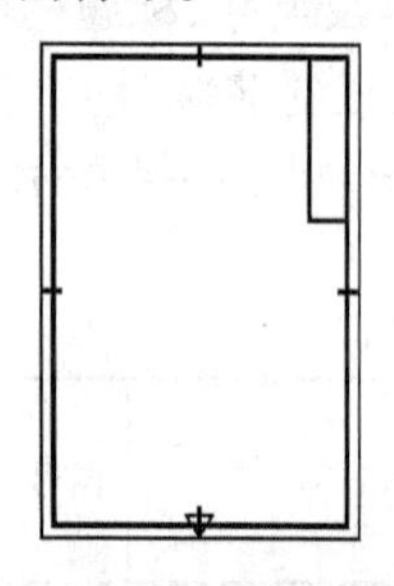

图 1－6　X 型图纸作为 Y 型图纸使用

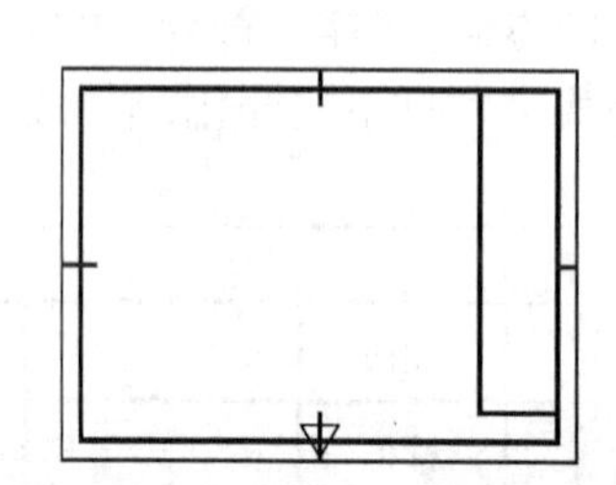

图 1－7　Y 型图纸作为 X 型图纸使用

方向符号是用细实线绘制的等边三角形，其大小和所处的位置如图 1－8 所示。

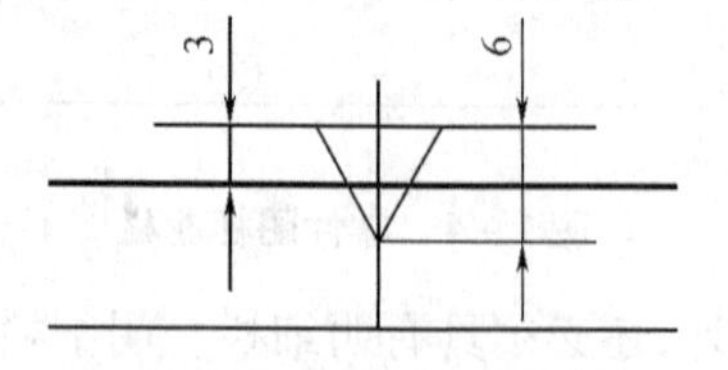

图 1－8　图纸方向符号

为了复制或缩微摄影的方便，可采用对中符号。对中符号是从周边画入图框内约5 mm 的一段粗实线。当对中符号处在标题栏范围内时，伸入标题栏部分省略不画，如图 1－9 所示。

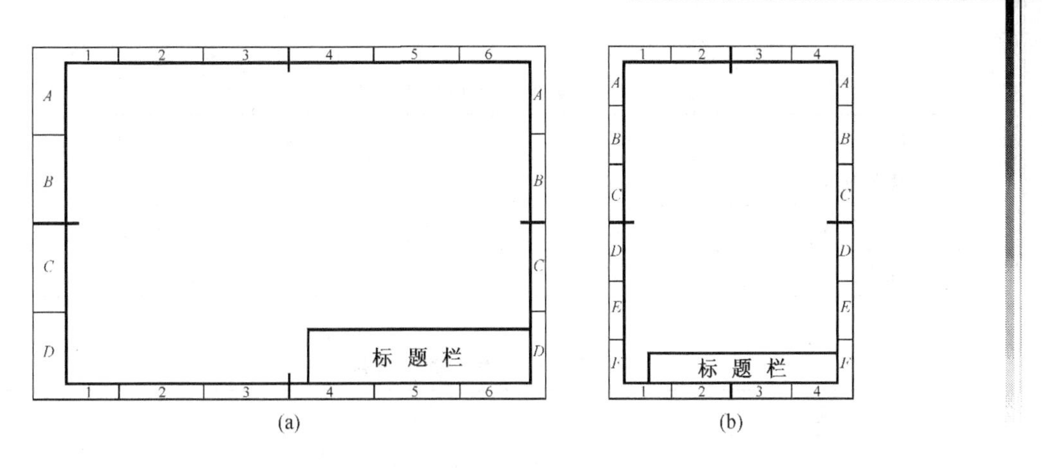

图 1 –9　对中符号和图幅分区

图幅分区是为了便于读者准确迅速地在整个图样中找到所需信息的一种方法。图幅分区数目依照图样复杂程度而定,但必须取偶数。每一分区的长度应在 25 ~ 150 mm 之间选取,分区线用细实线画出。分区的编号,沿上下方向(按照看图方向确定图纸的上下和左右)用大写拉丁字母按从上到下顺序编写;沿水平方向用阿拉伯数字按从左到右顺序编写,并在对应边上重复标写一次。当分区数超过 26 个拉丁字母的总数时,超过的各区用双字母(AA,BB,…)依次编定。在图样中标注分区代号时,字母在前,数字在后,如 A3,C6 等。

1.1.2　比例(GB/T14690—1993)

比例:图中图形与其实物相应要素的线性尺寸之比。

原值比例:比值为 1 的比例,即 1:1。

放大比例:比值大于 1 的比例,如 2:1 等。

缩小比例:比值小于 1 的比例,如 1:2 等。

不管用哪种比例绘制图形,图中的尺寸均应按照实物的实际大小进行标注。图 1 –10 为用不同比例绘图的效果。

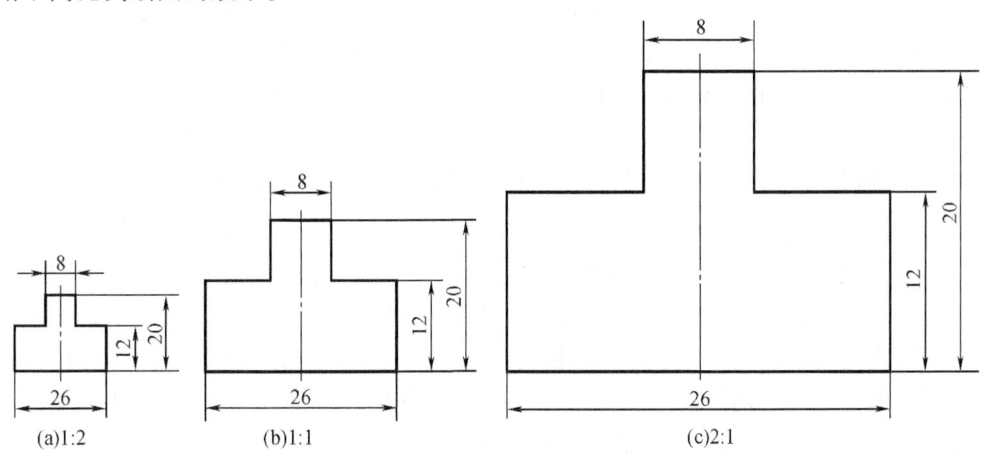

图 1 –10　不同比例绘制的图形

需要按比例制图时,应在表 1 –2 规定的系列中选取适当的比例。必要时也允许选取表 1 –3 规定的比例。

表1－2　标准比例系列

种　　类	比　　例
原值比例	1:1
放大比例	5:1　2:1　5×10^n:1　2×10^n:1　1×10^n:1
缩小比例	1:2　1:5　1:10　1:2×10^n　1:5×10^n　1:1×10^n

表1－3　允许选取比例系列

种　　类	比　　例
放大比例	4:1　2.5:1　4×10^n:1　2.5×10^n:1
缩小比例	1:1.5　1:2.5　1:3　1:4　1:6 1:1.5×10^n　1:2.5×10^n　1:3×10^n　1:4×10^n　1.6×10^n

注：n为正整数。

在国家标准（GB/T 14690—1993）中，对比例还作了以下规定：

（1）通常，在表达清晰、布局合理的条件下，应尽可能选用原值比例，以便直观地了解机件的形貌。

（2）绘制同一机件的各个视图时，应尽量采用相同的比例，并将其标注在标题栏的比例栏内。

（3）当图样中的个别视图采用了与标题栏中不相同的比例时，可在该视图名称的下方或右侧标注比例。

1.1.3　字体（GB/T 14691—1993）

字体是技术图样中的一个重要组成部分。国家标准规定了图样上汉字、字母、数字的书写规范。

标准规定在图样中字体书写必须做到：字体工整、笔画清楚、间隔均匀、排列整齐。字体高度（用h表示）的公称尺寸系列为1.8，2.5，3.5，5，7，10，14，20 mm。若需要书写更大的字，字体高度应按$\sqrt{2}$的比率递增。字体的高度代表字体的号数。

（一）汉字

图样上的汉字应写成长仿宋字，并应采用国家正式颁布推行的《汉字简化方案》中规定的简化字。汉字的高度h不应小于3.5 mm，字宽一般为$h/\sqrt{2}$。汉字不分直体或斜体。

长仿宋字的特点是：字体细长，起笔和落笔处均有笔锋，显得棱角分明，字形挺拔，与数字和字母书写在一起时，也显得协调。要写好长仿宋体，应在基本笔画和结构布局两方面下功夫。基本笔画是：横、竖、撇、捺、点、挑、钩、折等。每一笔画要一笔写成，不宜勾描。

在学习基本笔画的同时，还应注意字体的写法，其要领是：横平竖直、注意起落、结构均匀、填满方格。长仿宋字的运笔方法及示例如图1－11所示。

10 号字

字体工整 笔画清楚 间隔均匀 排列整齐

7 号字

横平竖直　注意起落　结构均匀　填满方格

5 号字

技术制图机械电子汽车航空船舶土木建筑未注铸造圆角其余技术要求两端材料

3.5 号字

技术制图机械电子汽车航空船舶土木建筑未注铸造圆角其余技术要求两端材料

图 1-11　长仿宋体汉字示例

（二）字母和数字

字母与数字可写成直体与斜体两种形式。斜体字字头向右倾斜，与水平基准线成 75°。其书写字体的范例如下：A 型字体的笔画宽度（d）为字高（h）的 1/14，主要是用于机器书写，B 型字体的笔画宽度为字高的 1/10，主要是用于手工书写。用于指数、分数、极限偏差、注脚等的数字及字母，一般应采用小一号的字体。

B 型大写斜体拉丁字母

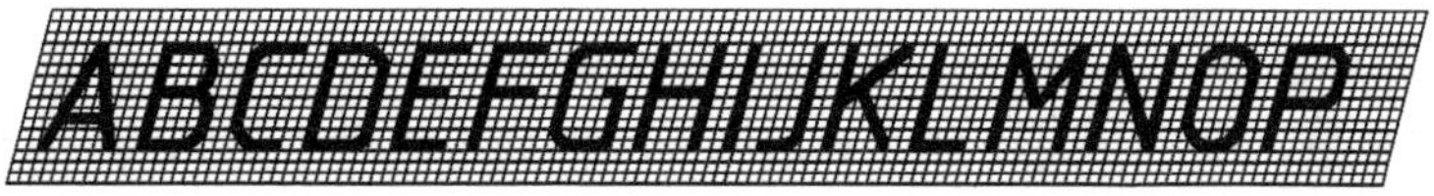

ABCDEFGHIJKLMNOP

B 型小写斜体拉丁字母

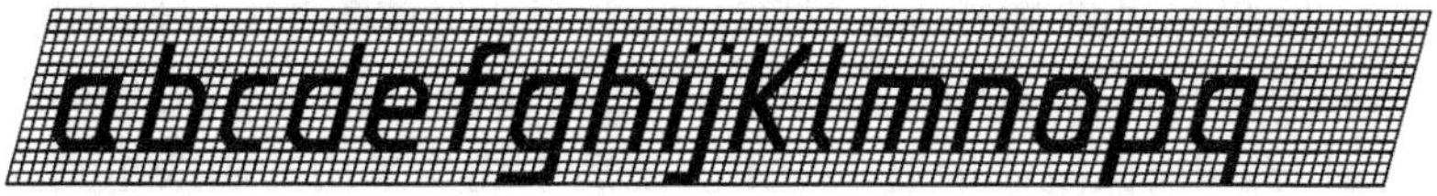

abcdefghijklmnopq

B 型大写直体拉丁字母

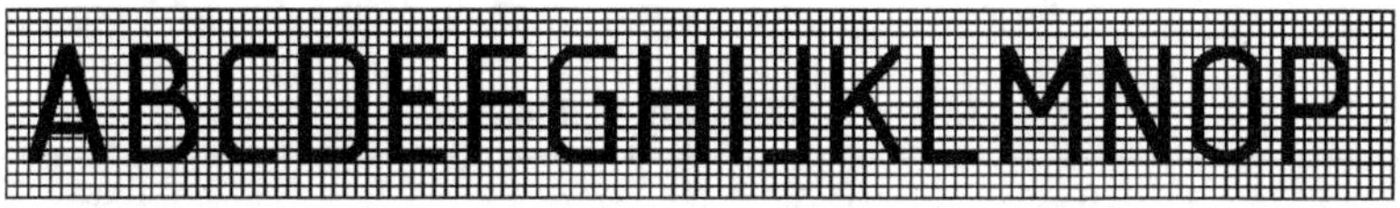

ABCDEFGHIJKLMNOP

B 型小写直体拉丁字母

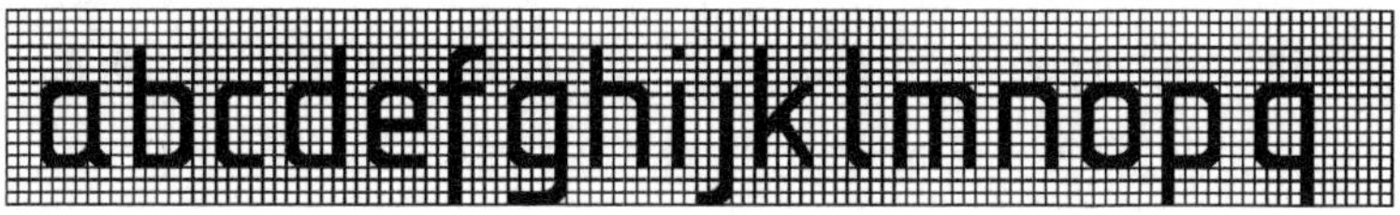

abcdefghijklmnopq

A 型斜体阿拉伯数字

0123456789

A 型直体阿拉伯数字

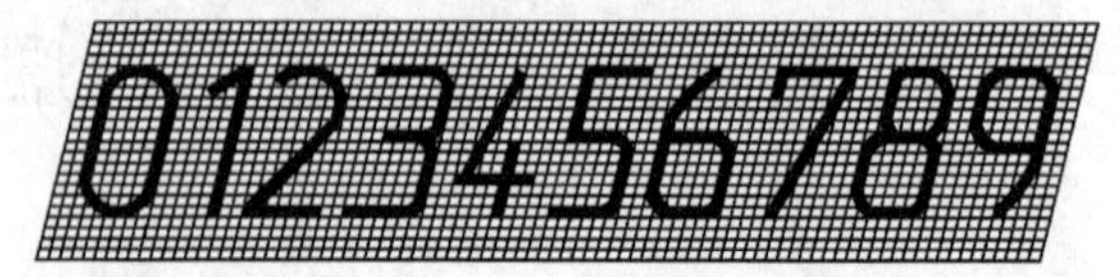

B 型斜体阿拉伯数字

B 型直体阿拉伯数字

0123456789

（三）综合示例

在图样中，用作指数、分数、极限偏差、注脚等数字及字母，一般应采用小一号的字体。

$R3$　　$2\times45^{\circ}$　　$M24-6H$　　$\phi60H7$　　$\phi30g6$

$\phi20^{+0.021}_{0}$　　$\phi25^{-0.007}_{-0.020}$　　$Q235$　　$HT200$

1.1.4　图线（GB/T 17450—1998）

1. 线型及其应用

在国家标准《技术制图　图线》中，对适用于各种技术图样中的图线，分为粗线、中粗线和细线三种，宽度比例为4:2:1。其线型的种类也很多，这里仅介绍在机械图样上常使用的线型。在国家标准《机械制图 图样画法 图线》中，规定在机械图样上，只采用粗线和细线两种线型，它们之间的比例为2:1。图线宽度和图线组别如表1－4所示，它们的选择应根据图样的类型、尺寸、比例和缩微复制的要求确定。制图中优先采用的图线组别为0.5和0.7两种。

表1－4　图线宽度和图线组别　（mm）

图线组别	0.25	0.35	0.5	0.7	1	1.4	2
粗线宽度	0.25	0.35	0.5	0.7	1	1.4	2
细线宽度	0.13	0.18	0.25	0.35	0.5	0.7	1

表1－5为在机械图样上常用的几种图线的名称、线型、图线粗细及其一般应用，供绘图时选用。

表 1－5　线型及其应用

图线名称	图线型式	图线宽度	一般应用举例
粗实线	————	d	1. 可见棱边线；2. 可见轮廓线；3. 相贯线；4. 螺纹牙顶线；5. 螺纹长度终止线；6. 齿顶圆（线）；7. 剖切符号用线
细实线	————	约 $d/2$	1. 过渡线；2. 尺寸线及尺寸界线；3. 剖面线；4. 指引线和基准线；5. 重合断面的轮廓线；6. 短中心线；7. 螺纹的牙底线及齿轮齿根线；8. 范围线及分界线；9. 辅助线；10. 投射线；11. 不连续同一表面连线；12. 成规律分布的相同要素连线
虚线	- - - - - -	约 $d/2$	1. 不可见棱边线；2. 不可见轮廓线
细点画线	—·—·—·—	约 $d/2$	1. 轴线、对称中心线；2. 分度圆（线）；3. 孔系分布的中心线；4. 剖切线
粗点画线	—·—·—·—	d	允许表面处理的表示线
双点画线	—··—··—	约 $d/2$	1. 相邻辅助零件的轮廓线；2. 可动零件的极限位置的轮廓线；3. 剖切面前的结构轮廓线；4. 成形前轮廓线；5. 轨迹线；6. 毛坯图中制成品的轮廓线；7. 工艺用结构的轮廓线
波浪线	～～	约 $d/2$	1. 断裂处的边界线 2. 视图和剖视图分界线
双折线	—\/—\/—	约 $d/2$	1. 断裂处的边界线 2. 视图和剖视分界线

2. 图线的宽度

机械工程图样中采用两种图线宽度，称为粗线与细线。粗线的宽度为 d，细线的宽度约为 $d/2$。所有线型的图线宽度应按照图样的复杂程度和尺寸大小，在下列数系中选择：

0.13 mm，0.18 mm，0.25 mm，0.35 mm，0.5 mm，0.7 mm，1 mm，1.4 mm，2 mm。

3. 注意事项

（1）在同一图样中，同类图线的宽度应一致。

（2）虚线、点画线、双点画线的线段长度和间隔应各自大致相等，图 1－12 为线型应用的示例。

（3）绘制圆的对称中心线时，圆心应为线段与线段的交点；点画线应超出圆的轮廓线外 2～5 mm，且轮廓线外不能出现点画线中的点，见图 1－13（a）。当所绘制的圆的直径较小，画点画线有困难时，中心线可用细实线代替，见图 1－13（b）。

（4）虚线、细点画线与其他图线相交时，都应交到线段处。当虚线处于粗实线的延长线上时，虚线与粗实线间应留有间隙。

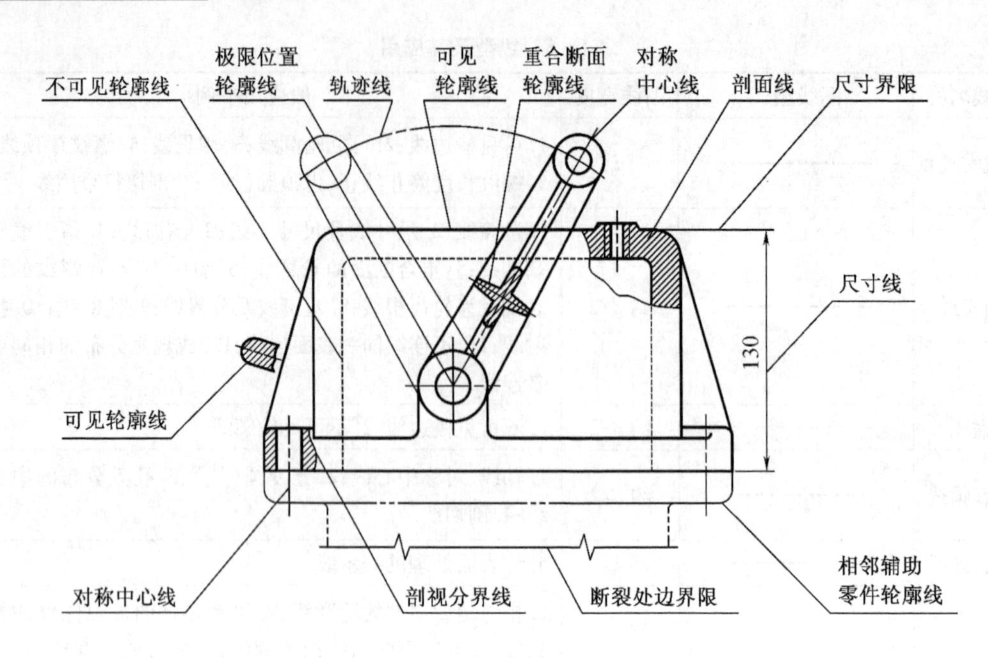

图 1－12 线型应用示例

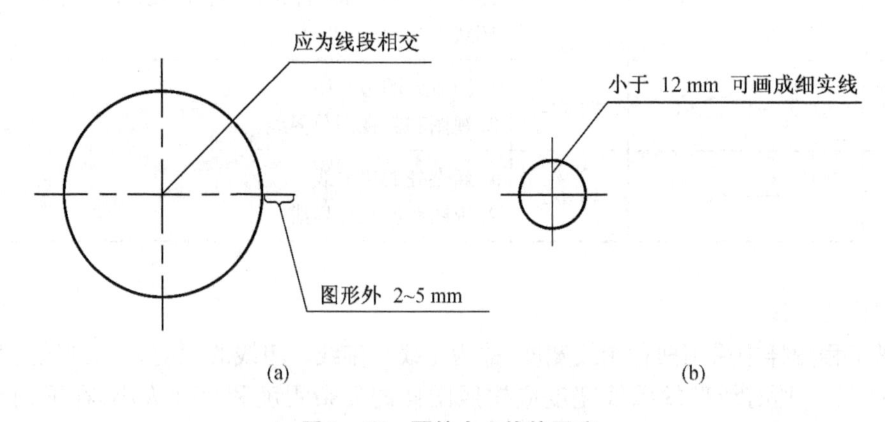

图 1－13 圆的中心线的画法

1.1.5 尺寸标注(GB/T 4458.4—1984,GB/T 16675.2—1996)

图样中的图形主要用来表达机件的形状,而机件的真实大小则需通过尺寸来确定。尺寸的标注必须严格遵守国家标准中的规则。

1. 标注尺寸的基本规则

(1)机件的真实大小应以图样上所注的尺寸数字为依据,与图形的大小及绘图的准确度无关。

(2)图样中的尺寸,以 mm 为单位时,不需标注单位。如采用了其他单位,则必须注明相应单位的代号或名称,如 45°20′,30 cm。

(3)图样中的尺寸应为该机件最后完工的尺寸,否则应另加说明。

(4)机件的每一个尺寸,一般应只标注一次,且应标注在反映该结构最清晰的图形上。

(5)标注尺寸时,应尽可能使用符号和缩写词。常用的符号和缩写词见表 1－6。

表 1－6　尺寸标注中的常用符号和缩写词

名称	符号或缩写词
直径	ϕ
半径	R
球半径	SR
球直径	$S\phi$
厚度	t
正方形	□
45°倒角	C
深度	↧
沉孔或锪平	⌴
沉埋头孔	⌵
均布	EQS

(6)若图样中的尺寸全部相同或某个尺寸和公差占多数时，可在图样空白处作总的说明，如“全部倒角 C1”“其余圆角 $R4$”等。

(7)同一要素的尺寸应尽可能集中标注，如多个相同孔的直径(图 1－14)。

(8)尽可能避免在不可见的轮廓线(虚线)上标注尺寸。

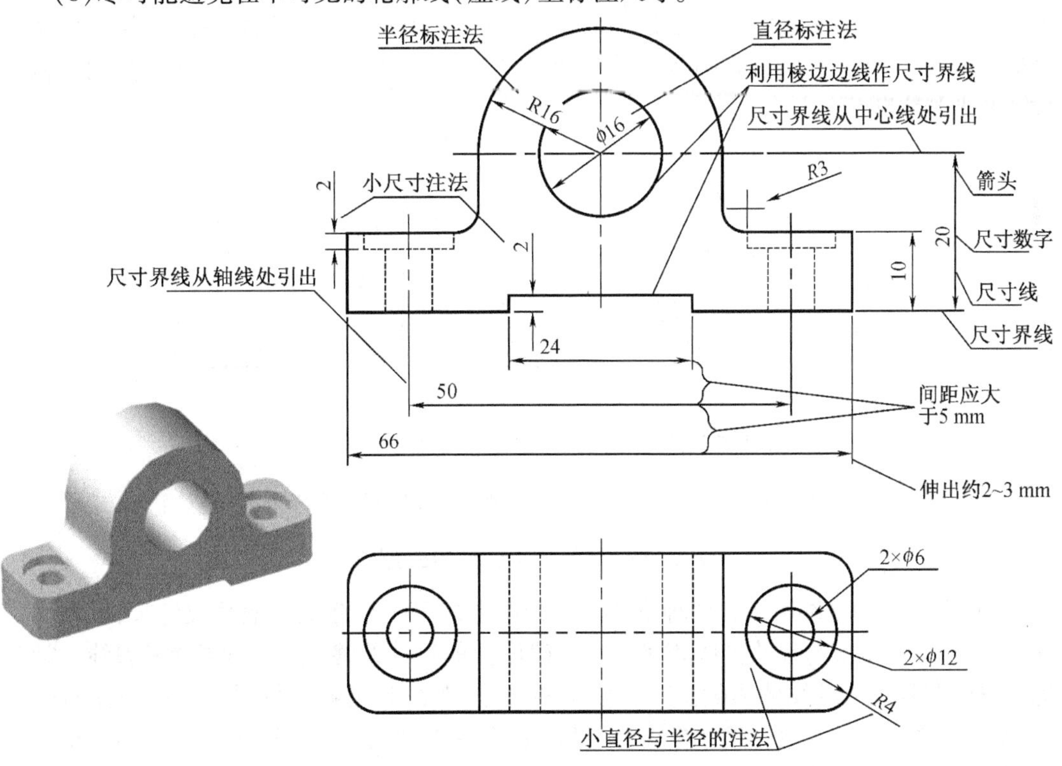

图 1－14　图样上的各种尺寸注法

2. 尺寸的组成与标注

尺寸一般由尺寸界线、尺寸线、尺寸数字、尺寸线终端(箭头或斜线)组成,见图 1－14。

(1)尺寸界线用细实线绘制,并应由图形的轮廓线、轴线或对称中心线引出,也可利用轮廓线、轴线或对称中心线作尺寸界线,并超出尺寸线的终端 3 mm 左右(图 1－14);尺寸界线一般应与尺寸线垂直,必要时才允许倾斜(图 1－15(a));在用圆弧光滑过渡处标注尺寸时,必须用细实线将轮廓线延长,从它们的交点处引出尺寸界线(图 1－15(b))。

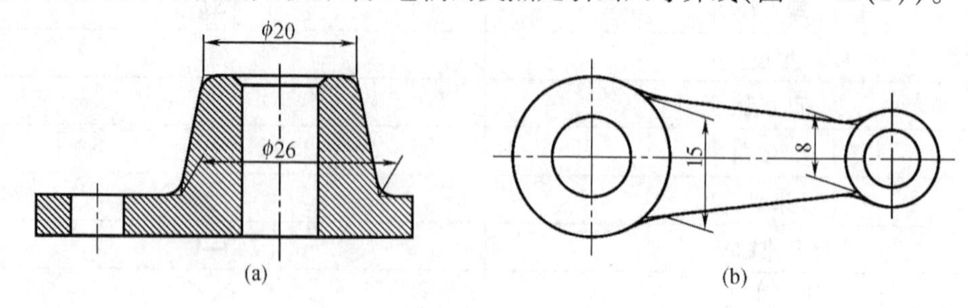

图 1－15　圆弧光滑过渡处的尺寸标注

(2)尺寸线用细实线绘制。一端或两端带有终端符号(一般是箭头)。尺寸线不能用其他图线代替,也不得与其他图线重合或画在其延长线上。标注线性尺寸时,尺寸线必须与所标注的线段平行。

(3)尺寸数字一般注写在尺寸线的上方,也允许注写在尺寸线的中断处。尺寸数字高度一般为 3.5 mm,其字头方向一般应按照图 1－16(a)所示的方向注写;并应尽可能避免在图中 30°范围内注写尺寸。当无法避免时,可按图 1－16(b)的形式引出标注;尺寸数字不可被任何图线所通过,否则必须将该图线断开,如图 1－14 中的 $R16$ 和 $\phi16$ 处分别将粗实线圆和点画线断开。

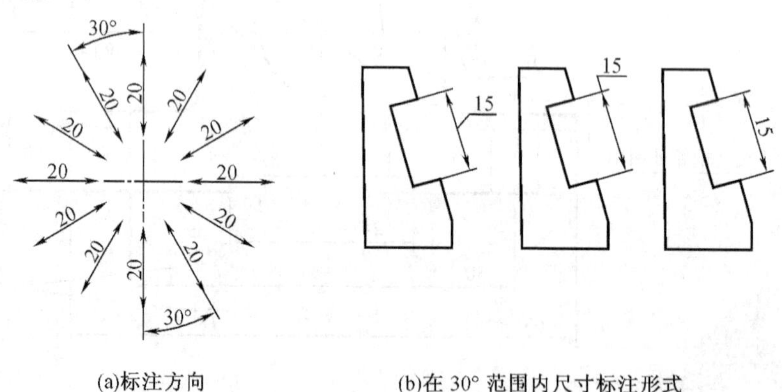

图 1－16　线性尺寸数字的注写方法

(4)尺寸线的终端可以有两种形式。机械图上的尺寸线终端一般画成箭头,以表明尺寸的起止,其尖端应与尺寸界线相接触。土建图上的尺寸线终端一般画成 45°斜线。箭头应尽量画在两尺寸界线的内侧。对于较小的尺寸,在没有足够的位置画箭头或注写数字时,也可将箭头或数字放在尺寸界线的外侧,如图 1－17 所示。当遇到连续几个较小的尺寸时,允许用圆点或斜线代替箭头。

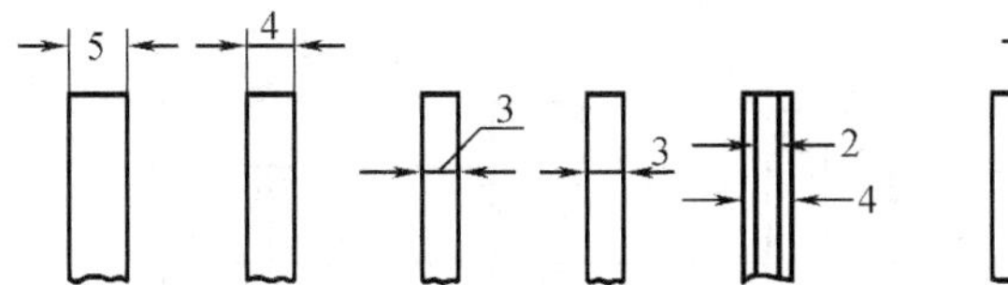

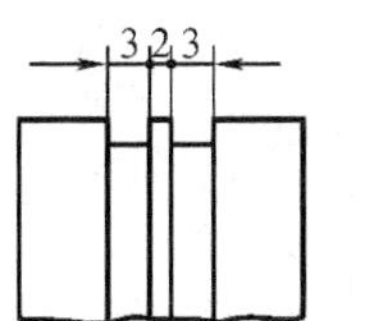

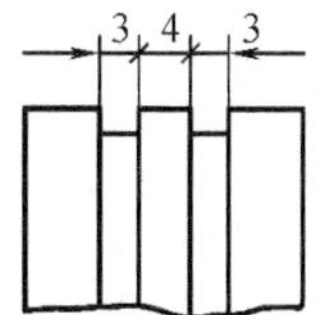

图 1－17　小尺寸的注法

3. 圆的直径、半径和圆弧半径的注法

（1）标注圆的直径时，尺寸线应通过圆心，尺寸线的两个终端应画成箭头，在尺寸数字前应加注符号“ϕ”。当图形中的圆略大于一半时，应标注直径尺寸，尺寸线应略超过圆心，此时仅在尺寸线的一端画出箭头（图 1－18）。

（2）标注圆的半径时，尺寸线的一端一般应画到圆心，以明确表明其圆心的位置，另一端画成箭头，在尺寸数字前应加注符号“*R*”（图 1－18），并且应标注在投影为圆弧的视图上。

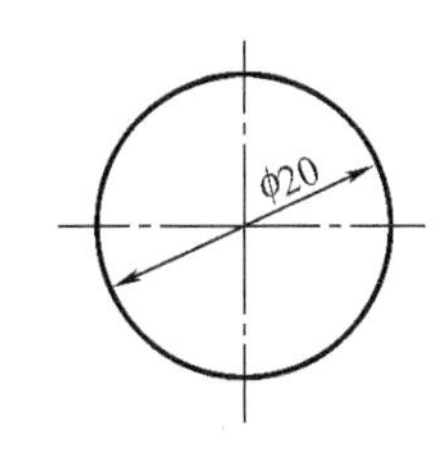

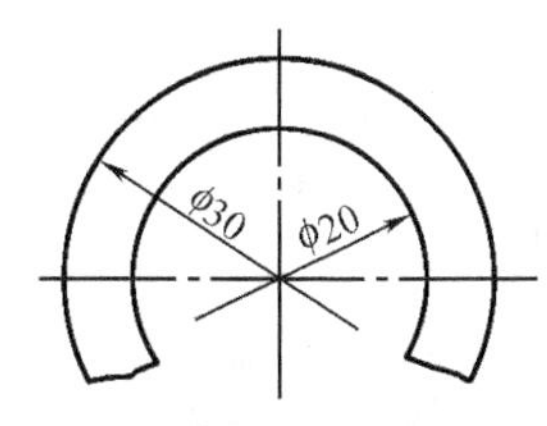

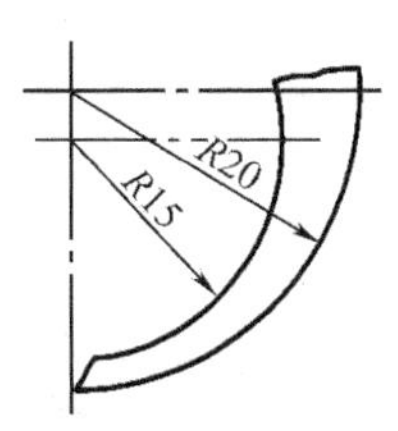

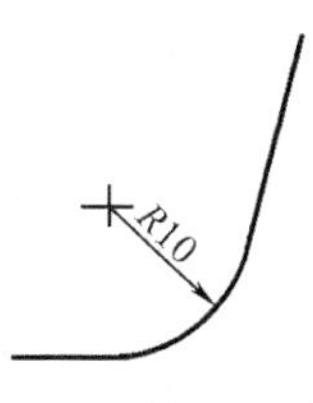

图 1－18　直径及半径的注法

（3）标注的半径过大，或在图纸范围内无法标出其圆心位置时，可按图 1－19（a）的形式标注。若不需要标出其圆心位置时，可按图 1－19（b）的形式标注。

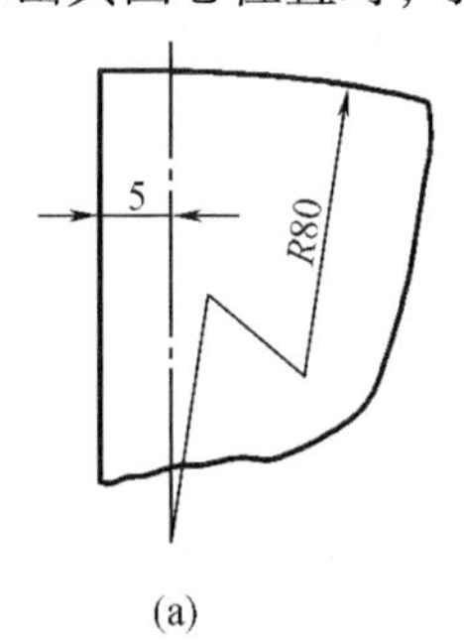

(a)

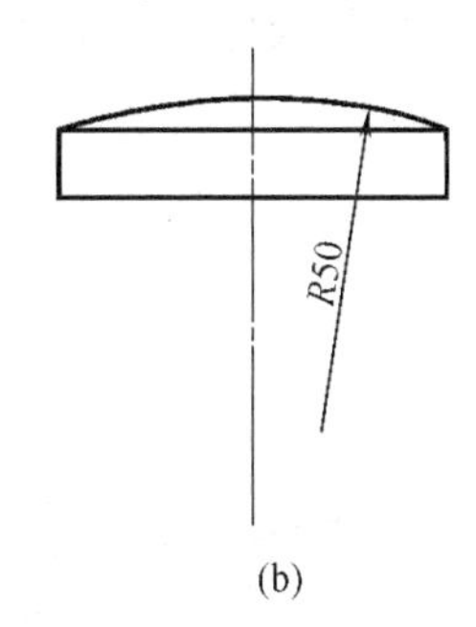

(b)

图 1－19　大圆弧半径的注法

（4）标注球面的直径或半径时，应在符号“*Φ*”或“*R*”前加注符号“S”（图 1－20（a）、（b））。但对于有些轴及手柄的端部等，在不致引起误解的情况下，可省略符号“S”（图 1－20（c））。

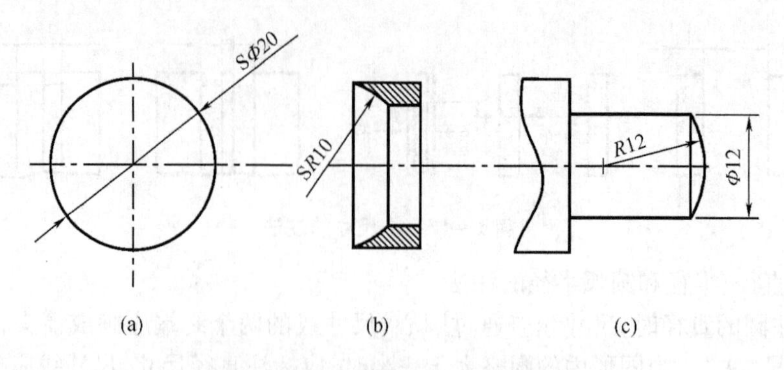

图 1－20　球面直径与半径的注法

(5)图形上直径较小的圆或圆弧，在没有足够的位置画箭头或注写数字时，可按图 1－21的形式标注。标注小圆弧半径的尺寸线，不论其是否画到圆心，但其方向必须通过圆心。

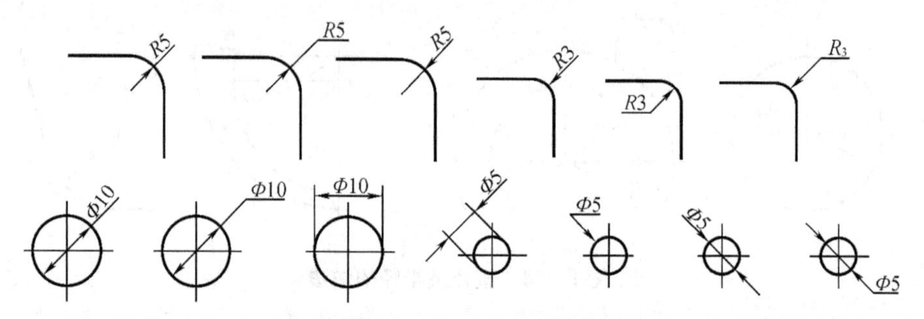

图 1－21　小直径与半径的注法

(6)角度的注法：尺寸界线应沿径向引出，尺寸线应画成圆弧，圆心是角的顶点。尺寸数字一律水平书写，一般注写在尺寸线的中断处，必要时也可写在上方或外面，也可引出标注如图 1－22 所示。

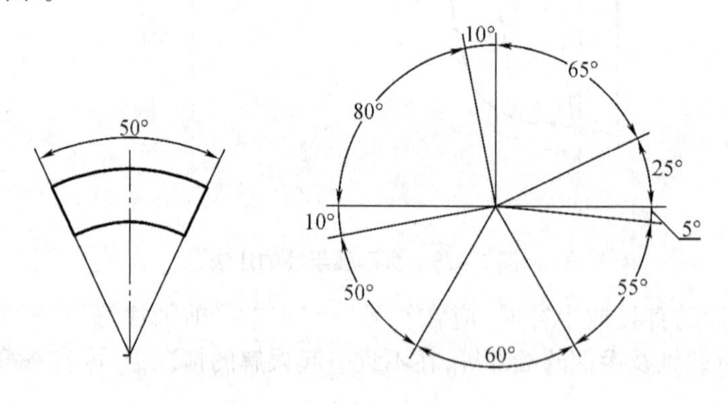

图 1－22　角度尺寸的标注

(7)正方形结构：标注剖面为正方形结构的尺寸时，可在正方形边长尺寸数字前加注符号"□"或用"B × B"注出，如图 1－23 所示。

(8)板状零件厚度的注法：标注板状零件的厚度时，可在尺寸数字前加注符号"*t*"，如图 1－24 所示。

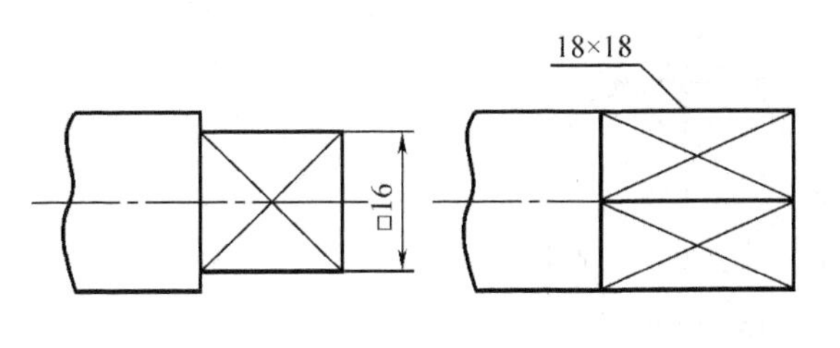

图 1－23　正方形结构

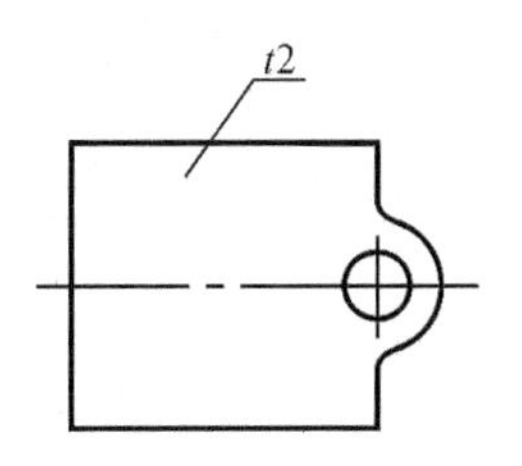

图 1－24　板状零件

1.2　几何作图

1.2.1　正多边形的作图方法

正多边形的作图方法有两种。一种是利用角度作图，首先作正多边的外接圆，然后依据边数 n，能够得到每条边所对应的圆心角 $\varphi=360°/n$，然后以圆周的任意一点为起点顺次测量得到圆心角为 φ 的圆弧将外接圆等分为 n 份，最后用线段依次连接各点所得到的多边形即为所求的正多边形。另外一种是按照边长关系进行作图。现以奇数边和偶数边为例来介绍其作图方法。

1. 偶数边

以正六边形为例，其作图方法有多种。

(1) 按照角度关系的作图法(图 1－25)

①已知正六边形外接圆的直径 D(图 1－25(a))

过 A，D 两点分别作与水平线成 60°角的直线 AB，AF，DC，DE，交圆周于 B，F，C，E，四点；连接 BC，EF，得六边形 $ABCDEF$。

②已知正六边形内切圆的直径 S(图 1－25(b))

先作出圆的上下两条水平切线，再分别以与水平线成 60°角、120°角作圆的另外四条切线。

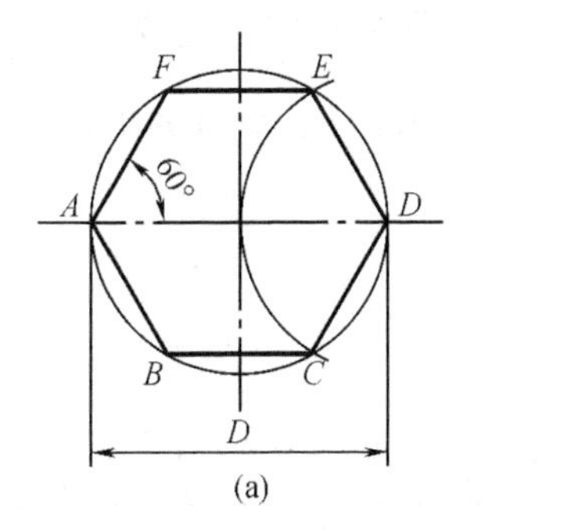

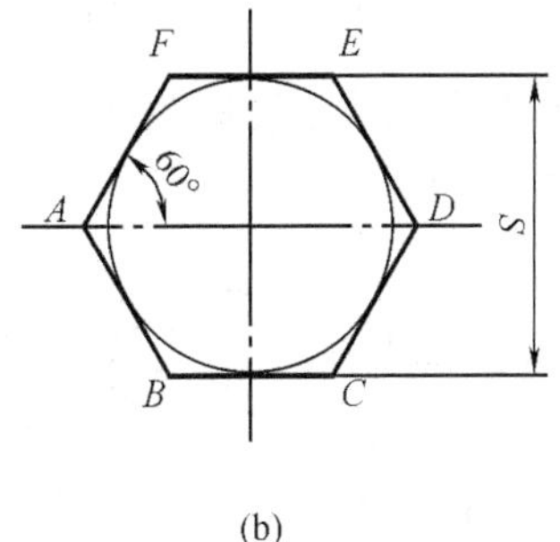

图 1－25　正六边形按照角度关系的作图

(2) 按照边长关系的作图法(图 1－26)

分别以水平直径的两端点为圆心，以外接圆的半径为半径画弧，得六边形的另外四个顶点，然后依次连接。

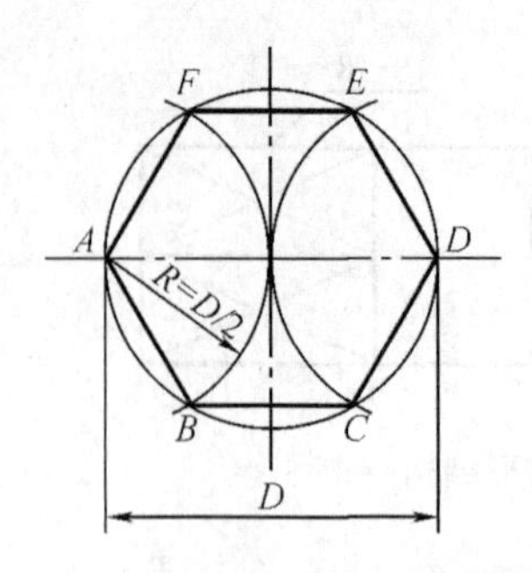

图 1-26　正六边形按照边长关系的作图

2. 奇数边

正七边形的作图过程见图 1-27，其作图步骤如下：

(1)将外接圆的垂直直径 *AN* 等分为 n 等分，并标出顺序号 1,2,3,4,5,6；

(2)以 *N* 为圆心，*NA* 为半径作圆，与外接圆的水平中心线交于 *P*,*Q*；

(3)由 *P* 和 *Q* 作直线与 *NA* 上每相隔一分点(如奇数点 1,3,5)相连并延长与外接圆交于 *C*,*D*,*E*,*B*,*G*,*F* 各点，然后顺序连接各顶点，即得七边形 *BCDENFG*。

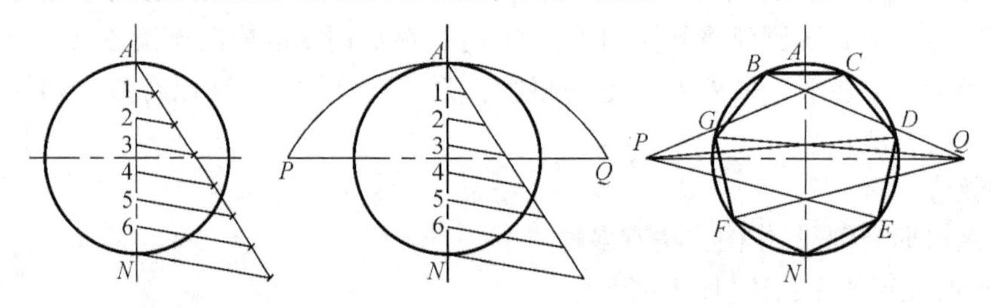

图 1-27　正七边形的作图

1.2.2　斜度与锥度的作图

1. 斜度

斜度是指直线或平面相对另一直线或平面的倾斜程度，其大小一般是用两直线或平面间夹角的正切来表示，即 $\tan\alpha=\frac{H}{L}$。通常在图样上都是将比例化成 1∶n 的形式加以标注，并在其前面加上斜度符号"∠"(画法如图 1-28 所示，图中 h 为字体高度)，且符号斜线的方向应与斜度方向一致。

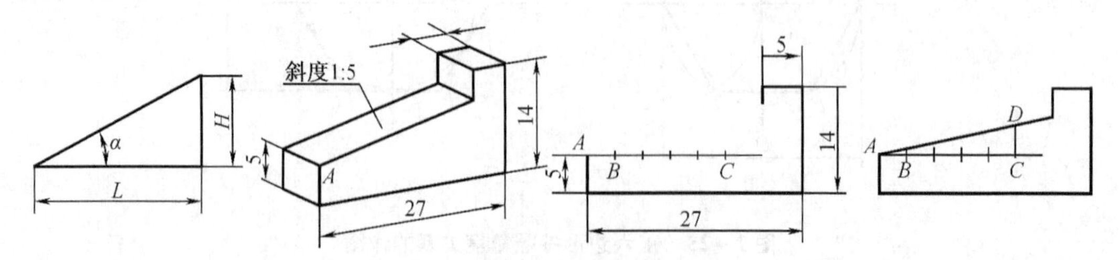

图 1-28　斜度的定义及画法

2. 锥度

锥度是指圆锥的底圆直径与高度之比。如果是锥台，则是底圆直径和顶圆直径的差与高度之比(图 1-29),即:锥度 $=\frac{D}{L'}=\frac{D-d}{L}=2\tan(\alpha/2)$。

通常,锥度也写成 1:n 的形式而加以标注。如图 1-29 所求圆锥台具有 1:3 的锥度。作该圆锥台的正面投影时,先根据圆锥台的尺寸 25 和 ϕ18 作出 AO 和 FG 线,过 A 点用分规任取一个单位长度 AB,并使 $\overline{AC}=3\times\overline{AB}$,过 C 作垂线,并取 $\overline{DE}=2\times\overline{CD}=\overline{AB}$,连接 AD 和 AE,并过 F 和 G 点作线分别相应地平行于 AD 和 AE,即完成该圆锥台的投影。

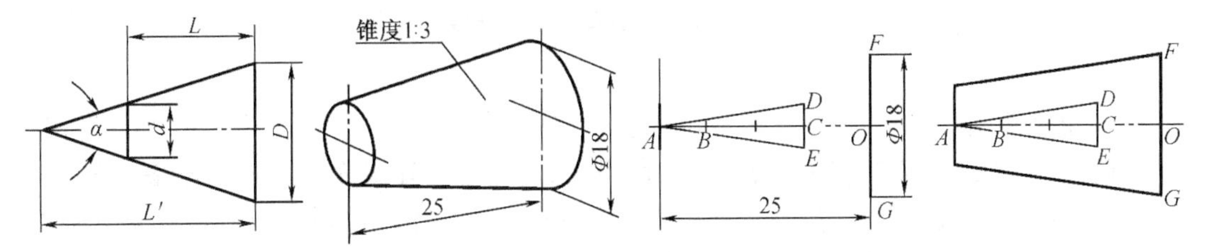

图 1-29　锥度及其作图法

锥度的图形符号如图 1-30 所示,图中 h 为数字的高度,符号的线宽也为 h/10,该符号应配置在基准线上。表示圆锥的图形符号和锥度应靠近圆锥轮廓标注,基准线应通过指引线与圆锥的轮廓素线相连,基准线应与圆锥的轴线平行,图形符号的方向应与圆锥方向相一致。

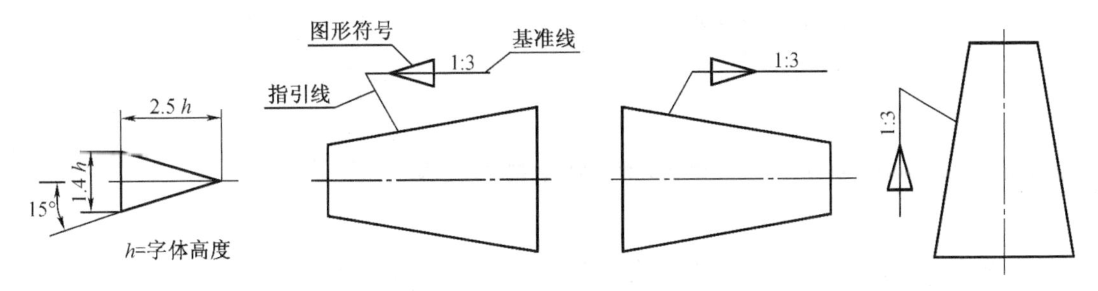

图 1-30　锥度的图形符号及标注法

1.2.3　圆弧连接的作图

圆弧连接在机械零件的外形轮廓中常常见到。这里所说的圆弧连接一般是指用已知半径的圆弧将两个几何元素(直线、圆、圆弧)光滑地连接起来,即几何中的图形间的相切问题,其中的连接点就是切点。将不同几何元素连接起来的圆弧称为连接圆弧。

圆弧连接作图的要点是根据已知条件,准确地定出连接圆弧的圆心与切点。

1. 直线间的圆弧连接

用半径为 R 的圆弧连接两条直线的作图方法见图 1-31。其中连接圆弧的圆心 O 是分别平行于该两条直线并且距离为 R 的直线的交点,而连接圆弧与原直线的切点 M,N 是过圆心且垂直于该两直线的垂足。

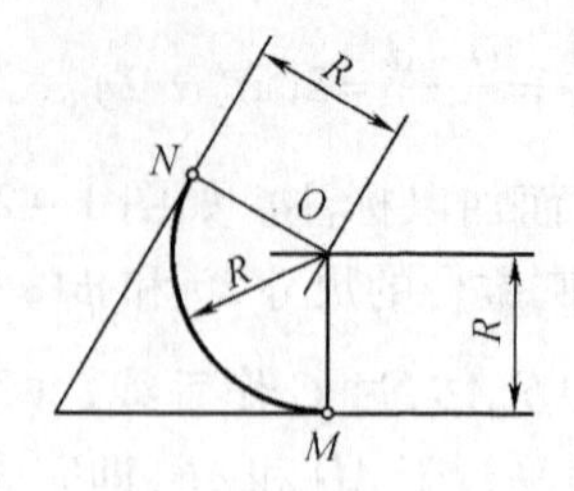

图 1-31　直线间的圆弧连接

2. 外连接圆弧

所谓外连接是指用连接圆弧通过外切的方式，将两个已知圆光滑地连接起来。图 1-32 是用半径为 R 的圆弧外连接两个已知圆的作图过程。其中连接圆弧的圆心 O 是分别以 O_1，O_2 为圆心，以 $R+R_1$，$R+R_2$ 为半径作出的圆弧的交点；切点 T_1，T_2 分别是 O 与 O_1，O_2 的连线与两个圆的交点。

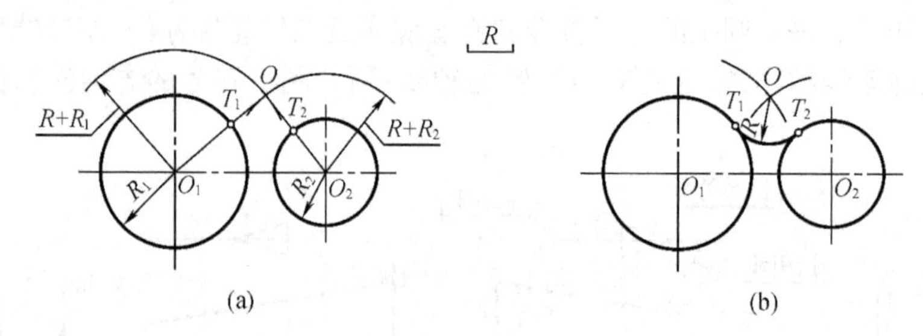

图 1-32　外连接圆弧的画法

3. 内连接圆弧

内连接是指用连接圆弧通过内切的方式，将两个已知圆光滑地连接起来。图 1-33 是用半径为 R 的圆弧内连接两个已知圆的作图过程。其中连接圆弧的圆心 O 是分别以 O_1，O_2 为圆心，以 $R-R_1$，$R-R_2$ 为半径作出的圆弧交点；切点 T_1，T_2 分别是 O 与 O_1，O_2 的连线的延长线与两个圆的交点。

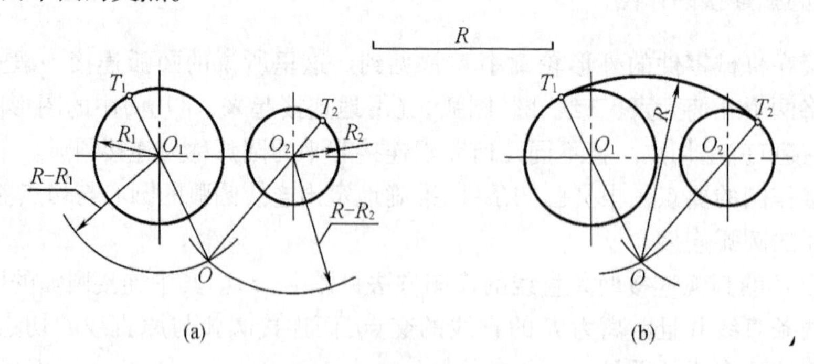

图 1-33　内连接圆弧的画法

1.3　绘图工具及使用

在现代工程设计与绘图中，主要采用三种方法绘制图样：仪器绘图、徒手绘图和计算机绘图。各种方法都具有各自的特点和适用场合。用尺规工具绘图亦称手工绘图，它是一种历史悠久的传统绘图方法。徒手绘图是在不使用绘图仪器的情况下，凭目测、按大概比例徒手绘制图样的方法。在设计方案讨论、技术交流和现场测绘中，经常要用到这种快速的绘图方法，它是工程技术人员必须具备的基本技能之一。计算机绘图是利用计算机输入、存储、处理、输出图形的方法与技术，它具有精度高、速度快、存储和修改方便等优点。计算机绘图将逐步取代手工绘图，进而实现 CAD、CAM、CG 一体化。本节只介绍前两种方法，第三种方法将在计算机绘图章节中详细介绍。

正确使用绘图工具，不但能提高绘图速度和质量，而且能延长工具的使用寿命。常用的手工绘图仪器及工具有：图板、丁字尺、三角板、比例尺、圆规、分规、铅笔、曲线板等。下面介绍其使用方法。

1. 图板

绘图时必须用胶带纸将图纸固定在图板上（图 1－34），图板的工作表面必须平坦。图板左右的导边必须平直，以保证与丁字尺尺头的内侧边准确接触。

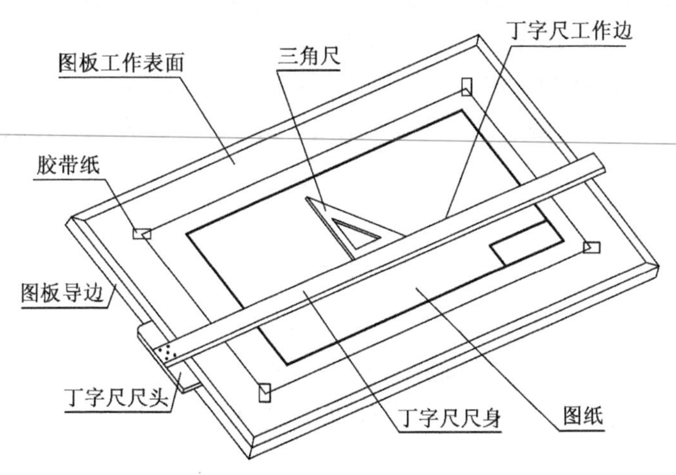

图 1－34　图板、丁字尺、三角板与图纸

2. 丁字尺

丁字尺是用来画图纸上水平线的。丁字尺由尺头和尺身组成（图 1－34），尺头与尺身的结合必须牢固。丁字尺尺头的内侧边及尺身的工作边都必须平直，使用时尺头的内侧边应紧靠在图板的左侧导边上，以保证尺身的工作边始终处在正确的水平位置。

如采用预先印好的图框及标题栏的图纸进行绘图，则应使图纸的水平图框线对准丁字尺的工作边后，再将其固定在图板上，以保证图上的所有水平线与图框线平行。如采用较大的图板，则图纸应尽量固定在图板的左边部分（便于丁字尺的使用）和下边部分（以减轻画图时的劳累），但后者必须保证下部的图框线离图板下部的距离稍大于丁字尺的宽度，以保证绘制图纸上最下面的水平线时的准确性。

用丁字尺画水平线时,用左手握尺头,使其紧靠图板的左侧导边作上下移动,右手执笔沿尺身上部工作边自左向右画线。如画较长的水平线时,左手应按牢尺身。用铅笔沿尺边画直线时,笔杆应稍向外倾斜,尽量使笔尖贴靠尺边。

3. 三角板

绘图时要准备一副三角板(45°角和 30°/60°角各一块),三角板与丁字尺配合使用,可画出垂直线以及与水平方向成 15°整倍数的倾斜线。

利用一副三角板还可以画任意已知直线的平行线或垂直线。图 1 - 35(a)表示作已知直线 *AB* 的平行线 *CD* 的方法,图 1 - 35(b)表示作已知直线 *EF* 的垂直线 *GH* 的方法。

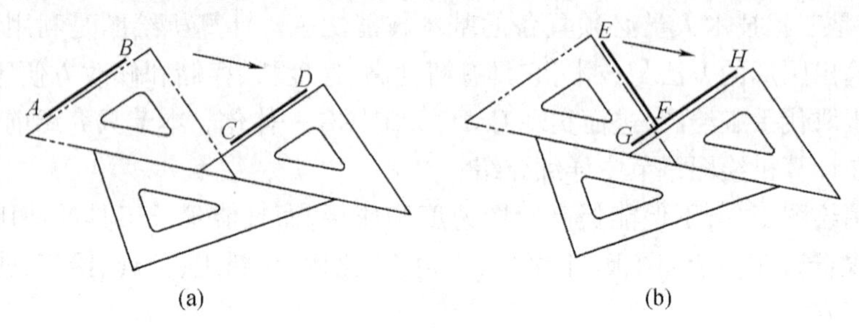

图 1 - 35 用一幅三角板画已知直线的平行线和垂直线

4. 分规

分规是用来量取线段和分割线段的工具。分规腿部有钢针,合拢时两针尖应合为一点。为了准确地度量尺寸,分规的两针尖应平齐。

分割线段时,将分规的两针尖调整到所需的距离,然后用右手拇指、食指捏住分规手柄,使分规两针尖沿线段交替作为圆心旋转前进,等分线段时,先试分几次,方可完成,如图 1 - 36 所示。

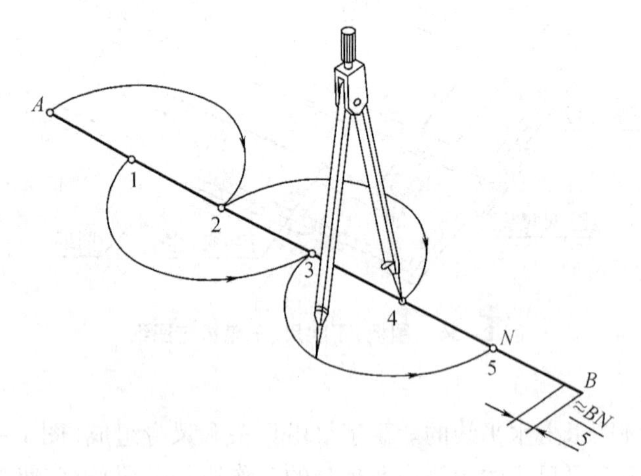

图 1 - 36 分规的用法

5. 圆规

圆规是画圆及圆弧的工具。圆规的一条腿上具有肘形关节,可装铅笔插腿或直线笔插腿,称为活动腿,分别用来画铅笔圆或墨线圆,铅笔插腿内可装入软或硬两种铅芯,通过调换铅芯,以适应绘制粗、细两种不同图线的要求,铅芯露出长度约 5 ~ 6 mm 并且要经常磨削。圆规的两腿合拢时,针尖应比铅芯或直线笔的尖端稍长。画圆时,先张开圆规的两条腿，使钢针与铅芯间的距离等于所画圆的半径，然后将钢针轻轻插入圆心，用右手拇指与食指捏住圆规顶端手柄，使圆规铅芯接触纸面作顺时针方向旋转，即画成一圆。画大直径的圆，须使用接长杆。使用圆规时，尽可能使钢针和铅芯垂直于纸面，特别在画大圆或使用直线笔画圆时更应如此。

6. 绘图铅笔

铅笔有木质铅笔和自动铅笔两种。铅笔芯有软硬之分："B"表示软铅，"H"表示硬铅，"HB"表示中软铅。B 或 H 前的数字越大，表示铅笔芯越软或越硬。

绘图时一般采用的木质绘图铅笔，其末端印有铅笔硬度的标记。绘图时应同时准备 2H，H，HB，2B 铅芯的铅笔数支，绘制各种细线及画底稿可用稍硬铅笔（H 或 2H），写字、画箭头可用 H 或 HB 铅笔，描深粗实线时一般用 2B 铅笔。画底稿及绘制各种细线时铅芯宜在砂纸上磨尖，铅芯长度最好为 6 ~ 8 mm；绘制粗实线铅芯端部应磨得稍粗些，使所画图线的粗细能达到符合要求的宽度，如图 1 – 37 所示，装在圆规铅笔插腿中的铅芯也应这样。

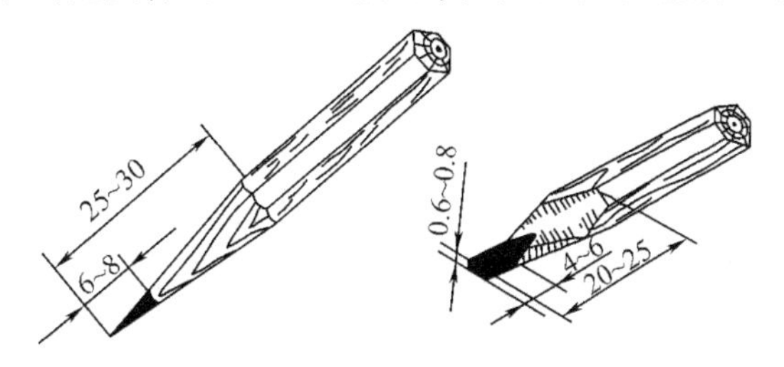

图 1 – 37　铅笔的削法

7. 比例尺

常见的比例尺形状为三棱柱体，故又名三棱尺。在尺的三个棱面上分别刻有 6 种不同比例的刻度尺寸，按照这 6 种比例作图时，尺寸数值可直接从相应的刻度上量取。

8. 曲线板

曲线板是用来画非圆曲线的工具，其轮廓线由多段不同曲率半径的曲线组成（图 1 – 38）。作图时，先徒手用铅笔轻轻地把曲线上一系列的点顺次地连接起来，然后选择曲线板上曲率合适的部分与徒手连接的曲线贴合，并将曲线描深。每次连接应至少通过曲线上三个点，并注意每画一段线，都要比曲线板边与曲线贴合的部分稍短一些，这样才能使画的曲线光滑地过渡。

图 1 – 38　曲线板及其使用

除以上各种最基本的绘图工具外，为提高绘图效率，还可使用各种绘图机。常见的有钢带式绘图机和导轨式绘图机，它们都具有固定在机头上的一对相互垂直的纵横直尺，在移动时可始终保持平行，以绘制图上所有的垂直线与水平线；机头还可以作360°转动以绘制任意角度的斜线。它能代替丁字尺、三角板、量角器等绘图工具，从而使绘图效率大为提高。

由计算机控制的自动绘图机是利用计算机及其外部设备，输入图形的信息，生成、处理、存储、显示和绘制图形。近年来计算机绘图的发展极为迅速，应用也愈来愈广泛，从而在各生产部门已逐步代替其他各种绘图机。

第二章　点、直线、平面的投影

2.1　投影法及其分类

2.1.1　投影法

如图 2－1 所示，投射线通过物体向选定的平面进行投射，并在该面上得到图形的方法叫作投影法，所得到的图形叫作投影，选定的平面叫作投影面。

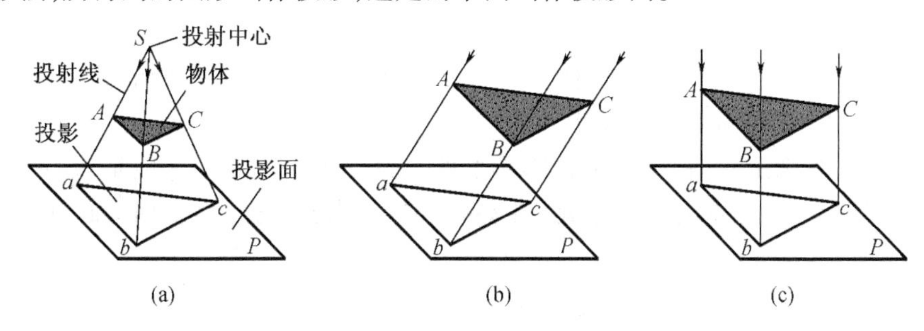

图 2－1　投影法及其分类

2.1.2　投影法的分类

根据投射线的类型（平行或汇交），投影法可分为中心投影法和平行投影法两类。

1. 中心投影法

投射线汇交于一点的投影法叫作中心投影法，如图 2－1(a)所示。其中，投射线的交点 S 称为投射中心，用中心投影法得到的图形叫作中心投影图。

由于中心投影图一般不反映物体各部分的真实形状和大小，且投影的大小随投射中心、物体和投影面之间的相对位置改变而改变度量性较差。但中心投影图立体感较好，多用于绘制建筑物的直观图（又称透视图）。

透视图是用中心投影法画出的单面投影图，透视投影符合人的视觉规律，看起来自然、逼真，但它不能将真实形状和度量关系表示出来且作图复杂，因此该图主要在建筑、工业设计等工程中作为效果图使用，如图 2－2 所示。

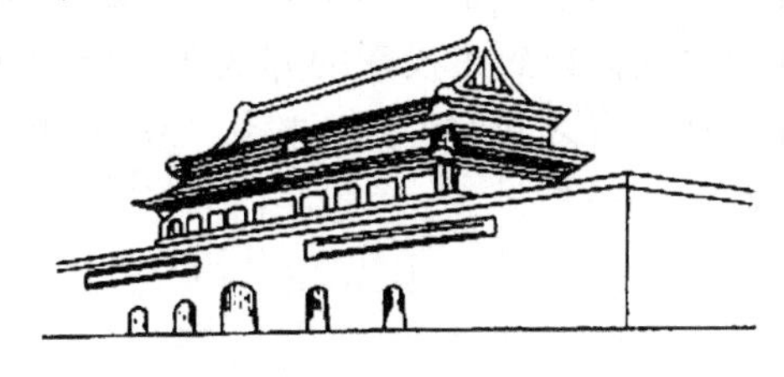

图 2－2　透视图

2. 平行投影法

投射线互相平行的投影法叫作平行投影法，如图 2 - 1(b)，(c)所示。其中，投射线与投影面倾斜的叫作斜投影法，如图 2 - 1(b)所示；投射线与投影面垂直的叫作正投影法，如图2 - 1(c)所示。用正投影法得到的图形称为正投影图。

正投影图的直观性虽不如中心投影图好，但由于正投影图一般能真实地表达空间物体的形状和大小，作图也比较简便，因此国家标准（GB/T 14692—1993《技术制图投影法》）中明确规定，机件的图样采用正投影法绘制。

在本书的后续章节中，如无特别说明，所谈到的投影都是指正投影。

2.2 点的投影

2.2.1 点的投影

如图 2 - 3(a)所示，过空间点 A 作与投影面 P 相垂直的投射线，投射线与投影面 P 的交点 a 叫作点 A 在投影面 P 上的投影。

点的空间位置确定后，它在一个投影面上的投影是唯一确定的。但是，若只有点的一个投影，则不能唯一确定点的空间位置（图 2 - 3(b)），因此工程上多采用三面投影。

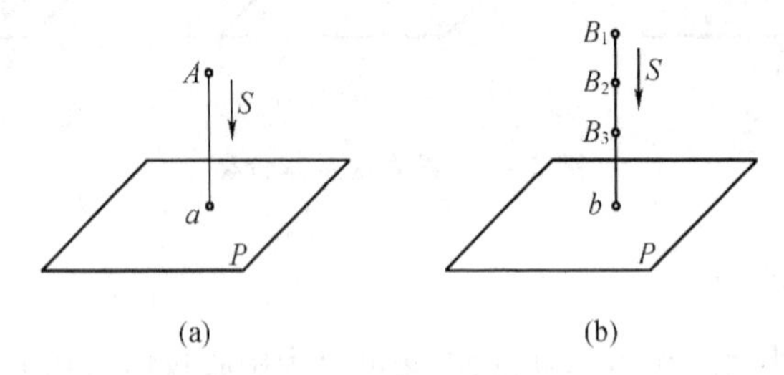

图 2 - 3　点的单面投影

2.2.2 点的三面投影及投影特性

1. 三投影面体系

以相互垂直的三个平面作为投影面，便组成了三投影面体系，如图 2 - 4 所示。正立放置的投影面称为正立投影面，简称正面，用 V 表示；水平放置的投影面称为水平投影面简称水平面，用 H 表示；侧立放置的投影面称为侧立投影面，简称侧面，用 W 表示。

相互垂直的三个投影面的交线称为投影轴，分别用 OX，OY，OZ 表示。

如图 2 - 5 所示，投影面 V 和 H 将空间分成的各个区域称为分角，将物体置于第Ⅰ分角内，使其处于观察者与投影面之间而得到正投影的方法叫作第一角画法。将物体置于第Ⅲ分角内，使投影面处于物体与观察者之间而得到正投影的方法叫作第三角画法。我国标准规定工程图样采用第一角画法。

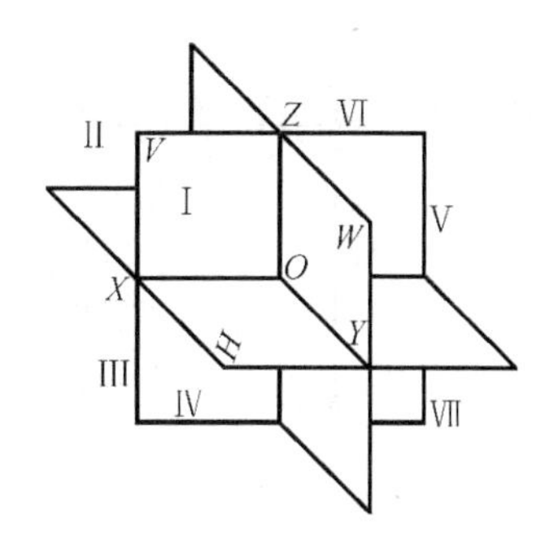

图 2－4　三面投影体系

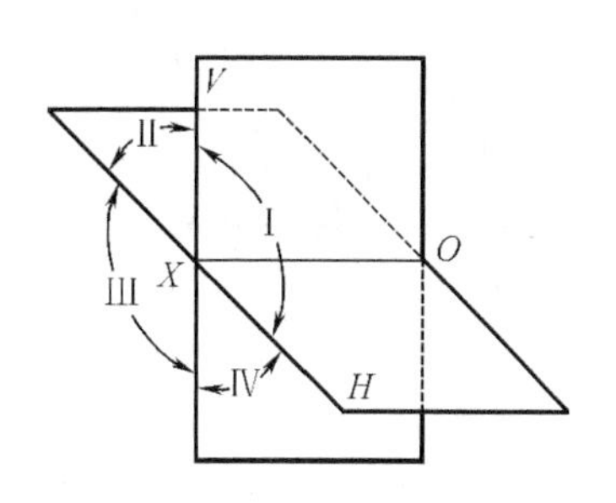

图 2－5　四个分角

2. 点的三面投影的形成

如图 2－6(a)所示，将空间点 A 分别向 H,V,W 三个投影面投射，得到点 A 的三个投影 a,a',a''，分别称为点 A 的水平投影、正面投影和侧面投影。

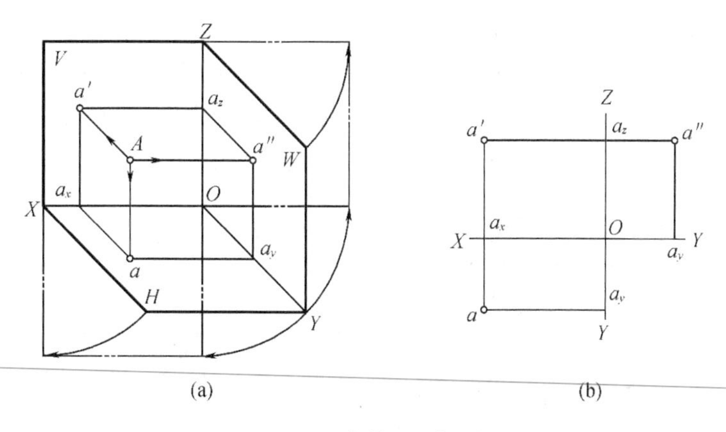

图 2－6　点的三面投影

为了使点的三个投影画在同一图面上，规定 V 面不动，将 H 面绕 OX 轴向下旋转 90°，将 W 面绕 OZ 轴向右旋转 90°，使 H,V,W 三个投影面共面。画图时，则不必画出投影面的边框，如图 2－6(b)所示。

3. 点的三面投影的投影特性

由图 2－6 不难证明，点的三面投影具有下列特性：

(1)点的正面投影与水平投影的连线垂直于 OX 轴，即 $a'a \perp OX$；点的正面投影与侧面投影的连线垂直于 OZ 轴，即 $a'a'' \perp OZ$。

(2)点的水平投影到 OX 轴的距离等于点的侧面投影到 OZ 轴的距离，即

$$aa_x = a''a_z$$

另外请注意：

$a'a_x = a''a_y$ = 点 A 到 H 面的距离；

$aa_x = a''a_z$ = 点 A 到 V 面的距离；

$aa_y = a'a_z$ = 点 A 到 W 面的距离。

根据上述投影特性，在点的三面投影中只要知道其中任意两个面的投影，就可以很方便地求出第三面的投影。

[**例 2－1**]　如图 2－7(a)所示，已知点 A 的正面投影和水平投影，求其侧面投影。

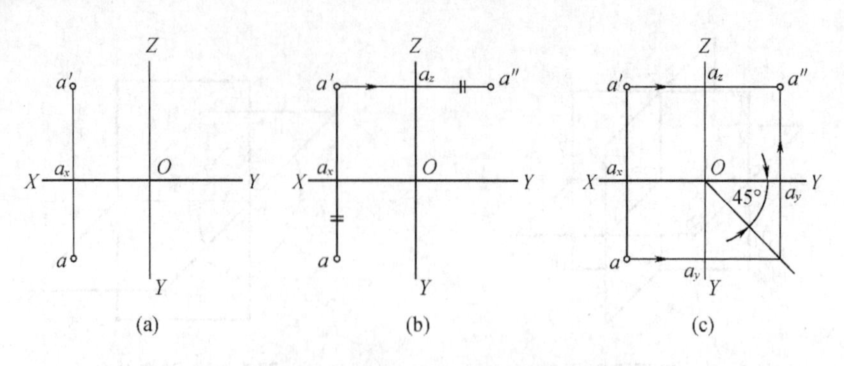

图 2-7　已知点的两个投影求第三个投影

解　由点的投影特性可知，$a'a'' \perp OZ$，$a''a_z = aa_x$，故过点 a' 作直线垂直于 OZ 轴，交 OZ 轴于 a_z，在 $a'a_z$ 的延长线上量取 $a''a_z = aa_x$（图 2-7(b)）。也可以采用作 45°斜线的方法（图 2-7(c)）。

4. 点的投影与坐标之间的关系

如图 2-8 所示，在三投影面体系中，三根投影轴可以构成一个空间直角坐标系，空间点 A 的位置可以用三个坐标值(x_A, y_A, z_A)表示，则点的投影与坐标之间的关系为

$$aa_y = a'a_z = x_A \quad aa_x = a''a_z = y_A \quad a'a_x = a''a_y = z_A$$

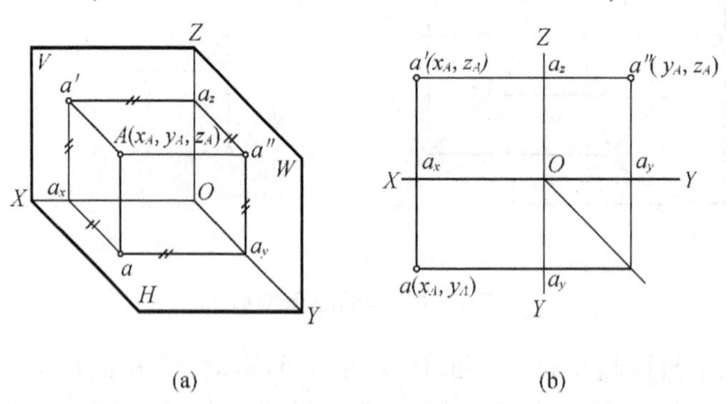

图 2-8　点的投影与坐标之间的关系

［例 2-2］　已知点 A 的三面投影图，求其空间的位置。

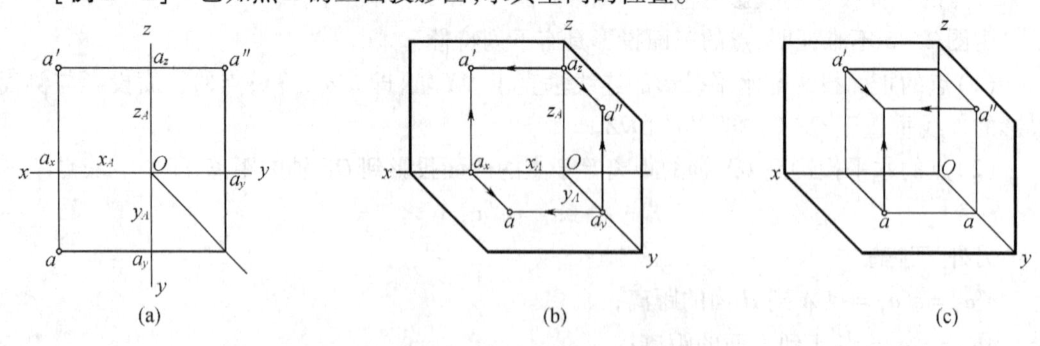

图 2-9　根据点的投影图画出其空间位置

解　根据 A 点的三面投影图（图 2-9(a)），即可确定 A 点的三个坐标(x_A, y_A, z_A)，然后按坐标值作图。

在求 A 点的空间位置时通常将 X 轴画成水平位置，Z 轴画成铅垂位置，Y 轴画成与 X，Z

轴成135°,即与 X 轴的延长线成45°(图2-9(b))。在相应轴上量取坐标 x_A,y_A,z_A,得到 a_X,a_Y,a_Z 三点,然后从这三个点分别作各轴的平行线得到三个交点即为 a,a',a'',再从 a,a',a''作各轴的平行线相交于一点,即得空间点 A(图2-9(c))。

2.2.3　两点的相对位置与重影点

1. 两点的相对位置

两点的相对位置指空间两点的上下、前后、左右位置关系。这种位置关系可以通过两点的同名投影(在同一个投影面上的投影)的相对位置或坐标的大小来判断,即:

X 坐标大的在左; Y 坐标大的在前;Z 坐标大的在上。

如图2-10所示,由于 $x_A > x_B$,故点 A 在点 B 的左方,同理可判断出点 A 在点 B 的上方、后方。

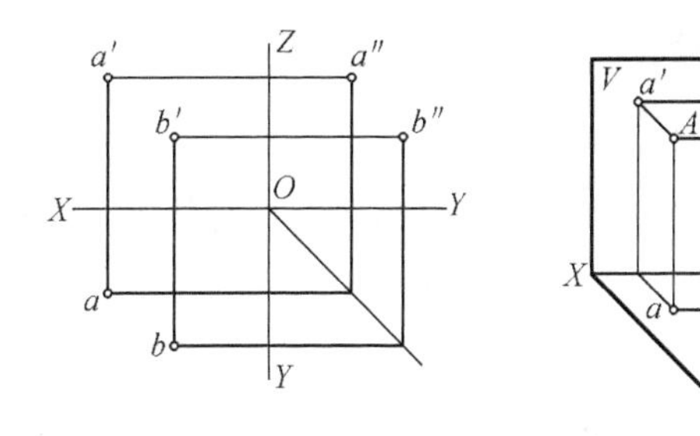

图2-10　两点的相对位置

2. 重影点及其可见性

当空间两点处于对某投影面的同一条投射线上时,则在该投影面上的投影重合于一点,这种具有重影性质的点称为对该投影面的重影点。如图2-11(a)所示 ,点 A,B 处于对 V 面的同一条投射线,为对 V 面的重影点。

当两点重影时,往往需要在该投影面上判断哪一点可见、哪一点被遮挡而不可见,通常在不可见投影上加括号,如图2-11(a)中 a'点被 b'点所遮挡。

判别两个重影点可见性的方法是以坐标大小来判别:坐标大者可见,坐标小者不可见。

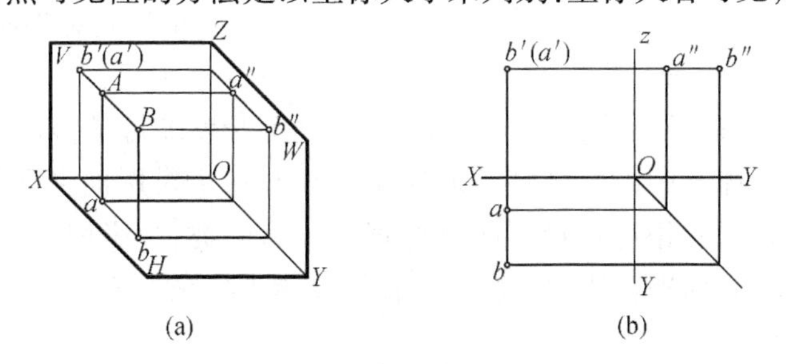

(a)　　(b)

图2-11　重影点及可见性判别

2.3　直线的投影

2.3.1　直线的投影

由平面几何关系得知,两点确定一条直线,故直线的投影可由直线上两点的投影确定。

如图 2－12 所示，分别将 A，B 两点的同名投影用直线相连，则得到直线 AB 的同名投影。

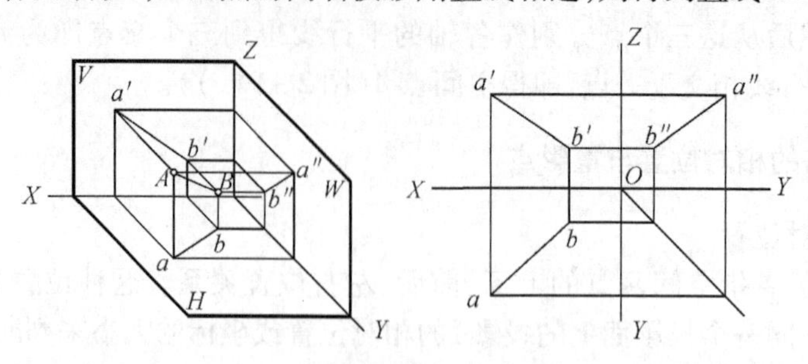

图 2－12　直线的三面投影

2.3.2　各种位置直线的投影特性

1. 直线对一个投影面的投影特性

直线对单一投影面的投影特性取决于直线与投影面的相对位置，如图 2－13 所示。

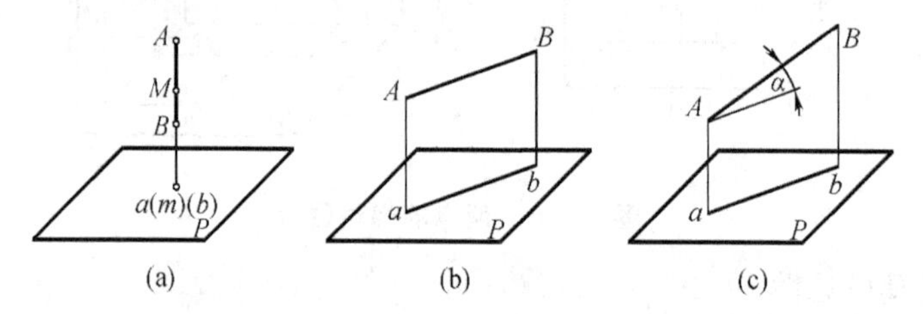

图 2－13　直线对一个投影面的投影特性

（1）直线垂直于投影面（图 2－13（a））

其投影重合为一个点而且位于直线上所有点的投影都重合在这一点上，投影的这种特性称为积聚性。

（2）直线平行于投影面（图 2－13（b））

其投影长度反映空间线段的实际长度，即 $ab = AB$，投影的这种特性称为实长性。

（3）直线倾斜于投影面（图 2－13（c））

其投影仍为直线，但投影的长度比空间线段的实际长度缩短了，$ab = AB\cos\alpha$。

直线在三投影面体系中的投影特性取决于直线与三个投影面之间的相对位置。根据直线与三个投影面之间的相对位置不同可将直线分为三类：投影面平行线、投影面垂直线和一般位置直线。投影面平行线和投影面垂直线又称为特殊位置直线。

2. 投影面平行线

平行于某一投影面而与其余两投影面倾斜的直线。

其中，平行于 H 面的直线叫作水平线，平行于 V 面的直线叫作正平线，平行于 W 面的直线叫作侧平线。它们的投影特性列于表 2－1。

归纳表 2－1 的内容，投影面平行线的投影特性为：

①在其平行投影面上的投影反映实长；投影与投影轴的夹角分别反映直线对另外两个投影面倾角的实际大小。

②另外两个投影面上投影分别平行于不同的投影轴，且长度比空间线段短。

3. 投影面垂直线

垂直于某一投影面，从而与其余两个投影面平行的直线。

其中，垂直于 V 面的直线叫作正垂线，垂直于 H 面的直线叫作铅垂线，垂直于 W 面的直线叫作侧垂线。它们的投影特性列于表 2－2。

表 2－1　投影面平行线的投影特性

名称	水平线	正平线	侧平线
立体图	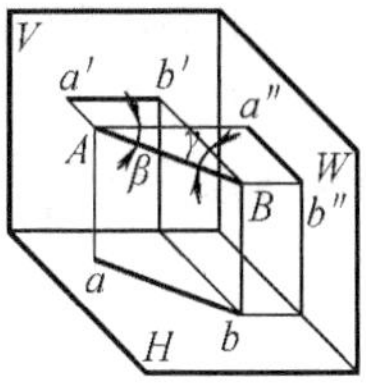 V a′ b′ a″ A β γ W B b″ a b H	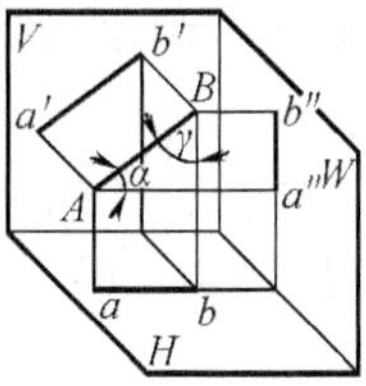 V b′ a′ B b″ γ A α a″ W a b H	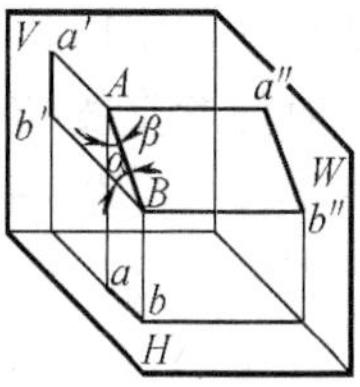 V a′ A a″ b′ β B W b″ a b H
投影图	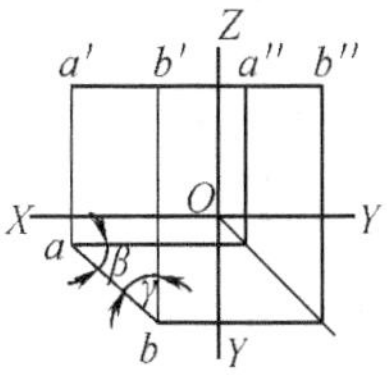 Z a′ b′ a″ b″ X O Y a β γ b Y	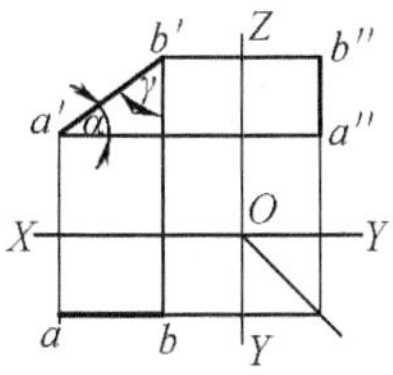 b′ Z b″ a′ γ α a″ X O Y a b Y	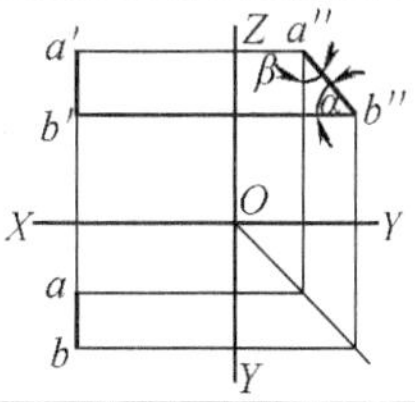 a′ Z a″ β b′ α b″ X O Y a b Y
投影特性	$ab=AB$，反映实长 ab 与 OX 轴的夹角反映 AB 对 V 面的倾角 β；ab 与 OY 轴的夹角反映 AB 对 W 面的倾角 γ $a'b' /\!/ OX$，$a''b'' /\!/ OY$	$a'b'=AB$，反映实长 $a'b'$ 与 OX 轴的夹角反映 AB 对 H 面的倾角 α；$a'b'$ 与 OZ 轴的夹角反映 AB 对 W 面的倾角 γ $ab /\!/ OX$，$a''b'' /\!/ OZ$	$a''b''=AB$，反映实长 $a''b''$ 与 OY 轴的夹角反映 AB 对 H 面的倾角 α；$a''b''$ 与 OZ 轴的夹角反映 AB 对 V 面的倾角 β $ab /\!/ OY$，$a'b' /\!/ OZ$

表 2－2　投影面垂直线的投影特性

名称	铅垂线	正垂线	侧垂线
立体图	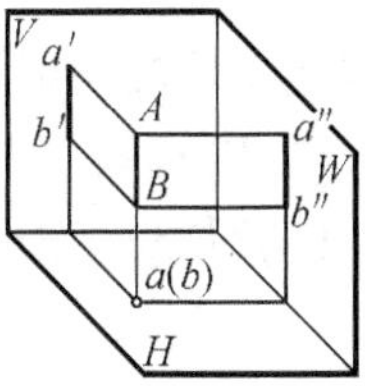 V a′ A a″ b′ W B b″ a(b) H	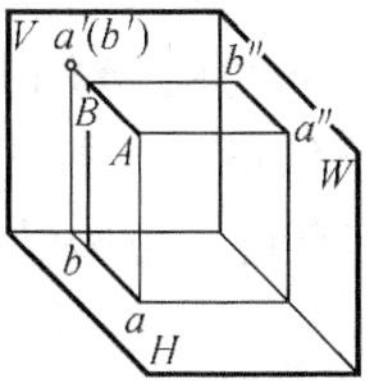 V a′(b′) b″ B a″ A W b a H	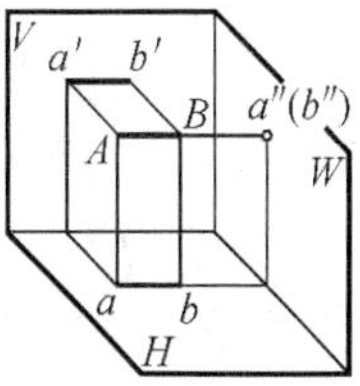 V a′ b′ B a″(b″) A W a b H
投影图	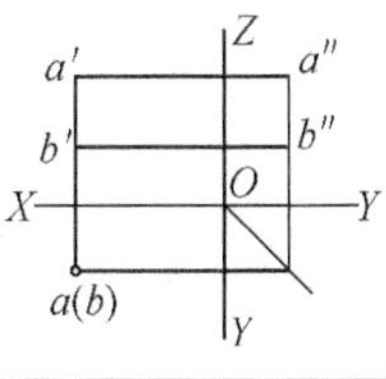 Z a′ a″ b′ b″ X O Y a(b) Y	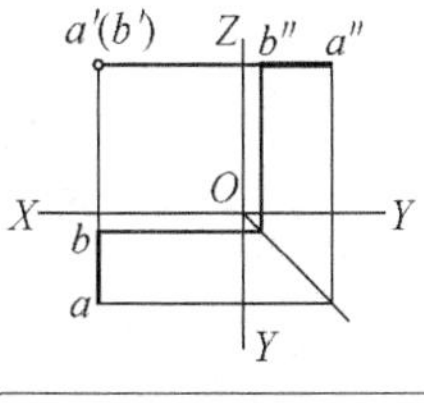 a′(b′) Z b″ a″ X O Y b a Y	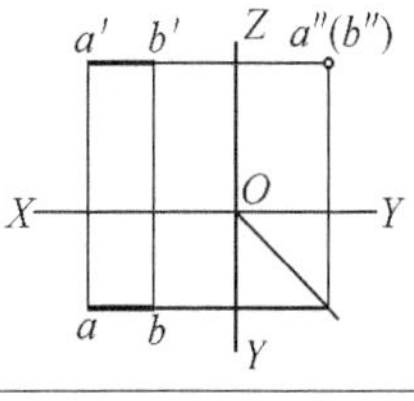 a′ b′ Z a″(b″) X O Y a b Y
投影特性	水平投影积聚为一点 $a'b'=a''b''=AB$，反映实长 $a'b' \perp OX$，$a''b'' \perp OY$	正面投影积聚为一点 $ab=a''b''=AB$，反映实长 $ab \perp OX$，$a''b'' \perp OZ$	侧面投影积聚为一点 $ab=a'b'=AB$，反映实长 $ab \perp OY$，$a'b' \perp OZ$

归纳表 2－2 的内容，投影面垂直线的投影特性为：

①在其垂直的投影面上的投影积聚为一点；

②另外两个投影面上的投影反映空间线段的实长，且分别垂直于不同的投影轴。

2.3.3 一般位置直线

既不平行又不垂直各个投影面的直线称之为一般位置直线。由于直线与各投影面都处于倾斜位置，与各投影面都有倾角，因此线段投影长度均短于实长。直线 AB 各个投影与投影轴的夹角不反映直线对各投影面的倾角，如图 2－14 所示与三个投影面都倾斜的直线。

一般位置直线的投影特性为：

三个投影都倾斜于投影轴，其与投影轴的夹角并不反映空间线段对投影面的夹角，且三个投影的长度均比空间线段短，即都不反映空间线段的实长。

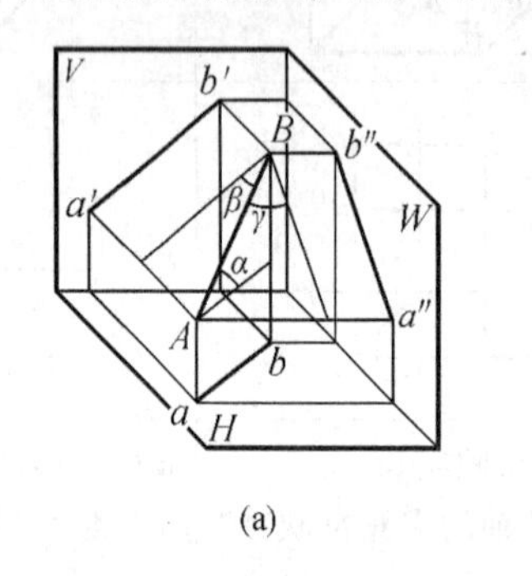

(a)

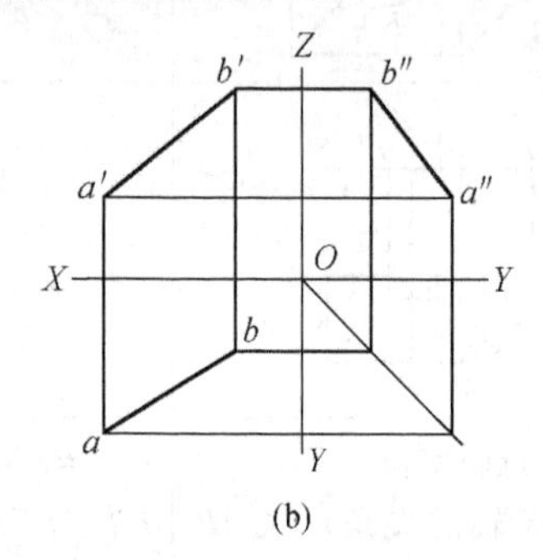

(b)

图 2－14 一般位置直线

由前述得知，投影面倾斜线的投影不反映实长和对投影面的倾角。但在工程上，往往要求用作图方法解决这一度量问题。常用的是直角三角形法和换面法两种图解方法。

1. 直角三角形法

分析 如图 2－15 所示为一处于 H/V 投影面体系中的一般位置直线 AB，$a'b'$、ab 均不反映 AB 实长及 α 倾角。在 $ABba$ 平面中，过 A 点作辅助线 $AC//ab$，且交 Bb 于点 C，则 $\triangle ABC$ 为一直角三角形。其中，两个直角边已知，即 $AC=ab$，$BC=\Delta Z=Z_B-Z_A$（即 A，B 两点 Z 坐标差），而所作的直角三角形的斜边 AB 即为实长。AB 与 AC 之间的夹角即为 AB 对 H 面的倾角 α。这种以一般位置直线的某个投影为一条直角边，以直线上两个端点到此投影面的坐标差为另一条直角边，作直角三角形以求直线实长及其对投影面的真实倾角的方法，称作直角三角形法。

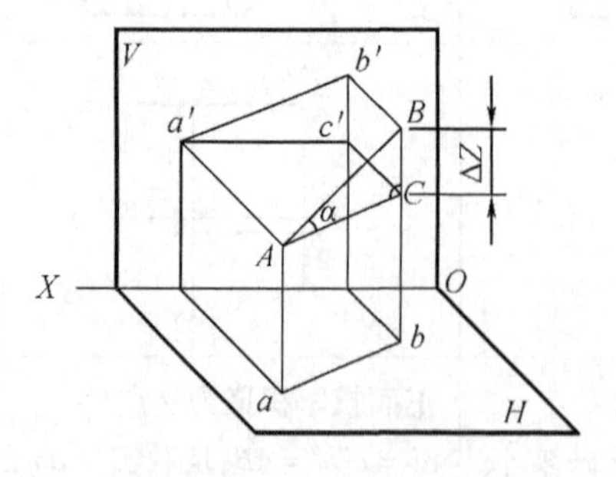

图 2－15 直角三角形法

作图 求直线 AB 的实长和对 H 面的倾角 α 可应用下列两种方式作图（图 2－16）：

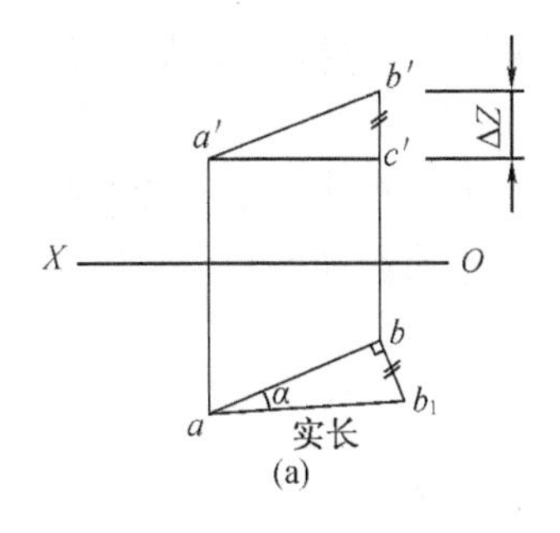

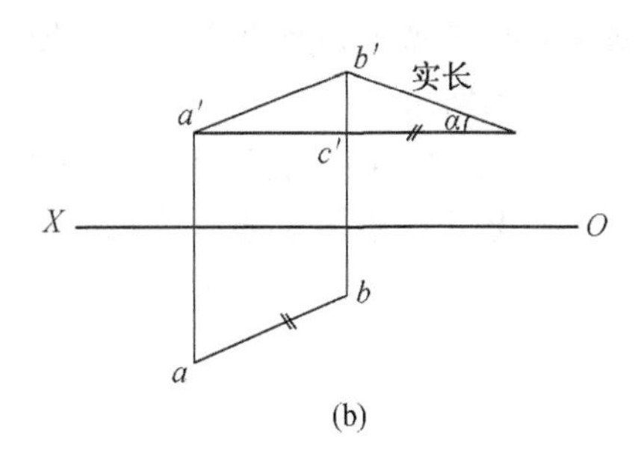

图 2-16　直角三角形法求实长及倾角 α

(1)过 b(也可过 a)作 ab 的垂线,并在其上截取 $bb_1=\Delta Z$;

(2)连接 ab_1,构成直角三角形,则 ab_1 即为直线 AB 的实长,$\angle bab_1$ 即为倾角 α。

也可用图 2-16(b)所示方法求出 AB 的实长及倾角 α。

同理,如需求直线对 V 面的倾角 β 时,可利用直线的正面投影和直线上两端点的 y 坐标差,作为两条直角边构成直角三角形求解。如图 2-17 所示,以 $a'b'$ 为一条直角边,$\Delta Y=Y_A-Y_B$为另一条直角边,则斜边 $a'a_1$ 即为 AB 的实长,$\angle a_1a'b'$为 AB 对 V 面的倾角 β。

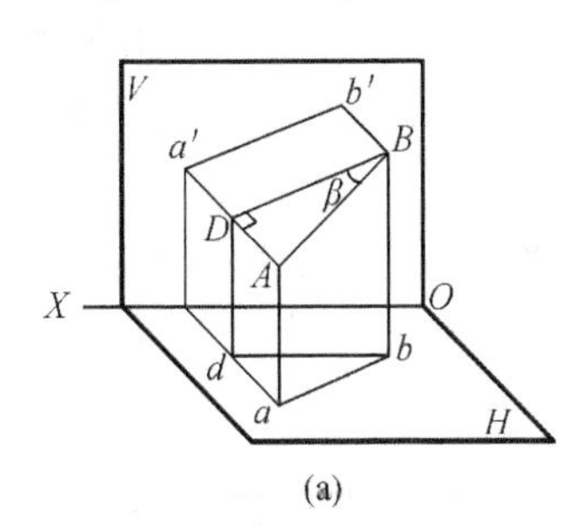

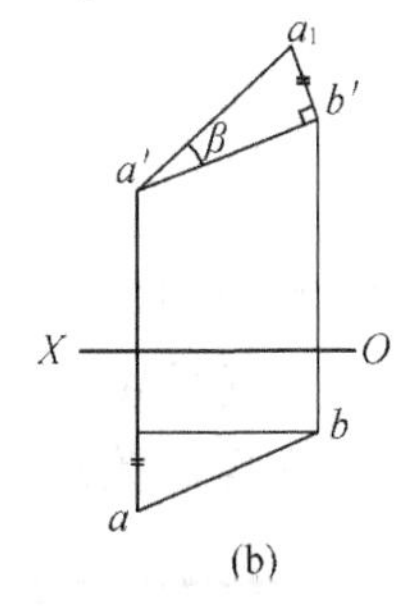

图 2-17　直角三角形法求实长及倾角 β

若要求直线对 W 面之倾角 γ,则可利用直线的侧面投影和直线上两端点的 X 坐标差,作为两直角边构成直角三角形求解。

[**例 2-3**]　如图 2-18(a)所示,已知直线 AB 的 H 面投影 ab 和 A 点的 V 面投影 a'及 AB 的实长 L,求 $a'b'$。

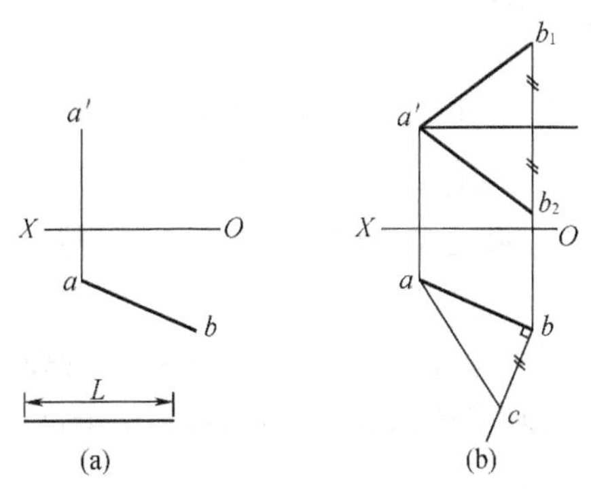

图 2-18　根据实长求直线的正面投影

解　作图步骤如下(图 2-18(b)):

(1)过 b 作 ab 的垂线,并以 a 为圆心,以实长 L 为半径在其上截取 c 点,构成直角三角形△abc。其中 bc 即为 A,B 两端点的 Z 坐标差。

(2)根据求出的 Z 坐标差及 B 点的水平投影 b 求出 b',连接 $a'b'$ 即为所求。本题有两解,$a'b'_1$ 和 $a'b'_2$ 均为所求。

[**例 2-4**] 如图 2-19(a)所示,已知直线 AB 对 V 面的倾角 $\beta=30°$,AB 的正面投影 $a'b'$ 及 A 点的水平投影 a,点 B 在点 A 之前,求 AB 的水平投影和实长。

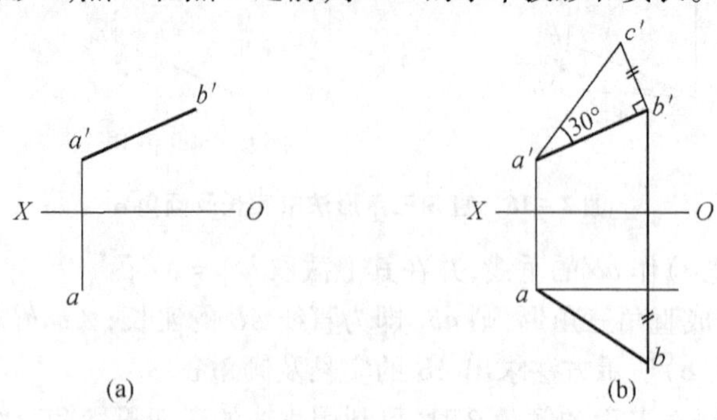

图 2-19 由直线的倾角求其投影和实长

解 如图 2-19(b)所示,以 $a'b'$ 为直角边,$\beta=30°$ 作直角三角形 $a'b'c'$,$a'c'$ 即为直线 AB 的实长,$b'c'$ 为 A、B 两点的 Y 坐标差,由已知条件可得 $Y_B>Y_A$,则可根据求得的 Y 坐标差和 B 点的水平投影 b 所在的直线,求出 b,连接 ab,即得 AB 的水平投影。

2. 换面法

分析 如图 2-20 所示,AB 为一般位置直线,假如设立一个垂直于 H 面的新投影面 V_1,并使新的投影面 V_1 与直线 AB 平行,则 AB 在 V_1 面上的投影将反映 AB 的实长,与新投影轴的夹角反映直线对 H 面的倾角 α。

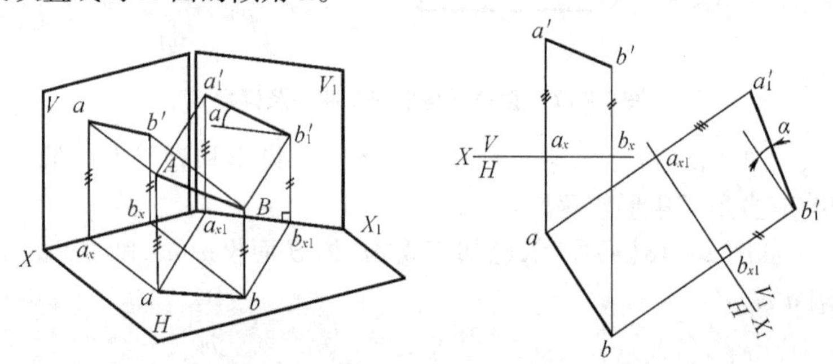

图 2-20 换面法求直线的实长及夹角 α

作图 (1)作新投影轴 $X_1//ab$;

(2)分别由点 a,b 作轴 X_1 垂线,与轴 X_1 交于 a_{X_1},b_{X_1},然后在垂线上量取 $a_1'a_{X_1}=a'a_X$,$b_1'b_{X_1}=b'b_X$,得到新投影 a_1',b_1';

(3)连接 a_1'、b_1' 得投影 $a_1'b_1'$ 反映直线 AB 实长,与 X_1 轴的夹角反映 AB 对 H 面的倾角 α。

如果要求出 AB 对 V 面的倾角 β,则要求新投影面 H_1 平行 AB,作图时以 X_1 轴 $//a'b'$,如图 2-21 所示。

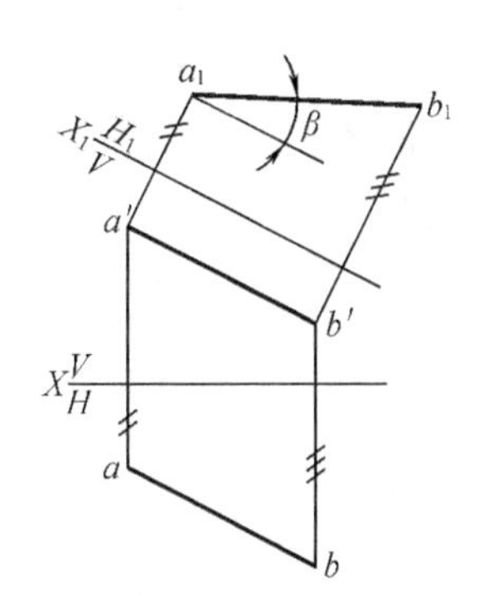

图 2-21　换面法求直线的实长及夹角 β

2.3.4　直线上的点

1. 直线上点的投影

点在直线上，则点的各个投影必定在该直线的同面投影上；反之，点的各个投影在直线的同面投影上，则该点一定在直线上。如图 2-22 所示直线 AB 上有一点 C，则 C 点的三面投影 c, c', c'' 必定分别在直线 AB 的同面投影 $ab, a'b', a''b''$ 上。

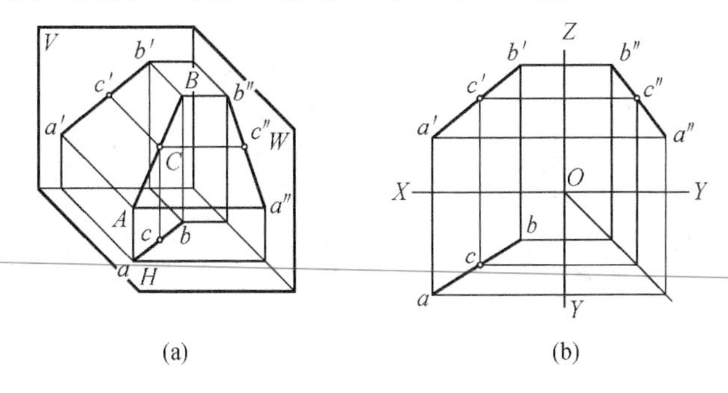

(a)　(b)

图 2-22　直线上的点

2. 点分割线段成定比

点分割线段的各个同面投影长度之比等于其线段长度之比。如图 2-22 所示，点 C 在线段 AB 上，它把线段 AB 分成 AC 和 CB 两段。根据投影的基本特性，线段及其投影的关系为 $ac:cb = a'c':c'b' = a''c'':c''b'' = AC:CB$。

［**例** 2-5］　如图 2-23(a)所示，已知侧平线 AB 及点 M 的正面投影和水平投影，判断点 M 是否在直线 AB 上。

解　判断方法有两种：

(1)求出它们的侧面投影。

如图 2-23(b)所示，由于 m'' 不在 $a''b''$ 上，故点 M 不在直线 AB 上。

(2)用点分线段成定比的方法判断。

由于 $am:mb \neq a'm':m'b'$，故点 M 不在直线 AB 上。

判断点是否在直线上，一般只需判断两个投影面上的投影即可。如图 2-24 所示，点 C 在直线 AB 上，而点 D 不在直线 AB 上(因 d 不在 ab 上)。但是当直线为投影面平行线，且给出的两个投影又都平行于投影轴时，则还需求出第三个投影进行判断，或用点分线段成定比方法判断。

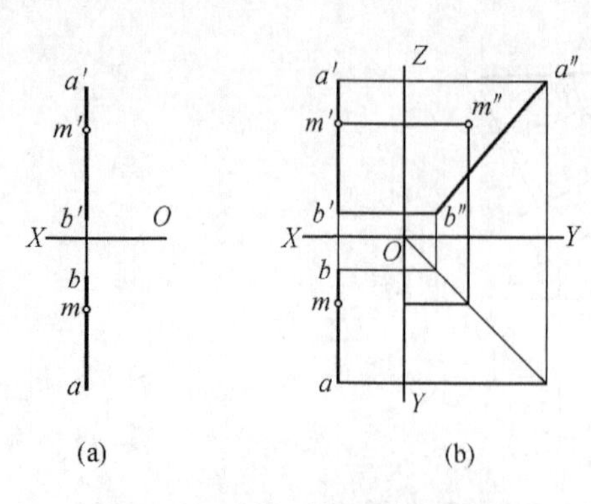

图 2-23 判断点是否在直线上

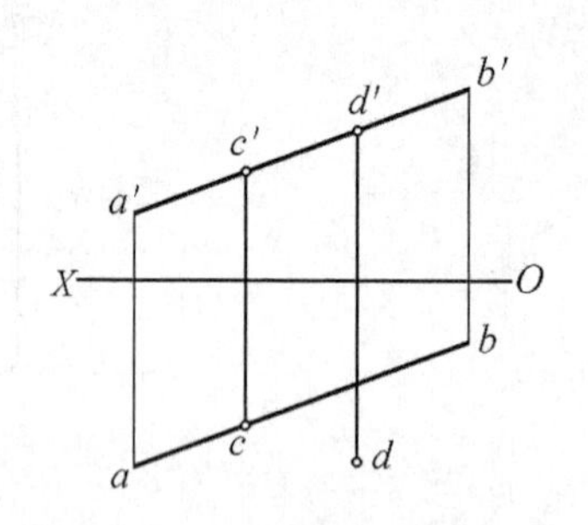

图 2-24 判断点是否在直线上

2.3.5 两直线的相对位置

空间两直线的相对位置有三种:平行、相交和交叉(异面)。

1. 两直线平行

若空间两直线相互平行,则其同名投影必相互平行;若两直线的三个同名投影分别相互平行,则空间两直线必相互平行(图 2-25)。

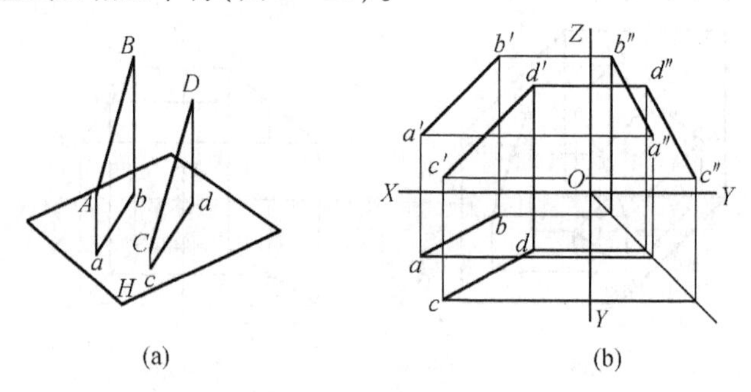

图 2-25 两直线平行

对于一般位置直线,实际上只要有两对同面投影平行,就可判定其空间位置一定平行。但对特殊位置直线来讲,有时需要三对同面投影才能判定空间位置是否平行。当两直线均平行于某一投影面时,只有两对同名投影分别平行,空间两直线不一定平行。如图 2-26(a)所示(*CD*,*EF* 为侧平线),虽然 *cd*//*ef*,*c′d′*//*e′f′*,但求出侧面投影(图 2-26(b))后,由于 *c″d″*不平行于 *e″f″*,故 *CD*,*EF* 不平行。

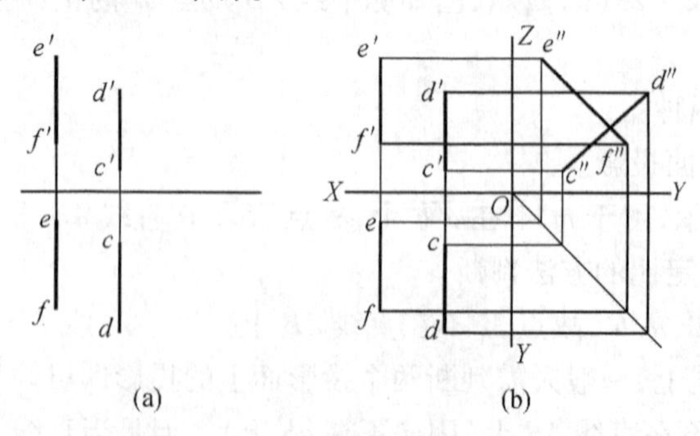

图 2-26 判断两直线是否平行

2. 两直线相交

若空间两直线相交，则其同名投影必相交，且其交点必符合空间一个点的投影特性；反之，两直线的各组同面投影都相交，且各组投影的交点符合空间一点的投影规律，则两直线在空间必定相交。

如图 2－27 所示，直线 AB，CD 相交于点 K，其投影 ab 与 cd，$a'b'$与 $c'd'$，$a''b''$与 $c''d''$ 分别相交于 k，k'，k''且 $kk' \perp OX$ 轴。

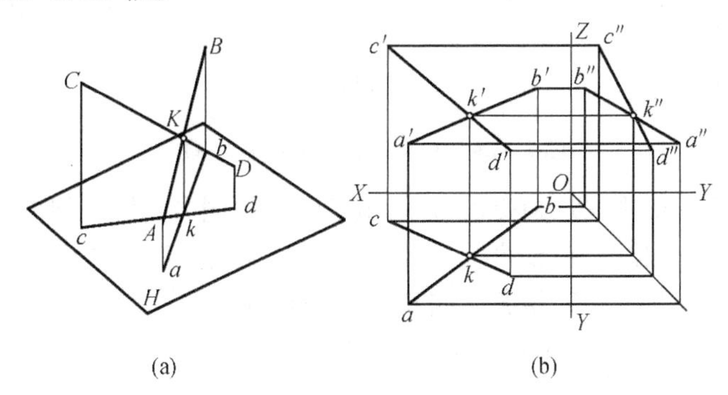

图 2－27　两直线相交

相交两直线的交点是两直线的共有点，因此交点应满足直线上点的投影特性。

判断空间两直线是否相交，一般情况下，只需判断两组同名投影相交，且交点符合一个点的投影特性即可。但是，当两条直线中有一条为特殊位置直线时，只有两组同名投影相交，空间两直线不一定相交。

［**例** 2－6］　判断直线 AB，CD 是否相交（图 2－28（a））。

解　由于 AB 是一条侧平线，所以根据所给的两组同名投影还不能确定两条直线是否相交。可用两种方法判断：

（1）求出侧面投影。如图 2－28（b），虽然 $a''b''$，$c''d''$亦相交，但其交点不是点 K 的侧面投影，即点 K 不是两直线的共有点，故 AB，CD 不相交。

（2）很明显，$ak:kb \neq a'k':k'b'$，故点 K 不在直线 AB 上，因此点 K 不是两直线的共有点，故 AB，CD 不相交。

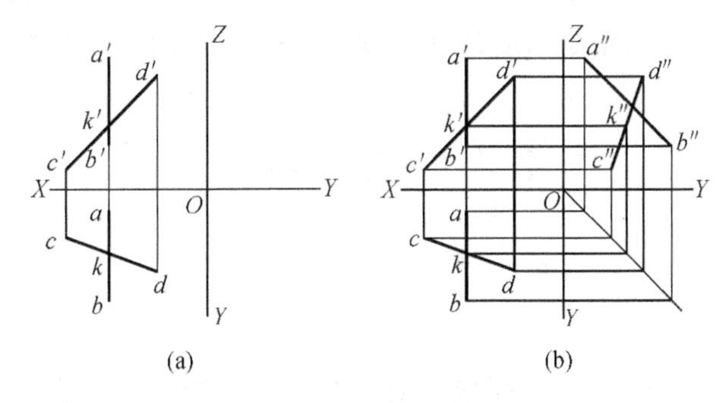

图 2－28　判断两直线是否相交

3. 两直线交叉

既不平行又不相交的两条直线称为两交叉直线。如图 2－29 所示，直线 AB 和 CD 为两交叉直线，但它们的投影可能会有一组或两组互相平行，但决不会三组同面投影都互相平行。

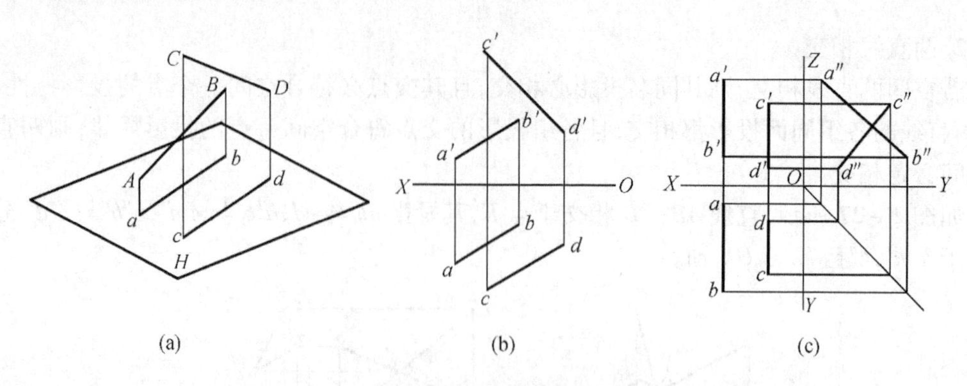

图 2-29　交叉两直线的投影(一)

如图 2-30 所示,*AB* 与 *CD* 两交叉直线,虽然它们的同名投影也相交了,但“交点”不符合一个点的投影特性。因此,一般情况下如在两个投影面上两直线的投影都相交,且符合交点的投影规律,则两直线一定相交。如其中有一直线与投影面平行线时,则一定要检查直线在三个投影面上的投影交点是否符合点的投影规律。

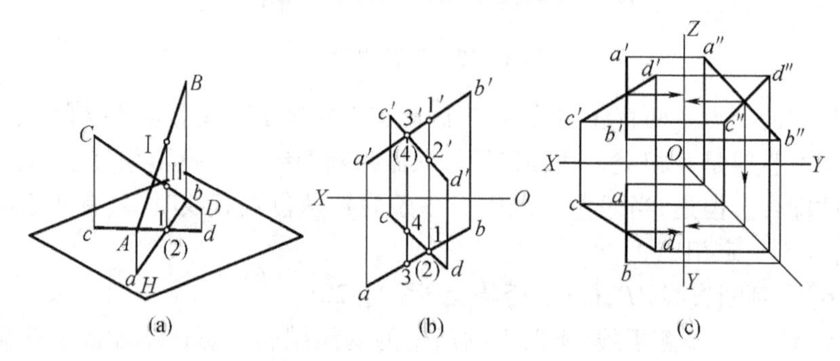

图 2-30　交叉直线的投影(二)

从图 2-30(a),(b)中可以看出,*AB*,*CD* 两直线是交叉二直线,因为两直线的投影交点不符合同一点的投影规律,*ab* 和 *cd* 的交点实际上是 *AB*,*CD* 对 *H* 面的重影点Ⅰ,Ⅱ的投影,由于Ⅰ在Ⅱ之上,所以 1 点可见,(2)点不可见。同理,*a′b′*和 *c′d′*的交点是 *AB*,*CD* 对 *V* 面的一对重影点Ⅲ,Ⅳ的投影,由于Ⅲ在Ⅳ之前,所以 3′可见,(4′)不可见。显然,图 2-30(c)所示两直线也是交叉两直线,因其三面投影的交点不是一个点的三面投影。

2.4　平面的投影

2.4.1　平面的表示法

在投影图上,通常用图 2-31 所示的五组几何要素中的任意一组表示一个平面的投影。

(1)不在同一直线上的三点(图 2-31(a));

(2)一直线及线外一点(图 2-31(b));

(3)两平行直线(图 2-31(c));

(4)两相交直线(图 2-31(d));

(5)平面几何图形,如三角形、四边形、圆形等(图 2-31(e))。

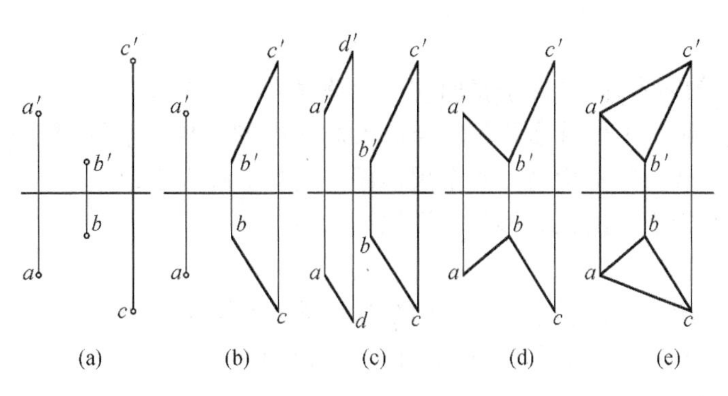

图 2-31　平面的五种表示法

以上用几何元素表示平面的五种形式彼此之间是可以互相转化的。实际上第一种表示法是基础,后几种都由它转化而来。

2.4.2　平面的投影特性

1. 平面对一个投影面的投影特性

平面对一个投影面的投影特性取决于平面与投影面的相对位置。

(1)平面垂直于投影面

如图 2-32(a)所示,$\triangle ABC$ 垂直于投影面 P,它在 P 面上的投影积聚成一条直线,平面内的所有几何元素在 P 面上的投影都重合在这条直线上,这种投影特性称为积聚性。

(2)平面平行于投影面

如图 2-32(b)所示,$\triangle ABC$ 平行于投影面 P,它在 P 面上的投影反映 $\triangle ABC$ 的实形,这种投影特性称为实形性。

(3)平面倾斜于投影面

如图 2-32(c)所示,$\triangle ABC$ 倾斜于投影面 P,它在 P 面上的投影并不反映 $\triangle ABC$ 的实形,但形状与 $\triangle ABC$ 是类似的,这种投影特性称为类似性。

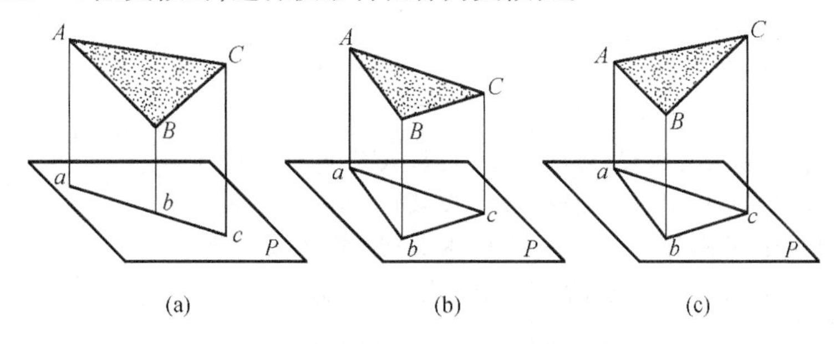

图 2-32　平面对一个投影面的投影特性

2. 平面在三投影面体系中的投影特性

平面在三投影面体系中的投影特性取决于平面对三个投影面的相对位置。

根据平面与三个投影面的相对位置不同可将平面分为三类:投影面垂直面、投影面平行面和一般位置平面。投影面垂直面和投影面平行面又称特殊位置平面。

(1)投影面垂直面

垂直于某一投影面而与其余两投影面都倾斜的平面称为投影面垂直面。其中,垂直于 H 面的叫作铅垂面,垂直于 V 面的叫作正垂面,垂直于 W 面的叫作侧垂面。它们的投影特性见表2－3。

归纳表2－3的内容，投影面垂直面的投影特性为：

①在其垂直投影面上的投影积聚成与该投影面内的两根投影轴都倾斜的直线，该直线与投影轴的夹角反映空间平面与另两个投影面夹角的实际大小；

②在另两个投影面上的投影形状相类似。

（2）投影面平行面

平行于某一投影面从而垂直于其余两个投影面的平面称为投影面平行面。

其中，平行于 H 面的叫作水平面，平行于 V 面的叫作正平面，平行于 W 面的叫作侧平面，它们的投影特性见表2－4。

归纳表2－4的内容，投影面平行面的投影特性为：

①在其平行的投影面上投影反映平面的实形。

②另外两个投影面上的投影均积聚成直线，且平行于不同的投影轴。

表2－3　投影面垂直的投影特性

名称	正垂面	铅垂面	侧垂面
立体图	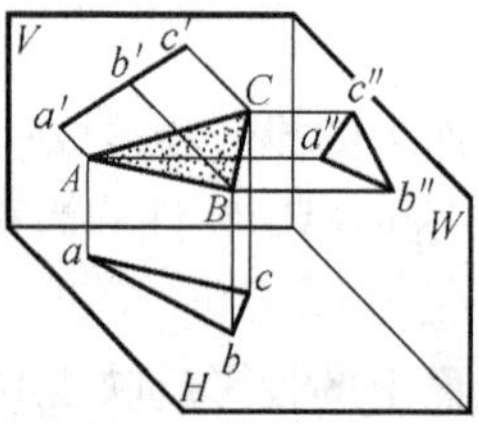	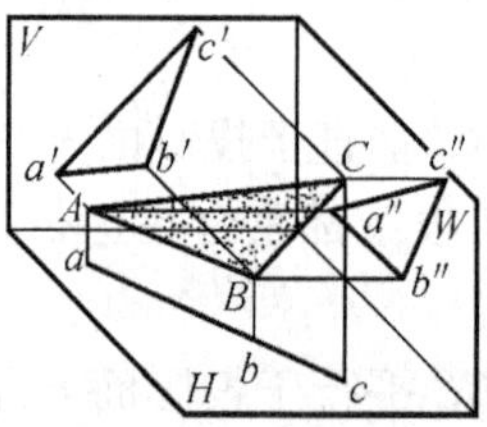	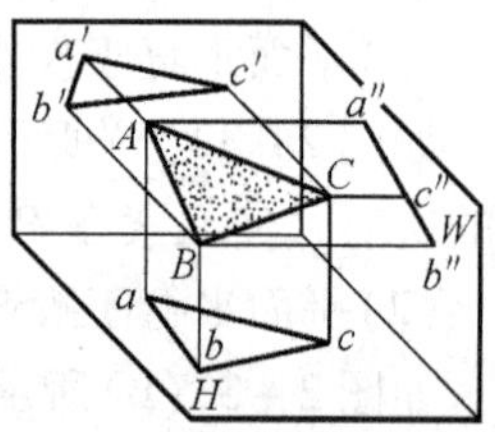
投影图	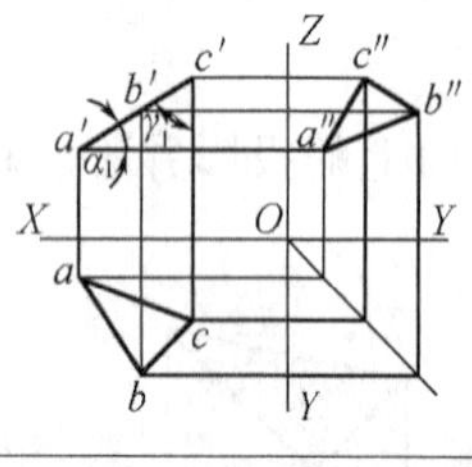	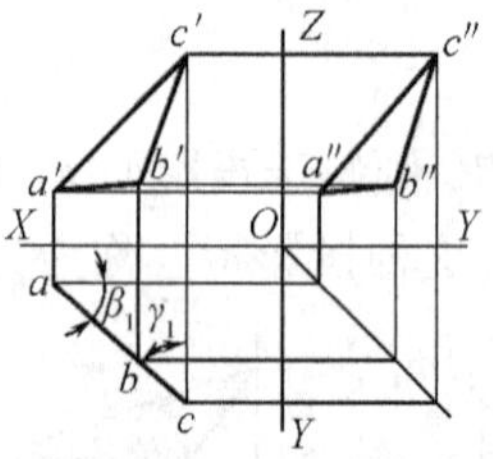	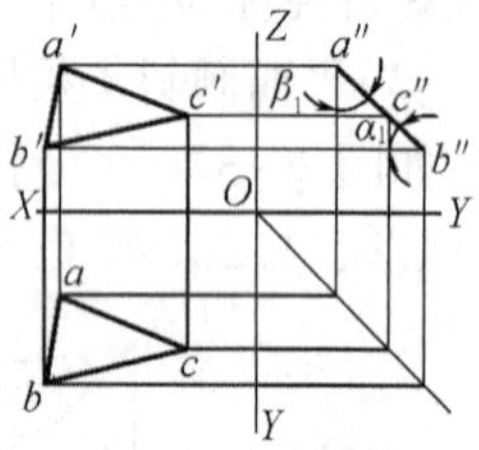
投影特性	正面投影积聚为直线，它与 OX，OZ 轴的夹角反映平面对 H 面、W 面的夹角 α_1，γ_1，水平投影与侧面投影为类似形	水平投影积聚为直线，它与 OX，OY 轴的夹角反映平面对 V 面、W 面的夹角 β_1，γ_1 正面投影与侧面投影为类似形	侧面投影积聚为直线，它与 OY，OZ 轴的夹角反映平面对 H 面、V 面的夹角 α_1，β_1 水平投影与正面投影为类似形

表 2－4　投影面平行面的投影特性

名称	正平面	水平面	侧平面
立体图			
投影图			
投影特性	正面投影反映实形 水平投影和侧面投影积聚成直线，并分别平行于 OX，OZ 轴	水平投影反映实形 正面投影和侧面投影积聚成直线，并分别平行于 OX，OY 轴	侧面投影反映实形 正面投影和水平投影积聚成直线，并分别平行于 OZ，OY 轴

（3）一般位置平面

与三个投影面都倾斜的平面叫作一般位置平面。

一般位置平面的投影特性为：三个投影的形状相类似。

如图 2－33 所示，△ABC 与三个投影面都倾斜，它的三个投影的形状相类似，但都不反映△ABC 的实形。

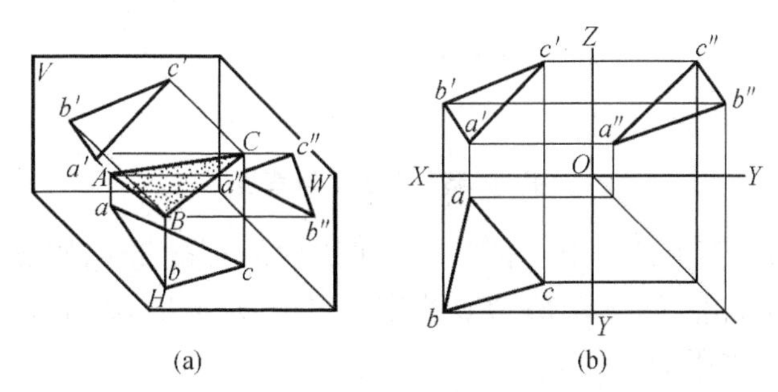

图 2－33　一般位置平面

［例 2－7］　△ABC 为一正垂面，已知其水平投影及顶点 B 的正面投影（图 2－34（a）），且△ABC 对 H 面的倾角 $\alpha_1=45°$，求△ABC 的正面投影及侧面投影。

分析：△ABC 为一正垂面，它的正面投影应积聚成直线，且该直线与 OX 轴的夹角为 45°。

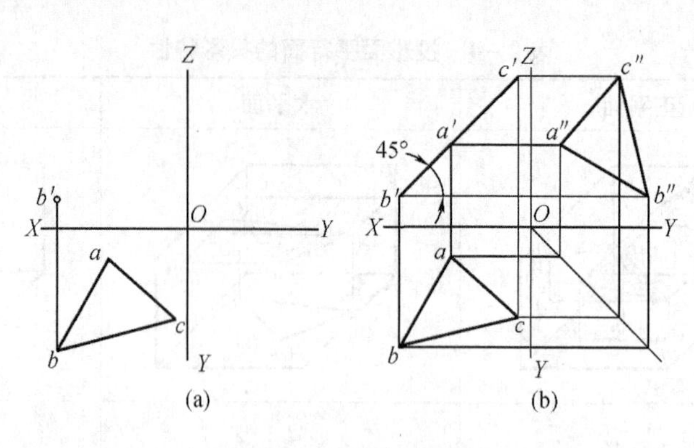

图 2-34　求作正垂面

作图:如图 2-34(b)所示,过 b'作与 OX 轴成45°的直线,再分别过以 a,c 作 OX 轴的垂线与其相交于 a',c',则得△ABC 的正面投影。分别求出各顶点的侧面投影并连接,便得△ABC 的侧面投影。

2.4.3　平面内的直线与点

1. 平面内取直线

具备下列条件之一的直线必位于给定的平面内:

(1)一直线通过平面内的两个点,则此直线一定在该平面上。如图 2-35 所示,△ABC 决定平面 P,由于 M,N 两点分别在 AB,AC 上,故直线 MN 在平面 P 上。

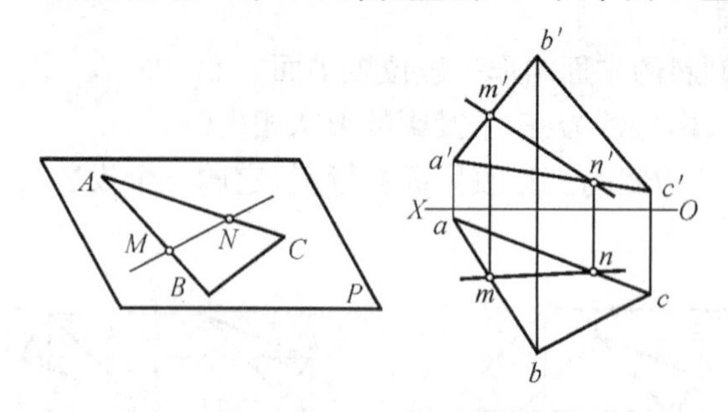

图 2-35　平面上取直线

(2)一直线通过平面上的一个点且平行于平面内的某条直线,则此直线一定在该平面上。如图 2-36 所示,相交两直线 EF,ED 决定一平面 Q,M 是 ED 上的一个点。如过 M 作 MN//EF,则 MN 一定在平面 Q 上。

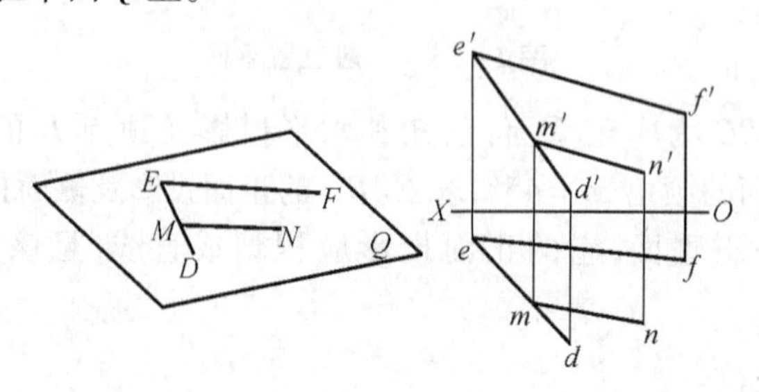

图 2-36　平面上取直线和点

[例 2-8]　已知平面由△ABC 给出,在平面内作一条正平线,并使其到 V 面的距离为

10 mm(图 2－37(a))。

分析：平面内的投影面平行线应同时具有投影面平行线和平面内的直线的投影特性。因此，所求直线的水平投影应平行于 OX 轴，且到 OX 轴的距离为 10 mm，同时该直线还必须在△ABC 内。

作图：如图 2－37(b)所示，在 H 面上作与 OX 轴平行且相距为 10 mm 的直线，其与直线 ab，ac 分别交于 m 和 n。过 m，n 分别作 OX 轴的垂线与 $a'b'$，$a'c'$交于 m'和 n'，连接 mn，$m'n'$，直线 MN 即为所求。

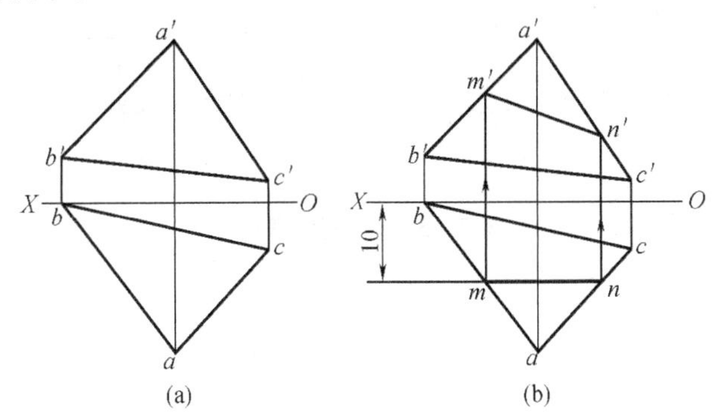

图 2－37　在平面内取正平线

2. 平面内取点

点位于平面内的几何条件是点位于平面内的某条直线上，因此点的投影也必须位于平面内的某条直线的同名投影上。所以平面内取点应首先在平面内取直线，然后再在该直线上取符合要求的点。

[**例** 2－9]　已知点 K 位于△ABC 内，求点 K 的水平投影(图 2－38(a))。

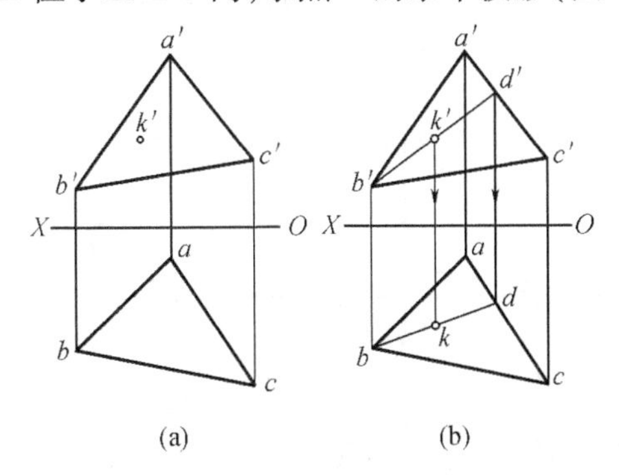

图 2－38　平面内取点

分析：在平面内过点 K 任意作一条辅助直线，点 K 的投影必在该直线的同名投影上。

作图：如图 2－38(b)所示，连接 $b'k'$与 $a'c'$交于 d'，求出直线 AC 上点 D 的水平投影 d，按投影关系在 bd 上求得点 K 的水平投影 k。

[**例** 2－10]　已知△ABC 的两面投影，在△ABC 内取一点 M，并使其到 H 面和 V 面的距离均为 10 mm(图 2－39(a))。

分析：平面内的正平线是平面内与 V 面等距离点的轨迹，故点 M 位于平面内距 V 面为 10 mm 的正平线上。点的正面投影到 OX 轴距离反映点到 H 面的距离。

作图：如图 2－39(b)所示，在△ABC 内取距 V 面 10 mm 的正平线 DE(作图方法见图

2 – 37(b)),在正面投影面上作与 OX 轴相距为 10 mm 的直线与 $d'e'$ 交于 m',即得点 M 的正面投影. 按投影关系在 de 上确定点 M 的水平投影 m。

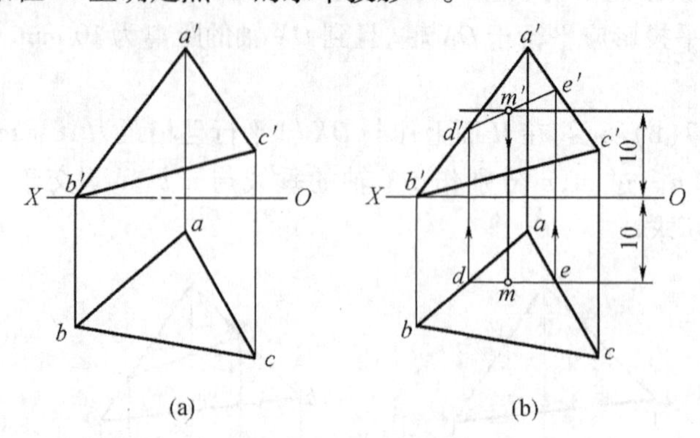

图 2 – 39　平面内取点

2.5　直线与平面及两平面的相对位置

2.5.1　平行问题

1. 直线与平面平行

由初等几何知,若平面外的一条直线与平面内的某条直线平行,则该直线与该平面平行。

在图 2 – 40 中,直线 DE 的正面投影 $d'e'//m'n'$,水平投影 $de//mn$,因为直线 MN 位于 $\triangle ABC$ 所确定的平面内,故 $DE // \triangle ABC$。

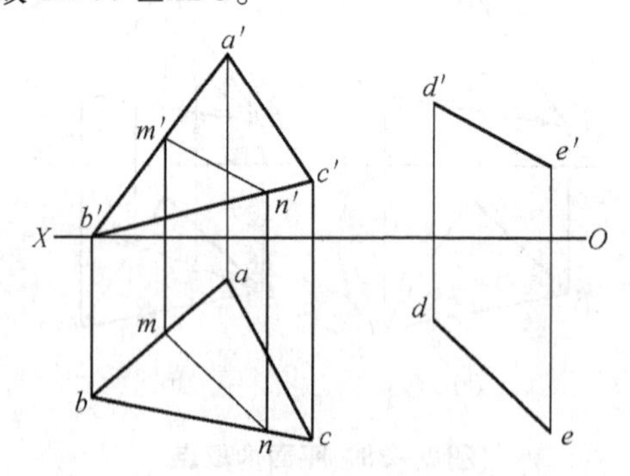

图 2 – 40　直线与平面平行

[例 2 – 11]　已知 $\triangle ABC$ 所确定的平面及平面外一点 M 的投影(图 2 – 41(a)),过点 M 作正平线与 $\triangle ABC$ 平行。

分析:在 $\triangle ABC$ 内取一条正平线,然后过点 M 作该直线的平行线即为所求。

作图:如图 2 – 41(b)所示,过 b 作直线 bd 平行于 OX 轴并与 ac 交于 d,按投影关系在 $a'c'$ 上确定 d'。作 $mn//bd$,$m'n'//b'd'$,则直线 MN 为所求。

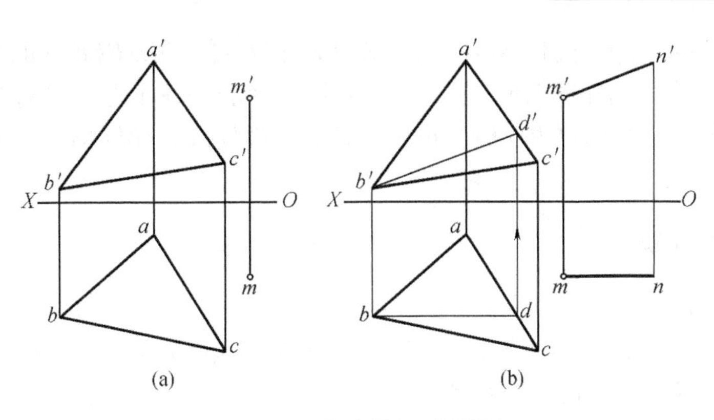

图2－41　作直线与平面平行

2. 两平面平行

由初等几何知识,若一平面内的两条相交直线分别平行于另一平面内的两条相交直线,则两平面相互平行。

［例2－12］　过点 *K* 作平面与△*ABC* 平行(图2－42(a))。

分析:根据两平面平行的几何条件,可以把两平面平行的问题转化为两直线平行的问题来解决。

作图:作 *km*//*ac*,*k′m′*//*a′c′*,则直线 *KM*//*AC*。作 *kn*//*bc*,*k′n′*//*b′c′*,则直线 *KN*//*BC*。平面 *MKN* 为所求。

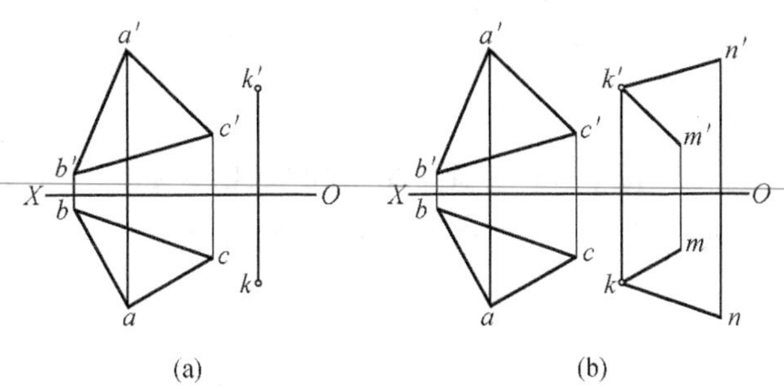

图2－42　两平面平行

［例2－13］　判断平面△*ABC* 与平面△*DEF* 是否平行(图2－43)。

分析:两平面平行的条件是分别位于两平面内的一对相交直线对应平行。该题只要判断平面△*ABC* 内有相交的两条直线是否平行于平面△*DEF* 内的两条相交直线即可。

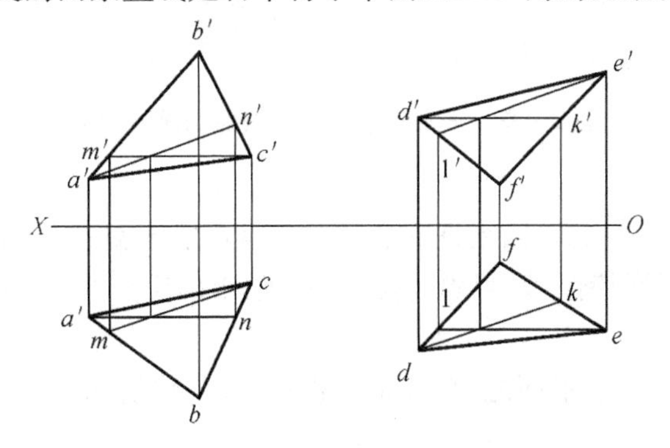

图2－43　判断两平面是否平行

作图:如图 2-43 所示,先作△*ABC* 的一对相交直线,再看在△*DEF* 内能否作出一对相交直线与它们对应平行。为作图简便,在△*ABC* 内作水平线 *CM* 和正平线 *AN*,在△*DEF* 内作水平线 *DK* 和正平线 *EL*。由于 *CM*//*DK*(*cm*//*dk*,*c'm'*//*d'k'*),*AN*//*EL*(*an*//*el*,*a'n'*//*e'l'*),所以两平面平行。

2.5.2 相交问题

1. 直线与平面相交

直线与平面相交,其交点是直线与平面的共有点。因此交点的投影既满足直线上点的投影特性,又满足平面内点的投影特性。

当直线或平面处于特殊位置,特别是当其中某一投影具有积聚性时,交点的投影也必定在有积聚性的投影上,利用这一特性可以较简单地求出交点的投影。

这里只讨论直线与平面中至少有一个处于特殊位置时的情况。由于直线与平面的相对位置不同,从某个方向投射时,彼此之间会存在相互遮挡关系如图 2-44 所示,且交点是直线的可见段与不可见段的分界点。因此,求出交点后还应判别可见性。

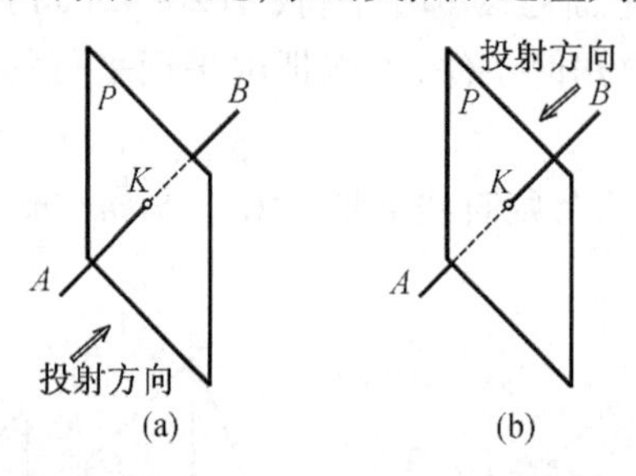

图 2-44 平面与直线的相互遮挡关系

[**例** 2-14] 求直线 *MN* 与△*ABC* 的交点 *K* 并判别可见性,如图 2-45(a)所示。

解 如图 2-45(b)所示。

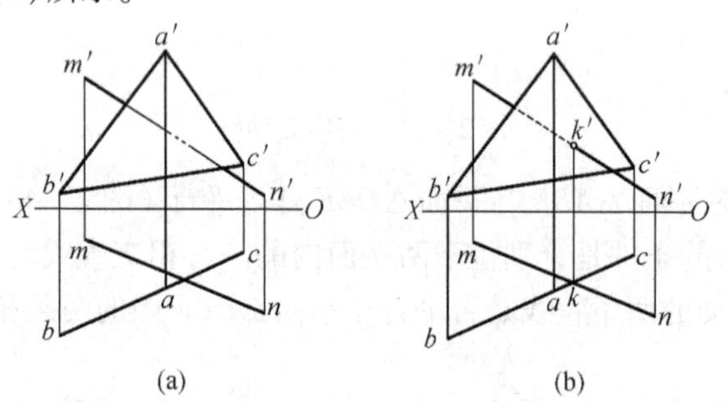

图 2-45 一般位置直线与投影面垂直相交

(1)求交点

△*ABC* 的水平投影有积聚性,根据交点的共有性可确定交点 *K* 的水平投影 *k*,再利用点 *K* 位于直线 *MN* 上的投影特性,采用线上找点的方法求出交点的正面投影 *k'*。

(2)判别可见性

由水平投影可知,*KN* 在平面之前,故正面投影 *k'n'* 可见,而 *k'm'* 与△*a'b'c'* 的重叠部分不可见用虚线表示。

[**例** 2-15] 求铅垂线 *EF* 与△*ABC* 的交点 *K* 并判别可见性(图 2-46(a))。

解　如图 2－46(b)所示。

(1)求交点

因为 EF 的水平投影有积聚性,故交点 K 的水平投影与直线 EF 的水平投影重合。

根据交点的共有性,利用交点 K 位于 $\triangle ABC$ 内的投影特性,采用面上找点的方法求出交点 K 的正面投影 k'。

(2)判别可见性

选择重影点判别,其方法是判别哪个投影面上的可见性就在哪个投影面上找重影点的投影,如 $m'(n')$。假设点 M 在 EF 上,点 N 在 AC 上,由水平投影可知,点 M 在前,点 N 在后,故 $e'k'$ 可见。

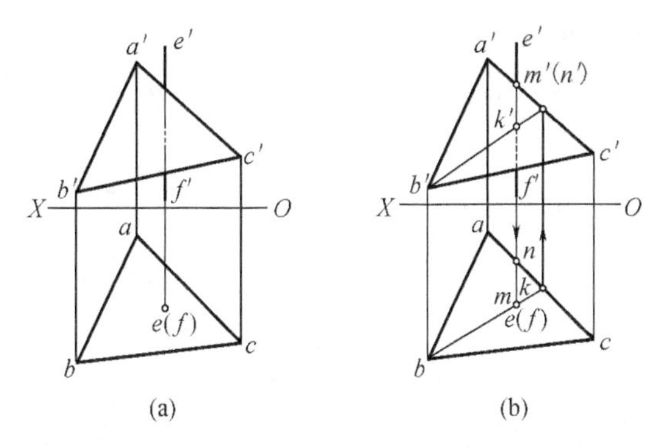

图 2－46　特殊位置直线与一般位置平面相交

2. 两平面相交

两平面相交,其交线为一条直线,它是两平面的共有线。所以,只要确定两平面的两个共有点或一个共有点及交线的方向,就可确定两平面的交线。这里只讨论两个相交的平面中至少有一个处于特殊位置时的情况。

[**例** 2－16]　求 $\triangle ABC$ 和 $\triangle DEF$ 的交线 MN 并判别可见性,如图 2－47(a)所示。

解　作图过程如图 2－47(b)所示。

(1)求交线

因两平面都垂直于 V 面,其交线应为正垂线。两平面的正面投影的交点即为交线的正面投影。交线的水平投影应垂直于 OX 轴,由此可求得交线的水平投影。

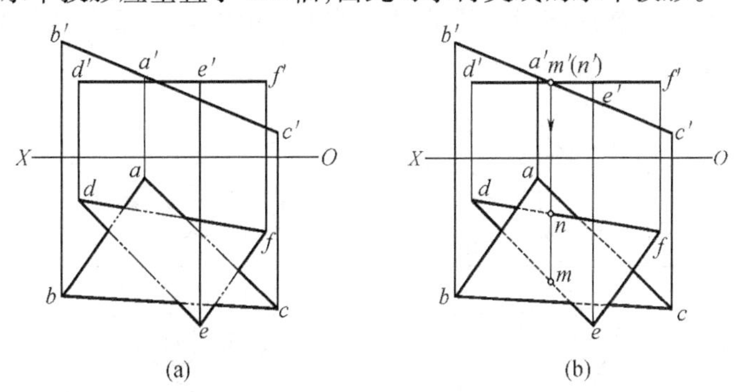

图 2－47　两个特殊位置平面相交

(2)判别可见性

由正面投影可知,$\triangle DEF$ 在交线 MN 的左侧部分位于 $\triangle ABC$ 的下方,其水平投影与

△*ABC* 的水平投影相重叠的部分为不可见。

[例 2-17] 求△*ABC* 和平面 *DEFH* 的交线 *KM*,并判别可见性(图 2-48(a))。

解 作图过程如图 2-48(b)所示。

(1)求交线

平面 *DEFH* 的水平投影有积聚性,它的水平投影与 *bc* 的交点 *k*,与 *ac* 的交点 *m* 即为两平面的两个共有点水平投影,分别在 *b′c′*和 *a′c′*上求出其正面投影 *k′*,*m′*,连接 *k′m′*即为交线 *KM* 的正面投影。

(2)判别可见性

选择重影点 1,2 判别,点 1 在 *AC* 上,点 2 在 *FH* 上,由于点 1 在前,点 2 在后,故 *c′m′*可见。同理可判别其余部分的可见性。

利用水平投影也可直观地判别。由水平投影可知,△*ABC* 的 *CKM* 部分在平面 *DEFH* 的前面,其正面投影为可见。

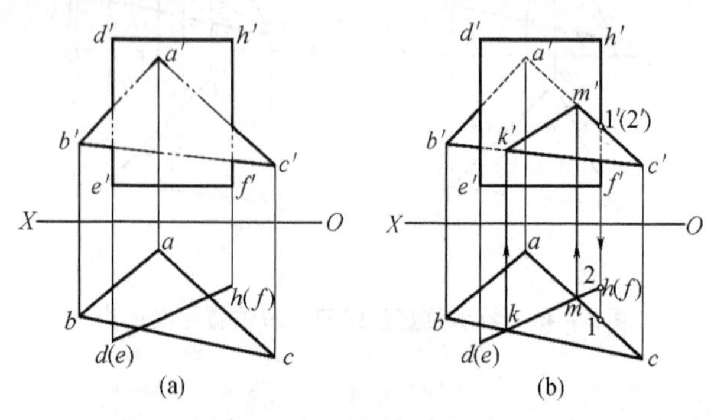

图 2-48 特殊位置平面与一般位置平面相交

[例 2-18] 求△ABC 与△DEF(铅垂面)的交线并判别可见性(图 2-49(a))。

解 作图过程如图 2-49(b)所示。

(1)求交线

因△*DEF* 的水平投影有积聚性,在水平投影上 *ab* 与 *edf* 的交点 *m*,*ac* 与 *edf* 的交点 *k* 即为两平面的两个共有点的水平投影,在 *a′b′*与 *a′c′*上分别确定 *m′*,*k′*,直线 *KM* 即为两平面的共有线。

在例 2-18 中,点 *K* 的正面投影位于△*d′e′f′*的外面,这说明点 *K*(*k*,*k′*)位于△*DEF* 所确定的平面内,但不位于△*DEF* 这个图形内,所以△*ABC* 与△*DEF* 的交线应为 *MN*(*N* 为 *MK* 与 *DE* 的交点)。

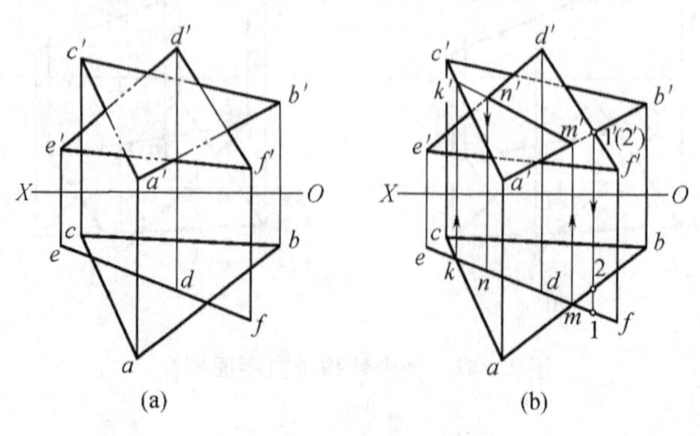

图 2-49 两平面互交

(2)判别可见性

利用 H 面和 V 面的重影点可以分别判别出两平面的水平投影和正面投影的可见性。

从图 2-49(b)可以看出,$\triangle ABC$ 的一条边 AB 穿过$\triangle DEF$,其交点为 M,$\triangle DEF$ 的一条边 DE 穿过$\triangle ABC$,其交点为 N,这种情况称为“互交”。

第三章　基本体的投影

点组成线,线可以组成面,而面可以围成体。由若干平面围成的空间形体,我们将其称为立体。按其平面的几何性质可以将立体分为平面立体和曲面立体。立体的表面由平面围成称平面立体,如棱柱、棱锥、棱台等;立体的表面由平面和曲面或仅由曲面围成的立体称为曲面立体。根据曲面的性质,又可将曲面立体分为回转体和非回转体。常见的回转体如圆柱、圆锥、圆球、圆环等。

单一的几何体称为基本体。通常情况下物体都是由完整或不完整的基本体所组成。常用的基本体包括棱柱、棱锥、圆柱、圆锥、圆球、圆环等。图 3－1 所示为平面立体,图 3－2 所示为曲面立体。而由若干个基本体相叠加而形成的立体被称为叠加体,如图 3－3 所示。

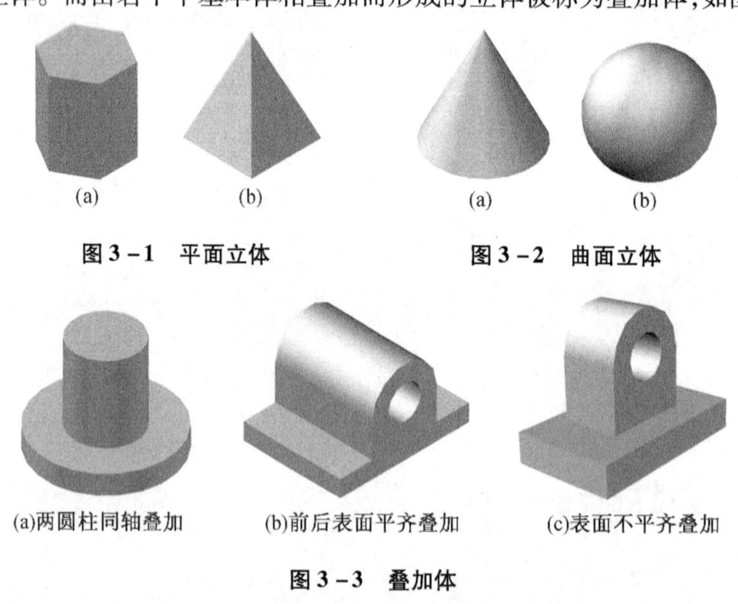

图 3－1　平面立体　　　**图 3－2　曲面立体**

图 3－3　叠加体

3.1　体的三视图

对由构成体的所有面投影的总和称其为体的投影,如图 3－4 所示。

图 3－4(b)所示的图是将图 3－4(a)所示的在三个不平面上的投影图进行展开后绘制于一个平面上而得到的。在工程中视图的主要作用是将物体的形状表达清楚以便加工使用。对于实际的物体与投影间的距离可以不用确切的表达,而在绘制物体的投影图时也不用画出在每个投影面上的投影轴。而图 3－4(b)所示的三视图间的距离可根据实际物体的大小、绘图纸的幅面及尺寸标注等要求来进行确定。

国家标准规定,用正投影法绘制的物体图形称为视图。将物体准确的用图纸表示出来,就是在投影图上将组成物体的平面和棱线表示出来,并且判别其可见性。绘制平面立体的投影归结为绘制所有棱线及各棱线交点的投影,然后判别其可见性。把看得见的棱线投影画成实线;把看不见的棱线投影画成虚线。相邻棱面的交线称为棱线,其可见性判别为,两相邻棱面均不可见,棱线不可见;只要有一个面可见,棱线就可见。当粗实线与细虚线重合时,应画成粗实线。物体的投影与视图在本质上是相同的。因此,体的三面投影又叫作三视图。其中:

主视图——由前向后投射所得的视图;

俯视图——由上向下投射所得的视图;

左视图——由左向右投射所得的视图。

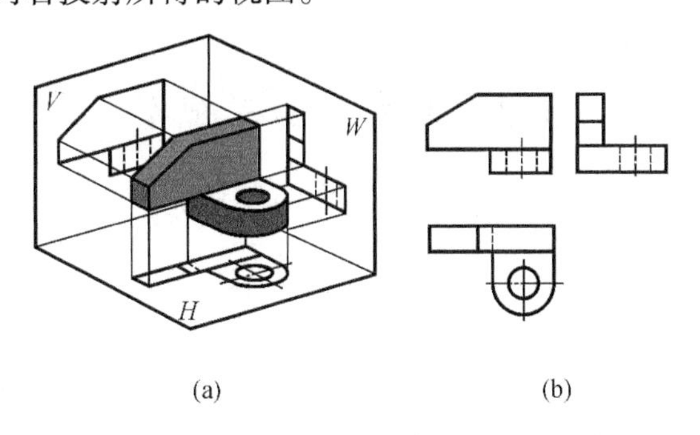

图 3-4　体的投影

画图时,投影轴省略不画,俯视图配置在主视图的正下方,左视图在主视图的正右方。三视图(主视图、俯视图及左视图)之间的对应关系主要有度量对应关系和方位对应关系。

1. 度量对应关系

物体有长、宽、高三个方向的尺寸,将 X 轴方向的尺寸作为长度,Y 轴方向的尺寸作为宽度,Z 轴方向的尺寸作为高度。

由图 3-5 可以看出,当将物体的主要表面分别平行于投影面放置时,主视图反映物体的长度和高度,俯视图反映物体的长度和宽度,左视图反映物体的高度和宽度,故三视图间的度量对应关系为:

主视图和俯视图长度相等且对正;

主视图和左视图高度相等且平齐;

左视图和俯视图宽度相等且对应。

在画图时,应注意物体三视图间的"长对正、高平齐、宽相等"的"三等"对应关系。

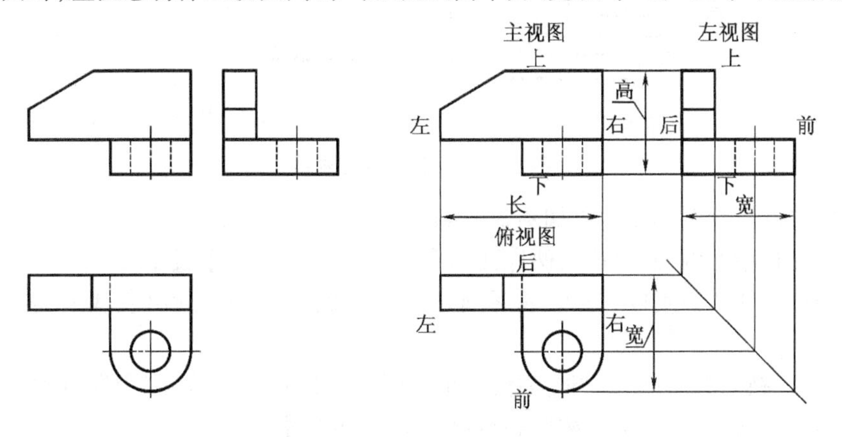

图 3-5　三视图间的对应关系

2. 方位对应关系

物体有上、下、左、右、前、后六个方位，由图 3－5 可以看出：

主视图反映物体的上、下和左、右方位；

俯视图反映物体的前、后和左、右方位；

左视图反映物体的上、下和前、后方位。

若以主视图为中心来看俯视图和左视图，则离主视图近的一侧表示物体的后面，而离主视图远的相对一侧则表示物体的前面。

3.2　基本体的三视图

一、平面基本体

1. 棱柱

棱柱的表面由两个底面和若干侧棱面组成且棱线相互平行。侧棱面与侧棱面的交线称为侧棱线，侧棱线间相互平行。棱柱依据底面形状不同又可分为三棱柱、四棱柱、五棱柱、六棱柱等等。侧棱线与底面垂直的棱柱叫直棱柱。底面为正多边形的棱柱称为正棱柱。棱柱与底面不垂直的棱柱称为斜棱柱。而本节只讨论直棱柱的投影。

（1）直棱柱的三视图

以正六棱柱为例。当六棱柱与投影面处于图 3－6（a）所示的位置时，六棱柱的两底面是水平面与 H 面平行，在俯视图上反映实形；前后两侧棱面为正平面，在主视图上反映实形，其余四个侧棱面为铅垂面，六个侧棱面在俯视图上都积聚成与正六边形的边重合的直线。

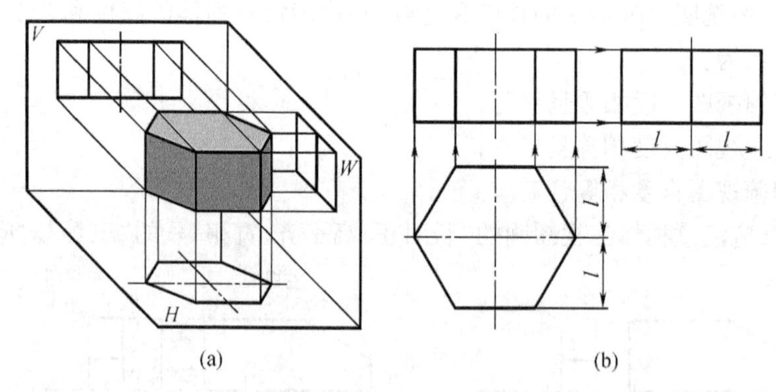

图 3－6　六棱柱的三视图

正六棱柱的三视图作图过程如图 3－6（b）所示。

①画出对称中心线，画出反映两底面实形（正六边形）的水平投影。

②依据侧棱线的高度按“三等”关系即三视图间的对应关系画出主视图和左视图两个视图。

注意：在三视图的图形对称时，为使三个视图间的位置确定，还应用细点画线画出对称中心线，而且往往是首先画出对称中心线以确定三个视图的位置。

(2)棱柱体表面上取点

由于正六棱柱体的表面都是平面,所以在棱柱体表面上取点的方法与平面上取点的方法相同。

[**例3-1**]　如图3-7(a)所示,已知棱柱体表面上两点A,B的正面投影a'和(b'),求其另两个投影面上的投影并判别可见性。

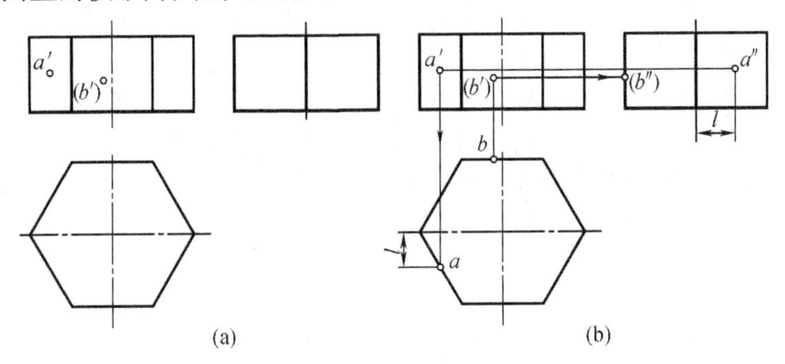

图3-7　棱柱体表面上取点

投影分析:

由图3-7(a)可知,A点位于棱柱的前面且在左侧棱面上,该棱面在俯视图上积聚成一条直线,点A的水平投影a也应位于该直线上,求出a后可根据“三等”关系求得a''。而B点位于棱柱的正前面或正后面,但由于在主视图上的投影点为(b')意味着该点不可见,则确定B点应位于棱柱的正后面。由于正六棱柱在水平面上的投影都有积聚性,则b点位于俯视图正六边形最上面的一条边上,其位置可依据“三等”关系求出。

作图:如图3-7(b)所示,由a'向H面作垂线与左前棱面的水平投影相交求得a,由a、a'按“三等”关系求得a''。同理,可求出点B另外两个投影。

判别可见性:

判别可见性的原则是若点所在面的投影可见或有积聚性,则点的投影可见。由于点A位于左前侧棱面上,水平投影面上的a'可见,侧投影面上的a''也可见。根据点B在侧投影面b''为不可见点,则点B在正六棱柱后面的棱面上,可判断点B的水平投影b可见,而在侧面的投影由于积聚性后棱面积聚为一棱线,则b''不可见。

2. 棱锥

棱锥与棱柱的区别是棱锥只有一个底面,且侧棱线交于一点——锥顶。棱锥按棱线的数目,可分为三棱锥、四棱锥、五棱锥等等。底面是正多边形,而侧面均为等腰三角形的棱锥,称为正棱锥。

(1)棱锥的三视图

如图3-8(a)所示为一正三棱锥$SABC$。底面$\triangle ABC$是一个水平面,其水平面投影$\triangle abc$反映$\triangle ABC$实形,主视图投影面和侧视图投影面投影均积聚为直线。侧棱面$\triangle SAC$是侧垂面,其左视图上的投影$s''a''$(c'')积聚为一直线。棱面$\triangle SAB$,$\triangle SBC$为一般位置平面,棱线SB是侧平线,SA,SC为一般位置直线。

三棱锥的作图过程如图3-8(b)所示,作图步骤:

①画出在底面$\triangle ABC$实形的水平投影$\triangle abc$,它在主视图与左视图的投影均为一水平直线;

②画出棱锥顶点 S 的三面投影 s,s',s''；

③完成棱线 SA,SB,SC 的三面投影，三条棱线的正面投影和水平投影均可见，在侧立投影面上，$s''a''$、$s''b''$可见，$s''c''$不可见，由于 $s''c''$与 $s''a''$重合，故不画虚线。

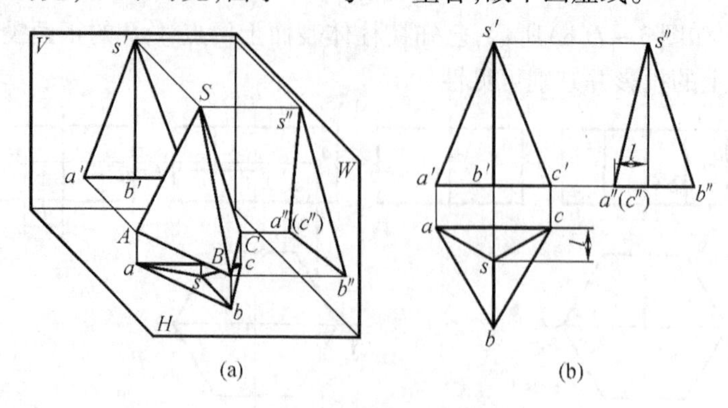

图 3－8　棱锥的三视图

(2)棱锥表面取点

在棱锥的侧棱线或特殊侧棱面上取点，利用其棱线或侧棱面的投影具有积聚性的特点，可以求出点在另外两个投影面的投影。若在棱锥一般位置侧棱面上取点，求其在三个投影面的投影，则需在点所在的表面上过该点的已知投影先作辅助直线再通过该直线的投影定出点的投影，而辅助线的作法有平行线法和素线法两种。

［**例** 3－2］　如图 3－9(a)所示，已知棱锥表面上点 K 与点 N 的正面投影，求其余二投影。

投影分析：

由图 3－9(a)可知，点 K 位于一般位置的侧棱面△SAB，点 N 位于一般位置的侧棱面△SBC 上，需要在平面内过已知点作一辅助线，然后再在辅助线的投影上确定点的未知投影。在这里采用素线法求点 K 的三个投影面的投影，采用平行线法求点 N 的三个投影面的投影。点 K 在棱柱面△SAB 上，过 K 点作一直线 SK 交 AB 于 D 点，求出直线 K 在 H 面的投影。然后可以按照线上点的投影规律，确定点 K 在另外两个投影面上的投影，此方法称为素线法。在求 N 的三面投影时，点 N 在棱面△SBC 上过点 N 作一直线ⅠⅡ平行于直线 BC，Ⅰ点与交棱线 SC 相交，Ⅱ点与棱线 SB 相交，求出直线ⅠⅡ在三个投影面上的投影，即可求出线上点的投影，此种方法称为平行线法。

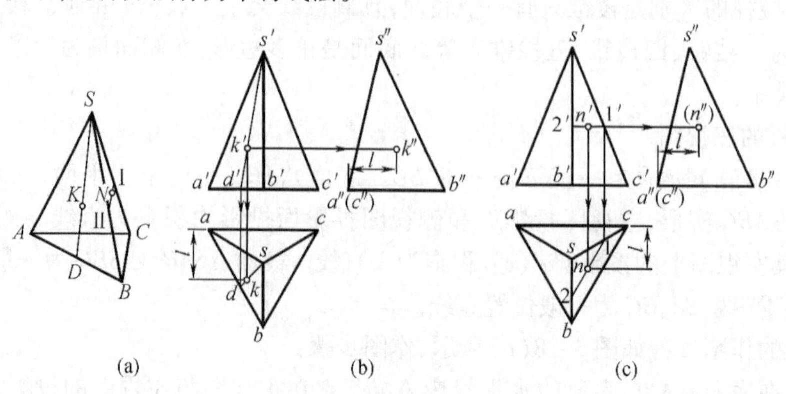

图 3－9　棱锥表面上取点

作图:如图3－9(b)所示,过点K的正面投影k'作辅助线即素线SD的正面投影$s'd'$,求出SD的水平投影sd并在其上确定点K的水平投影k,按“三等”关系由k'求得k''。

如图3－9(c)所示,过点N的正面投影作BC的平行线ⅠⅡ的正面投影,Ⅰ点与棱线SC相交于$1'$点,Ⅱ点与棱线SB相交于$2'$点,依据“三等”关系,在俯视图中求出1,2两点的位置从而求出点N的在另外两个投影面上的投影。

判别可见性:由于侧棱面SAB的水平投影和侧面投影均是可见的,故k,k''均可见。而侧棱面SBC的水平投影可见侧面投影不可见,故n可见n''不可见。

二、回转体

物体的表面是由平面和曲面组成的,或全部是由曲面组成的立体为曲面立体。有回转轴的曲面立体称为回转体。

回转体的表面是回转面,它是由母线绕空间一直线作回转运动所形成的曲面,该直线称为回转轴,如图3－10所示。母线可以是直线或曲线,而回转面上的任一位置直线称为素线。母线上任一点的运动轨迹是圆,又称纬圆,其所在平面垂直于回转轴。

绘制回转体的投影应画出回转轴,表示曲面轮廓的转向线、圆的对称中心线等,欲求其表面上点和线的投影可利用作辅助线的方法来求得。

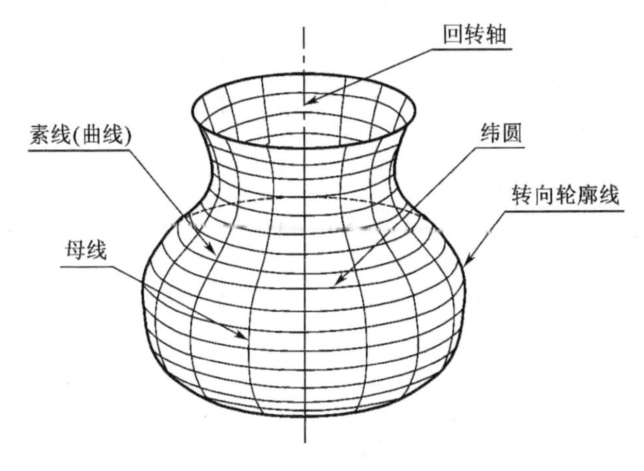

图3－10　回转面的形成

1. 圆柱体

(1)圆柱体的形成

圆柱体由两个底面和圆柱面组成,如图3－11(a)所示。圆柱面可以看成是由一条直线AA_1绕与它平行的轴线OO_1旋转而成。运动的直线AA_1称为母线,圆柱面上与轴线平行的直线称为圆柱面的素线。与轴线垂直的圆形构成了圆柱的底面。

(2)圆柱体的三视图

如图3－11(b)所示,当圆柱体的轴线垂直于水平投影面时,圆柱体在俯视图上积聚为一个圆,该投影是圆柱的特征视图,画图时对称中心线用细点画线画出,两条点画线的交点为圆心,其与圆周的交点分别是圆柱面上最左、最右、最前和最后素线的水平投影。圆柱体在主视图和左视图上的投影均为矩形,圆柱体的上底面和下底面由于投影的积聚性,其投影为矩形的上边和下边。矩形的轮廓线为圆柱面上最左、最右、最前、最后轮廓素线的投影。矩形左边与右边两条轮廓线,是圆柱体的前、后两个半圆柱在正面投影中可见与不可见部分的分界线。侧面投影中矩形的两条铅垂边是左、右两个半圆柱体在侧面投影中可见与不可见部分的分界线。圆柱体的上、下底面为水平面，水平投影为圆（反映实形），另两个投影积聚为直线。

作图过程如图 3－11(c)所示：

①画俯视图的中心线及轴线的正面和侧面投影并用细点画线表示；

②画投影为圆的俯视图，中心线用细点画线表示；

③根据“三等”关系画出另两个视图，它们均为矩形。

(3)轮廓线的投影分析及圆柱面可见性的判断

由图 3－11(b)，(c)所示，主视图上的轮廓线 $a'a_1'$ 和 $b'b_1'$ 是圆柱面上最左、最右两条素线 AA_1，BB_1 的投影。在左视图上 AA_1 和 BB_1 的投影与轴线的投影重合，因此在图中不再画出。AA_1 和 BB_1 又是圆柱面前半部分与后半部分的分界线，因此在主视图上以 AA_1 和 BB_1 为界，前半个圆柱面可见后半个圆柱面不可见。

左视图的轮廓线，是圆柱面最前、最后两条素线 CC_1，DD_1 的投影，CC_1，DD_1 的正面投影也与轴线的投影重合。CC_1 和 DD_1 又是圆柱面左半部分与右半部分的分界线，因此在左视图上，以 CC_1 和 DD_1 为界左半个圆柱面可见，右半个圆柱面不可见。

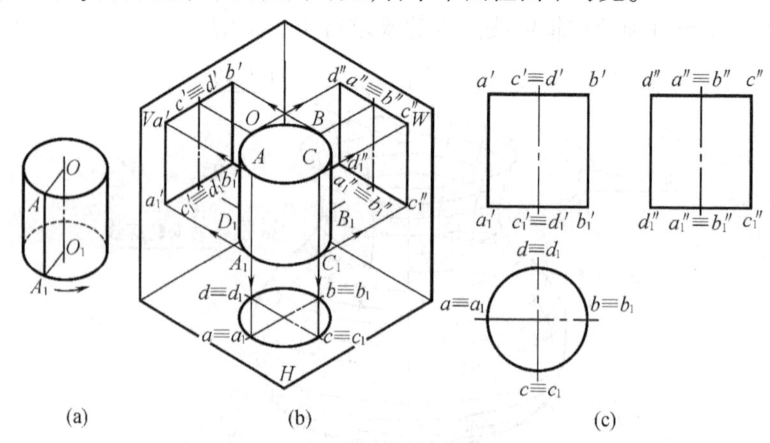

图 3－11　圆柱体的形成及三视图

(4)圆柱面上取点

[例 3－3]　如图 3－12(a)所示，已知圆柱面上点 1 的正面投影 1′和点 2 的侧面投影(2″)，求点 1，2 的其余二投影。

投影分析：

从投影 1′，2′的可见性可以判定点 1 在前半圆柱面上，2 点在后半圆柱面上。由于圆柱在水平面的投影具有积聚性，在水平面的投影为一圆，故点 1，2 的投影一定在圆上。利用“三等”关系求出点在侧面的投影 1″，2″。

作图：如图 3－12(b)所示。

(1)利用“长对正”关系求出点在水平面的投影 1，2。由于圆柱水平投影的积聚性使在圆柱面上点的投影一定在圆柱水平投影的圆上，因此点 1，2 的水平投影在底面圆上且均为可见投影。

(2)根据“高平齐、宽相等”的原则，点在侧面的投影为 1″，(2″)，但由于主视图中的点(2′)应位于圆柱的空间位置为后右半圆柱面上，所以在左侧投影面上仍是不可见点。

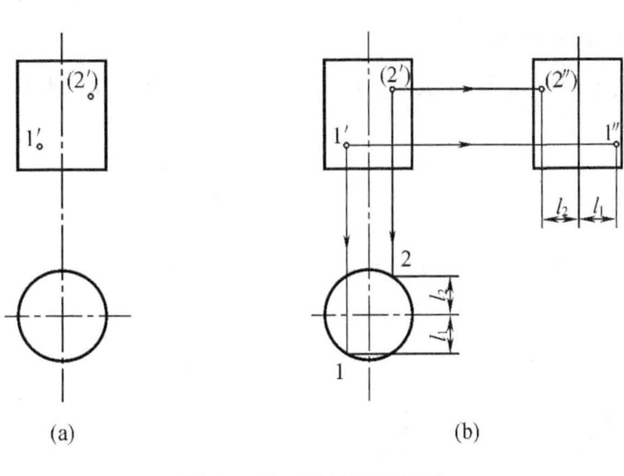

图 3－12　圆柱面上取点

2. 圆锥体

(1)圆锥体的形成

圆锥体由圆锥面和一个底圆平面组成。如图 3－13(a)所示,圆锥面可看成是直线 SA 绕与它相交的轴线 OO_1 旋转而成。运动的直线 SA 叫作母线,圆锥面上过锥顶 S 的任一直线称为圆锥面的素线。

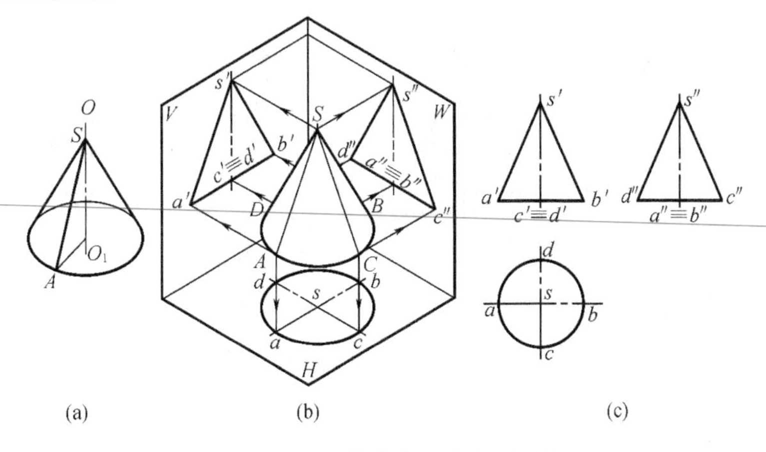

图 3－13　圆锥体的形成及三视图

(2)圆锥体的三视图

如图 3－13(b)所示,当圆锥体的轴线垂直于水平面时它的水平投影为圆形且反映圆锥底圆大小实形,其正面和侧面投影为等腰三角形。对圆锥面要分别画出决定其投影范围的外形轮廓线,例如正面投影上为最左、最右两条素线 SA,SB 的投影 $s'a'$,$s'b'$,侧面投影上为最前、最后两条素线 SC,SD 的投影 $s''c''$,$s''d''$。

作图:如图 3－13(c)所示。

①用细点画线画出俯视图中心线及正面、侧面投影的轴线。

②用粗实线画俯视图的圆。

③按圆锥体的实际高度确定顶点 S 在正面及侧面的投影。顶点 S 在水平面的投影为圆心,按“三等”关系画出圆锥体的另外两个投影视图即为等腰三角形。

(3)圆锥面上取点

在圆锥面上取点,根据圆锥面的形成特性来作图。求圆锥面上点的投影有两种作辅助线的方法,即直线和圆两种方法。

[**例3-4**] 已知圆锥面上点 K 的正面投影 k',求点 K 的其余二个面的投影,如图3-14所示。

(1)辅助直线法

投影分析:

如图3-14(b)所示,过锥顶 S 和点 K 在圆锥面上作一条素线 SA,以 SA 作为辅助线求点 K 的另两个投影。

作图过程如图3-14(c)所示。

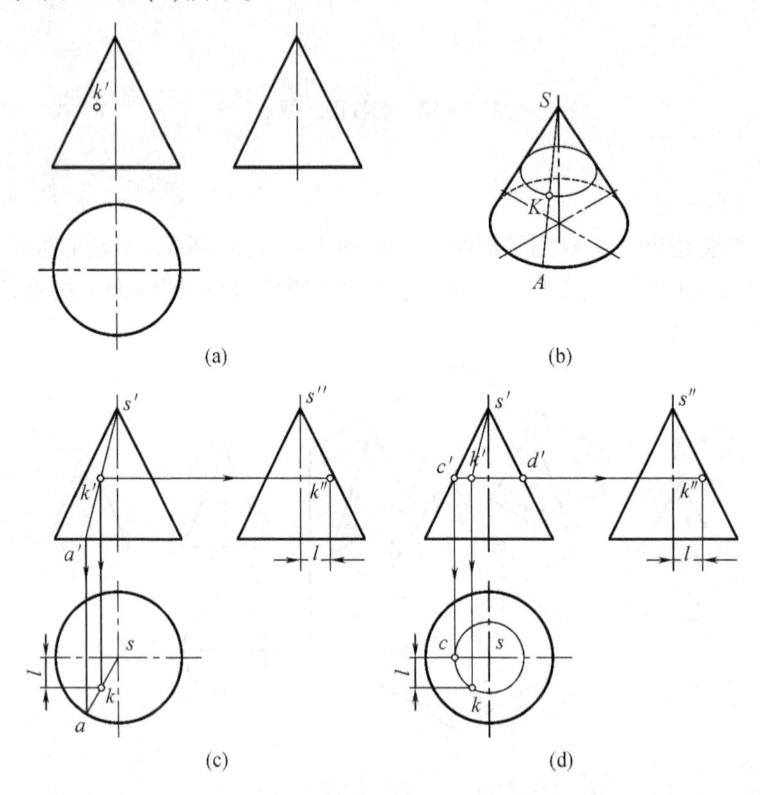

图3-14 圆锥面上取点

①在主视图上,连接 $s'k'$ 与底边交于 a'。

②利用"长对正"的三等关系求出 SA 的水平投影 sa,并在其上确定点 K 的水平投影 k。

③利用"高平齐、宽相等"关系求得侧面投影 k''。

(2)辅助圆法

投影分析:

如图3-14(b)所示,过点 K 在圆锥面上作一与底面平行的圆,该圆的水平投影为底面投影的同心圆,正面投影和侧面投影积聚为直线。

作图过程如图3-14(d)所示。

①在主视图中找到 k' 点的位置,并过 k' 作直线 $c'd'$,即辅助圆的正面投影。

②做辅助线 $c'd'$ 的水平投影,即与底面投影的同心圆,并应用"长对正"在同心圆上确定点 K 的水平投影 k。

③利用"高平齐、宽相等"关系求得侧视图的投影 k''。

判别可见性：由于点 K 位于前半个圆锥面的左半部分，故 k，k'' 均可见。

3. 圆球

(1)圆球的形成

球的表面是球面。球面是一个圆母线绕其过圆心且在同一平面上的轴线 OO_1 回转而形成的，如图 3－15(a)所示。

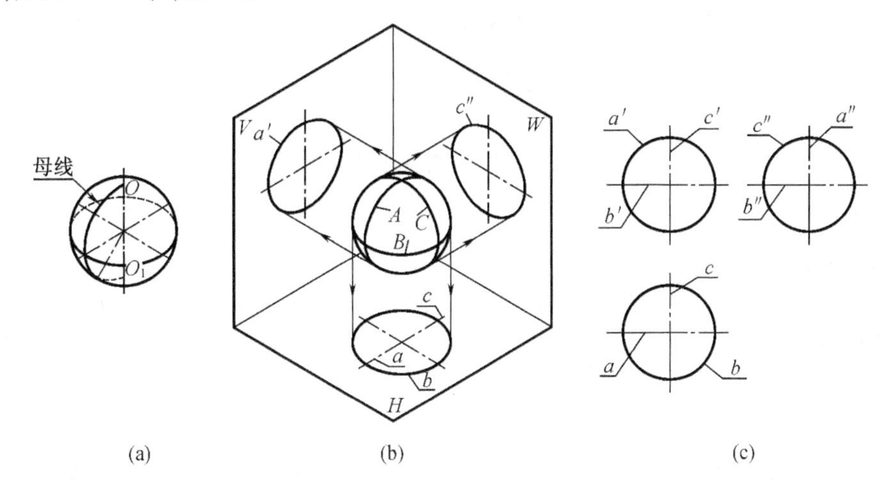

图 3－15　球的投影及三视图

(2)圆球的三视图

如图 3－15(b)，(c)所示，球的三个视图均为大小相等的圆，其圆的直径和球的直径相等，它们分别是球的三个方向的轮廓圆的投影，三个投影面上的圆是不同的转向线的投影。正投影面上的圆 a' 是圆球正面转向线最大圆 A 的正面投影，它是前、后两个半球面的可见与不可见的分界线；水平投影的圆 b 是圆球的水平面转向线最大圆 B 的水平投影，是上、下两半球面可见与不可见的分界线；侧面投影的圆 c'' 是圆球侧面转向线最大圆 C 的侧面投影，是左、右两半球面可见与不可见的分界线。A 的水平投影 a 与圆球水平投影的水平中心线重合，A 的侧面投影 a'' 与圆球侧面投影的垂直中心线重合；B 的正面投影 b' 和侧面投影 b'' 均在水平中心线上；C 线的正面投影 c' 和水平投影 c 均在垂直中心线上，这些投影在作图时都不画实线。圆球的三个投影均无积聚性，作图时可先画出中心线确定球心的三个投影，再画出三个与球等直径的圆。

(3)圆球面上取点

在圆球面上取点只能采用辅助圆法。

[**例** 3－5]　如图 3－16 所示，已知球面上点 A 的正面投影 a'，求点 A 的另外两个面上的投影。

投影分析：过点 A 在球面上作一水平纬圆，该圆的水平投影反映实形，根据点 A 在圆球上的位置求出水平投影；正面投影和侧面投影积聚成直线，求出圆的三个投影后即可用线上找点的方法求得 a，a''。

作图：过 a' 点作水平纬圆的正面投影，纬圆积聚为一直线，其长度为纬圆的直径，由“长对正”的原则作出纬圆的水平投影为一圆形且反映实形，在水平面中找到 a 点的位置；纬圆在侧面的投影也积聚为水平直线，按“高平齐、宽相等”的原则，求出在左侧投影面的投影点 a''。由正面投影可看出 A 点位于球体的后右侧上半球，在左侧投影面中为不可见点，故 d'' 不可见。其作图过程见图 3 - 16 所示。

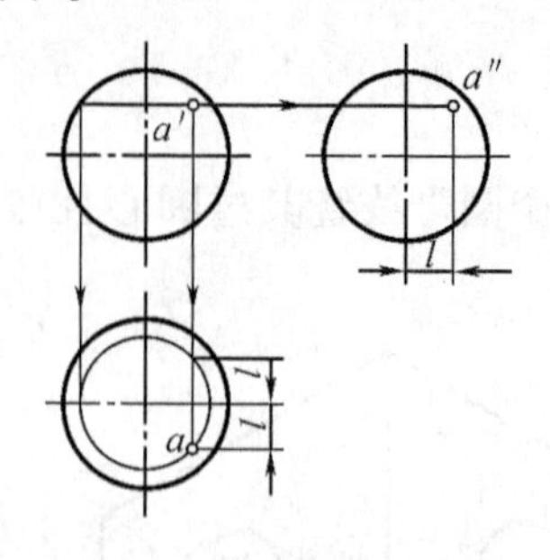

图 3 - 16　圆球面上取点

4. 圆环

(1)圆环的形成

圆环是由圆环面围成的立体。圆环面是由一圆母线绕与其共面但不在圆内的轴线回转后形成的曲面。其中外半圆回转形成外圆环面，内半圆回转形成内圆环面，如图 3 - 17(a)。

(2)圆环的三视图

图 3 - 17(c)所示是轴线为铅垂线时圆环的三面投影图。它的正面投影和侧面投影形状完全一样。水平投影是三个同心圆，其中的点画线圆是母线圆心运动轨迹的水平投影，内外实线圆是圆环上最大、最小圆的水平投影，也是水平面转向线(环面的上、下分界线)的水平投影；圆心是轴线的积聚性投影；主、左视图两端的圆分别是圆环最左、最右、最前、最后素线圆的投影，上、下两水平公切线是最高、最低两圆的投影。

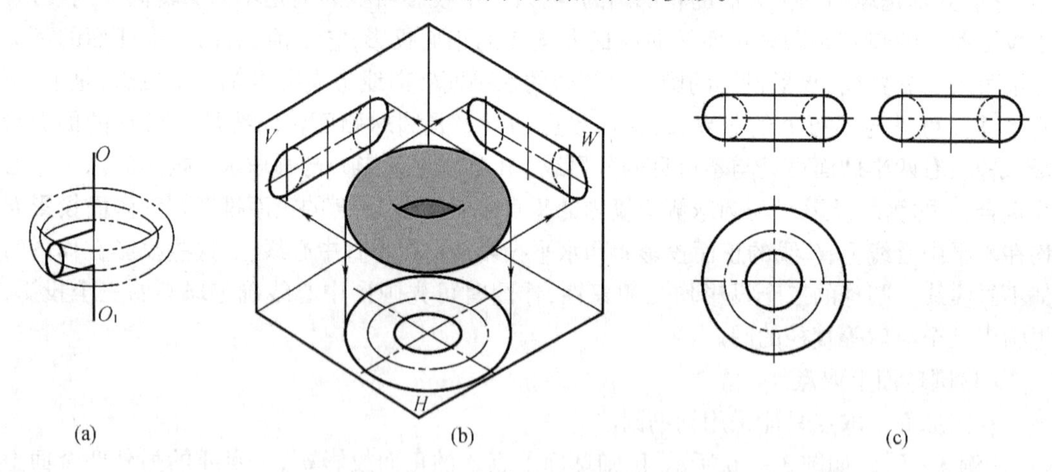

图 3 - 17　圆环的形成及三视图

正面投影上的两个小圆(一半实线、一半虚线)是圆环面上最左、最右两素线的正面投影，见图 3 - 17(b)。实线半圆是外环面上前半环面与后半环面的分界线，是圆环面正面转向线的正面投影。虚线半圆是内环面上前半环面与后半环面的分界线的正面投影，内环面在正面投影图上是不可见的，所以画成虚线。

正面投影上两条与小圆相切水平方向的直线是圆环面上最高、最低两个纬线圆的正面投影，也就是内、外环面分界线的正面投影。它们也是圆环面上正面转向线的正面投影。

侧面投影上的两个小圆是圆环面最前、最后两条素线的侧面投影，见图 3 - 17(b)。实线半圆以及和它相切的两水平直线是圆环面侧面转向线的侧面投影。虚线半圆是内环面上左半环面与右半环面分界线的侧面投影。

图 3－18(a)为圆环的轴测图,图 3－18(b,c)为内、外环面投影,图示圆环面时,应画出回转轴线、圆母线及转向线的投影。

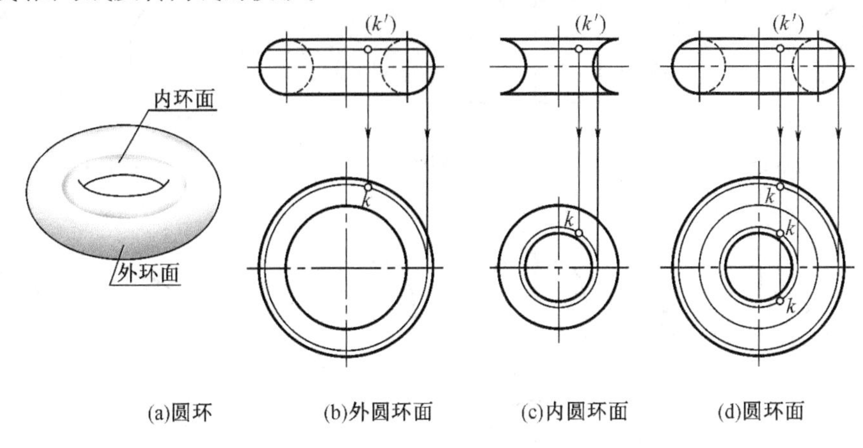

图 3－18　圆环面的投影及其表面取点

(3)圆环表面上取点

圆环体表面上取点,应以过已知点的纬圆为辅助线,然后在此线上取点。圆环体表面上取线时,可将线看成由一系列点构成,在线上选取若干点,利用辅助圆法作出这些点的投影,然后判断可见性顺次光滑连线,可见的线用粗实线画出,不可见的线用虚线画出。

[**例** 3－6]　如图 3－18(b)所示,已知属于外圆环面上点 K 的正面投影 k',求点 K 的另外两个投影面的投影。

投影分析:

由点 K 的正面投影 k'可知 k'不可见,故点 K 属外环面后半部,根据“长对正”的原则在水平面利用辅助圆法作一同心圆并可确定出点 K 的水平投影 k。如图 3－18(c)所示,如果点 K 属于内环面,利用辅助圆也可求得水平面投影 k。如果点 K 属于圆环面,则过点 K 可作出两个辅助圆,即其中一个为外圆环面上的辅助圆,而另一条为内圆环面上的辅助圆,故可得到 k 的三个水平投影,如图 3－18(d)所示。

作图:其作图过程见图 3－18 所示。

判别可见性:由已知投影 k'的位置及可见性可判断出点 K 位于外环面后半部,故 k 可见。

图 3－19 是一些常见的不完整的回转体的三视图。

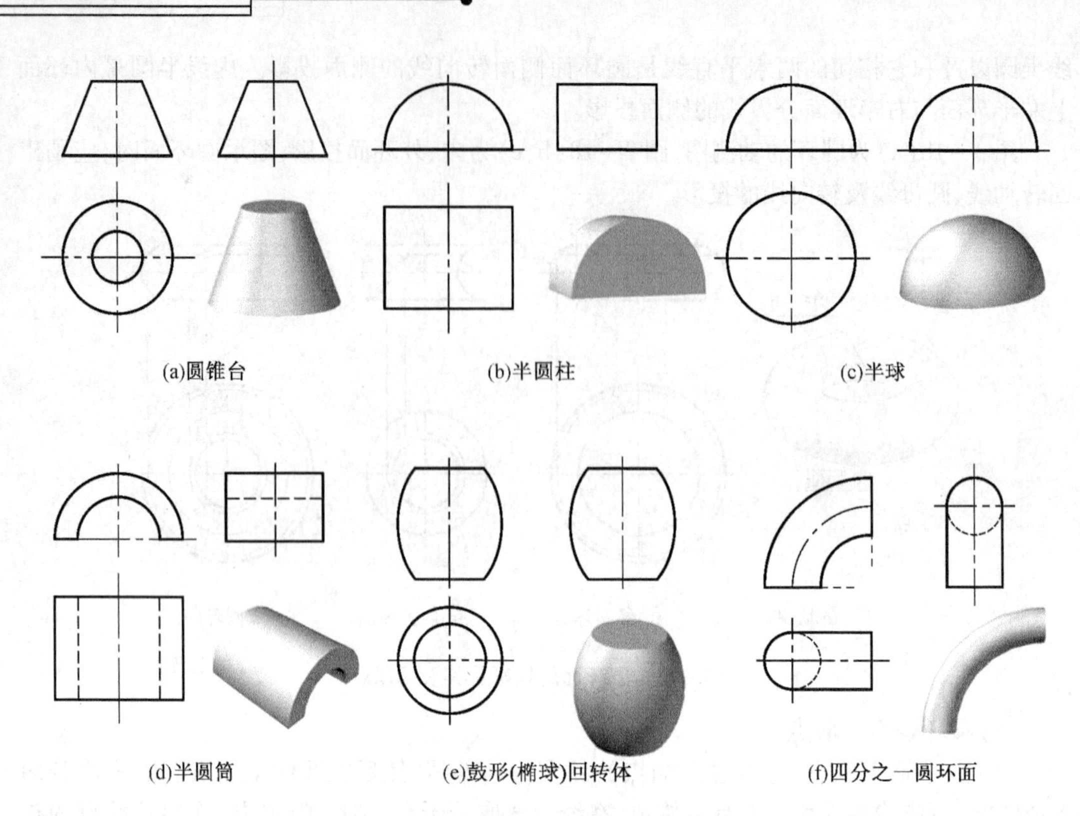

图 3-19　不完整的回转体

第四章　立体表面的交线

在一些零件上经常看到一些交线。在这些交线中,有的是平面与立体表面相交而产生的,这类交线我们称其为截交线,如图 4 - 1(a)、(b)所示;有的是两立体表面相交而形成的交线,我们称其为相贯线,如图 4 - 1(c)、(d)所示。对这些交线性质的了解并掌握其相应的画法,将有助于零件结构形状的正确表达,同时也有利于读图时对零件进行形体分析。

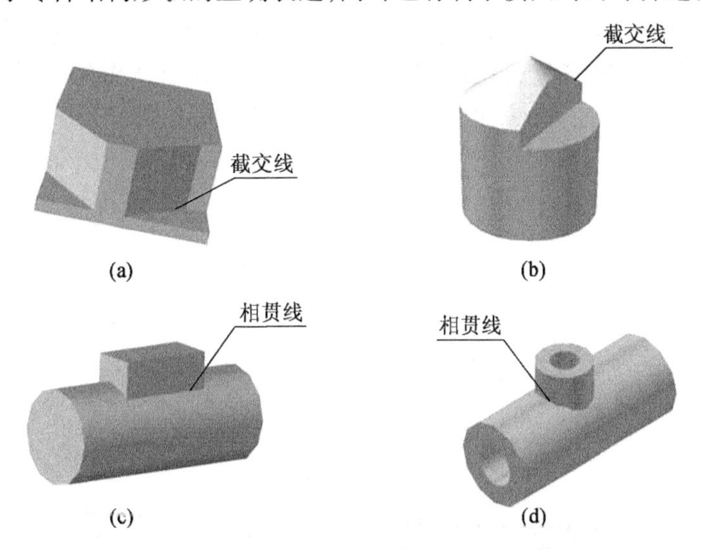

图 4 - 1　立体表面的交线

4.1　立体表面的截交线

将平面与立体相交并截去立体的一部分叫作截切。将与立体相交的平面称作截平面。将截平面与立体表面的交线称作截交线(见图 4 - 1(a),(b))。

1. 截交线的性质

(1)截交线通常是直线、曲线或直线和曲线围成的封闭的平面多边形。

(2)截交线的形状将取决于被截立体的形状及截平面与立体的相对位置。截交线投影的形状取决于截平面与投影面的相对位置。

(3)截交线是截平面与立体表面的共有线,截交线上的点都是截平面与立体表面的共有点,即截交线既在截平面上,又在立体表面上。

2. 求截交线的方法与步骤

(1) 截交线的空间形状及其投影分析

确定被截立体的形状及截平面与被截立体的相对位置,以此来确定截交线的空间形状;分析截平面与立体及投影面的相对位置以此确定截交线的投影特性,如类似性、积聚性等,从而找到截交线的已知投影,并预见未知投影。

（2）截交线的作图

依据截交线的性质，如果求截交线的投影可归结为求截平面与立体表面的共有点、线的问题。零件上绝大多数的截平面都是特殊位置的平面，因此可利用重影性来作出其共有的点和线。如果截平面为一般位置时，也可利用投影变换的方法使截平面成为特殊位置平面。因此本章主要讨论的截平面是特殊位置平面。

4.1.1　正垂面与平面体相交

平面与平面体相交，其截交线是由直线围成的平面多边形，多边形的边是截平面与平面体表面的交线，多边形的顶点是截平面与平面体棱线的交点。因此，求平面体的截交线可归结为求截平面与立体表面的共有点、共有线的问题。由于零件与零件相交的平面我们将其绝大多数都是看作处于特殊位置，因此可利用积聚性作出其共有点、共有线。

［**例4－1**］　求正四棱锥被平面 P 截切后的三视图（图4－2(a)，(b)）。

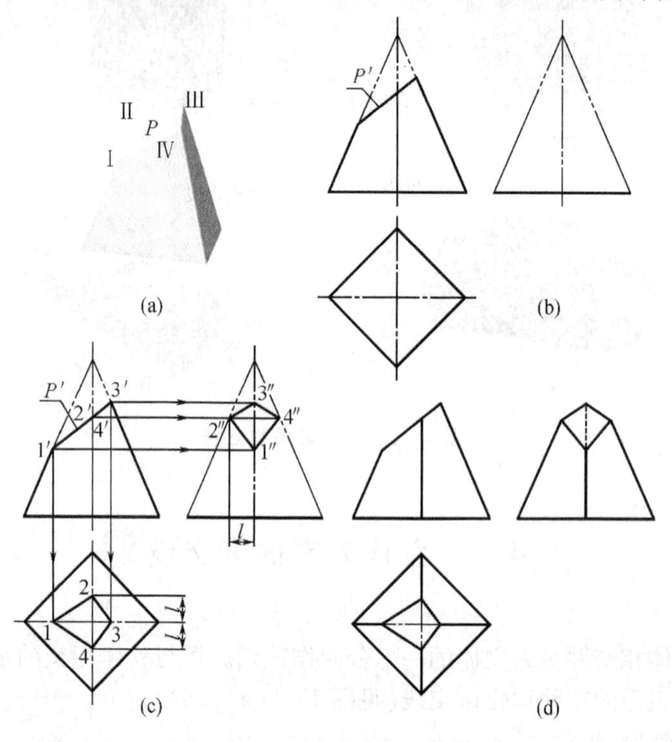

图4－2　正四棱锥被一个平面截切

解　（1）投影分析

截平面 P 与四棱锥的四个侧棱面相交，故截交线的形状为四边形，它的四个顶点为截平面 P 与四条侧棱线的交点。

截平面 P 是正垂面，因此截交线的投影在主视图上积聚，且积聚于 P' 上，截平面在俯视图和左视图上的投影为截平面 P 的类似形，即四边形反映截平面 P 的类似性。

（2）作图

作图过程如图4－2(c)所示。由于截平面 P 在主视图上具有积聚性，故可直接得出截交线的4个顶点在正面上的投影为1′，2′，3′，4′。并依据主视图与俯视图间存在“长对正”度量对应关系，以截平面 P 在正面的投影点为基点向俯视图做垂线，垂线分别与俯视图的四条棱线相交,其相交点1,2,3,4即为截交线各顶点在水平面的投影;同理依据主视图与左视图间存在“宽相等”度量对应关系,以截平面P在正面的投影点为基点向左视图做水平线,水平线分别与左视图的四条棱线相交,其相交点1″,2″,3″,4″,即为截交线各顶点在左视图上的投影,截平面在侧面的投影,即将四个顶点的同名投影依次连接可得截平面的投影。

分析四条侧棱线的投影,即哪一部分被截去,哪一部分被保留下来了,并检查截交线的投影特性,即在俯视图和左视图上是否为截平面的类似形,最后完成三视图(图4-2(d))。

[**例**4-2]　已知四棱柱被平面R、Q截切后的主视图和左视图,求俯视图(图4-3)。

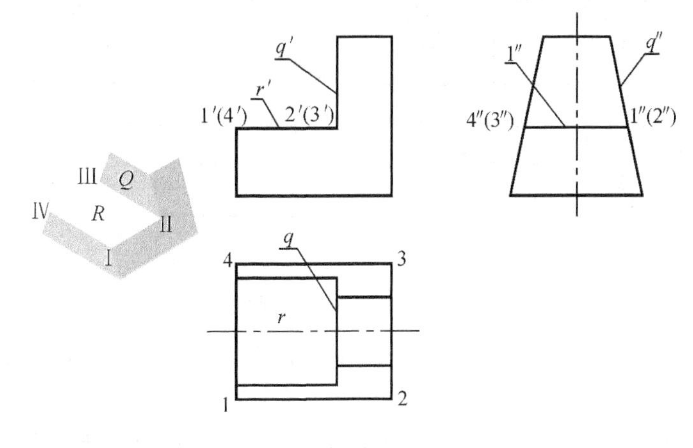

图4-3　四棱柱体被切割

解　(1)投影分析

如图4-3所示的四棱柱前后棱面均为侧垂面,被水平面R和侧平面Q所切割。

截平面Q由于是正垂面,故截交线的投影在主视图上表现为积聚性且在主视图中积聚在q'上,在俯视图和左视图中表现为类似性,在俯视图中截交线的类似性表现为直线q,在左视图中截交线的类似性表现为斜线q''。截平面R是水平面,故截交线的投影在主视图上表现为积聚性且积聚在r'上,在俯视图中反映物体的实际形状和长度,在左视图上积聚为直线。

(2)作图

首先画出四棱柱的俯视图,由点的投影规律,利用垂直线作水平截面的水平投影确定水平截面截切四棱柱在俯视图中的位置,利用俯视图与左视图间“宽相等”的对应关系求出截交线4个顶点的水平投影并依次连接。

分析截切后四棱柱棱线的投影,可以将被截去四棱柱的部分擦去,整体画完后依据类似性的原理进行检查截交线的投影,最后完成图如图4-3所示。

[**例**4-3]　如图4-4所示,完成被正垂面截切后四棱柱的俯视图投影。

解　(1)投影分析

依据图4-4所示,截平面P为正垂面,则截交线在主视图上的投影表现为积聚性且积聚在p'上,在左视图和俯视图上表现为类似形。截平面Q为侧垂面,则截交线在左视图上的投影表现为积聚性且积聚在直线q'',而在主视图和俯视图上则表现为类似性。按投影对应关系在已知的两个视图上找出两截平面P、Q截交线的已知投影,如图4-4(b)。

(2)作图

首先由“三等”关系作出被截四棱柱的水平投影矩形图,再依据“长对正、宽相等”的对应关系求出截交线各顶点的投影,画出完整四棱柱的俯视图如图4-4(c)所示,检查无误后完成俯视图如图 4 -4(d)所示。

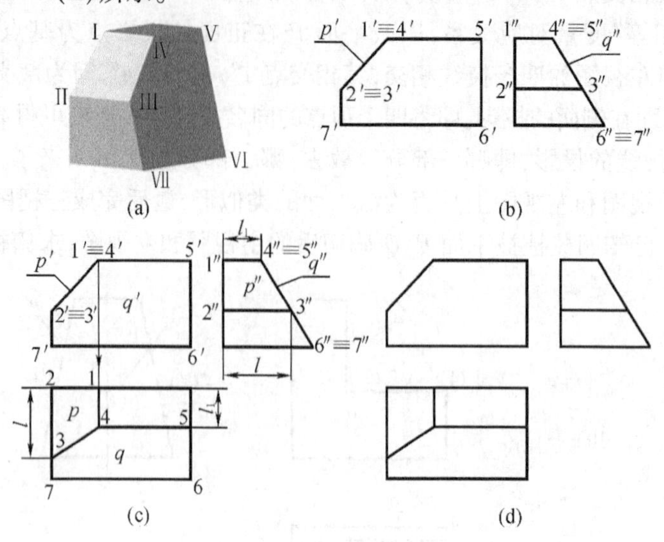

图 4 -4　四棱柱被两个平面截切

［**例** 4 -4］　补全图 4 -5(b)所示的四棱锥被相交的正垂面和水平面截切后，其截切后的三视图。

当多个平面截切一个立体时，通常是逐个截平面进行分析和作图。其分析方法与前面讲过的立体被一个平面截切时的分析方法相同。

解　(1)投影分析

正四棱锥被正垂面和水平面所截切，其截交线均为四边形。根据投影图可知，正垂面截切所得四边形在正面投影有积聚性，在另两面投影均为类似四边形。水平面截切所得四边形在正面投影和侧面投影均有积聚性，水平投影反映实形。

截平面 P 为水平面，与四棱锥的底面平行，故它与四棱锥四个侧棱面的交线和四棱锥底面的对应边平行。截平面 Q 为正垂面，与四棱锥四个侧棱面的交线与例 4 -1 基本相同。另外，截平面 P 与 Q 亦相交，故 P 与 Q 截出的截交线均为五边形。

(2)作图

如图 4 -5(c)所示，首先求截平面 P 与四棱锥的截交线，然后再求截平面 Q 与四棱锥的截交线。当立体局部被截切时，可假想立体整体被截切，求出截交线后再取局部。

首先画出四棱锥截切前的左视图，由点的投影规律，利用平行线法作水平截面的水平投影实形。过 1′作铅垂线交棱线于 1 点，过 1′点作水平线交左视图棱柱的棱线于 1″点，同理可作出其余 7 点在俯视图与左视图中的投影。

判别可见性：两截面交线的水平投影 43 不可见，应画细虚线。整理轮廓线，棱线上的一部分被切去，因此三条棱线上的投影 17，28，56 应是断开，分析侧棱线在各视图中的投影以及各部分的可见性，完成俯视图和左视图，最后检查加深，如图 4 -5(d)所示。

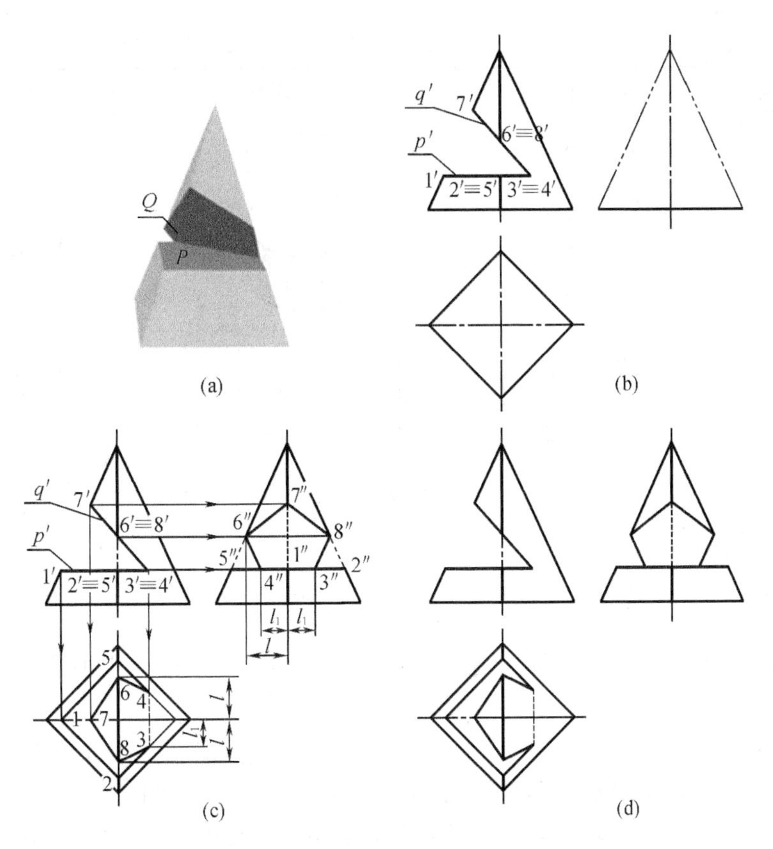

图 4－5　四棱锥被两个平面截切

4.1.2　平面与回转体相交

平面与回转体相交时，截交线是截平面与回转体表面的共有线，截交线上的点是截平面与回转体表面的共有点。截平面可能只与其回转面相交，一般情况下交线为平面曲线，特殊情况下为直线，但也可能既与其回转面相交又与其平面（端面）相交（交线为直线）。故回转体表面的截交线由直线、曲线或直线和曲线组成。当交线为非圆曲线时，为确切地表示截交线，必须求出能确定交线的形状和范围的特殊点，如最高、最低、最前、最后、最左、最右点，可见与不可见部分的分界点等，然后再求出若干中间点又称为一般点，然后用光滑的曲线将各点连接起来，判断可见性、整理轮廓线。

1. 平面与圆柱相交

截平面与圆柱面交线的形状取决于截平面与圆柱轴线的相对位置，截平面与圆柱截切位置不同，其截交线有三种形状，即直线、圆和椭圆，如表 4－1 所示。

表 4－1　平面与圆柱相交截交线的不同形状

截平面的位置	平行于轴线	垂直于轴线	倾斜于轴线
交线的形状	两平行直线	圆	椭圆

表 4－1(续)

截平面的位置	平行于轴线	垂直于轴线	倾斜于轴线
立体图			
投影图			

［**例** 4－5］ 如图 4－6(a)所示,圆柱被一正垂面 P 所截,已知主视图和俯视图,作左视图。

解 (1)投影分析

截平面 P 与圆柱的轴线呈一定的倾斜角度,则截交线为一椭圆。由于截平面 P 是正垂面,故截交线在正面上的投影具有积聚性且积聚在 p' 上;圆柱面在水平面的投影具有积聚性,则截交线在水平面的投影则积聚为一圆。截交线的侧面投影则遵循类似性原则一般情况下仍为一椭圆,但不反映实形。

(2)作图

首先找出截交线即椭圆的长、短轴的两个端点,然后适当补充一些中间点,最后用曲线光滑地将这些点连接起来即可。

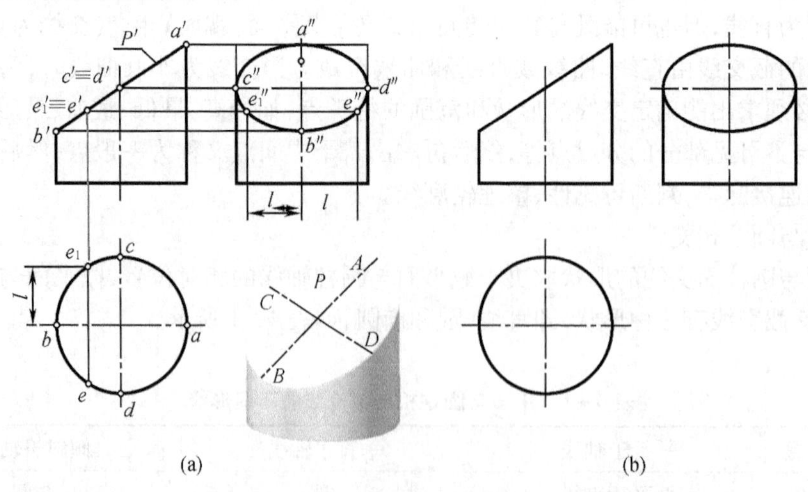

(a) (b)

图 4－6 圆柱被正垂面截切

空间椭圆的长轴 AB 和短轴 CD 互相垂直且平分,长轴上的两点 A 与 B 在正面的投影位于圆柱的轮廓线上,C,D 两点的正面投影则重合为一点且位于 $a'b'$ 的中点处即 c'、d',根据点的投影规律求出特殊点 A,B,C,D 的侧面投影。然后在圆柱面上找一些一般点的方法进行中间点的补充，在主视图中找到 e' 和 e_1' 点且过这两点做垂线在俯视图中在圆柱的轮廓线上可得到 e 和 e_1 两点；同理过 e' 和 e_1' 两点做水平线在左视图中圆柱的轮廓线上可得到 e'' 和 e''_1 两点，一般点找得越多曲线连接起来就越方便，最后用光滑地曲线将这些点连接成椭圆，如图 4－6(a) 所示。同时应注意，在左视图上，圆柱的轮廓线在 c''，d'' 处与椭圆相切。结果如图 4－6(b)。

由图 4－6 所示可以得出，随着截平面 P 与圆柱轴线夹角的变化，截交线椭圆的长、短轴也会发生变化，如图 4－7 所示。当截平面 P 与 H 面的倾角大于 45°时，则如图 4－7(a) 所示。如截平面 P 与 H 面的倾角小于 45°时，则如图 4－7(b) 所示。如倾角为 45°时则由于长、短轴的侧面投影长度相等，故其投影变为与圆柱直径相等的圆，如图 4－7(c) 所示。

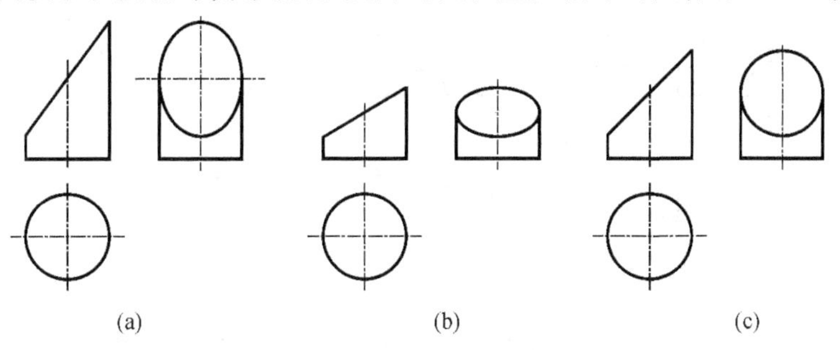

图 4－7　圆柱被正垂面截切的情况

［**例 4－6**］　如图 4－8 所示，圆柱体被两个截平面 P,Q 截切，已知主视图和俯视图，求左视图。

解　(1) 空间及投影分析

截平面 Q 为正垂面，与圆柱面的轴线呈一定的夹角，其截交线为一段椭圆弧，截交线在正面的投影具有积聚性且积聚在 q' 上，其水平投影积聚为一圆。截平面 P 是与圆柱轴线平行的一侧平面，与圆柱的截交线为两条直线且与圆柱的轴线平行，截交线在正面的投影积聚在 p' 上，水平投影积聚在圆上。同时 P 与 Q 的交线为一条正垂线，在正面的投影积聚为一点。

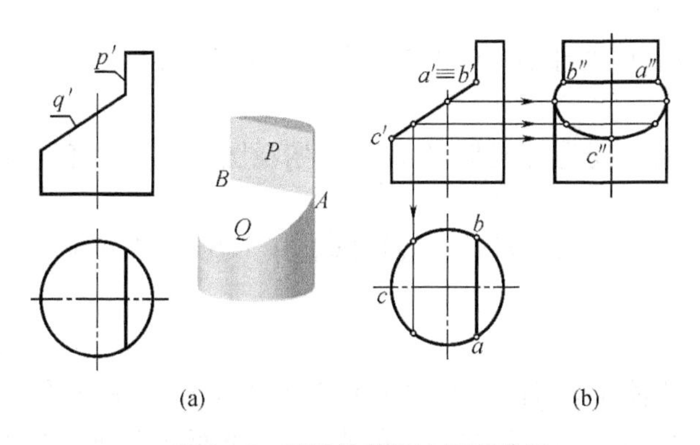

图 4－8　圆柱体被两个平面截切

(2) 作图（图 4－8(b)）

分别求出两个截平面与圆柱的截交线。截平面 P 与圆柱的截交线在左视图中为两条直线，通过左视图与俯视图间的“宽相等”对应关系，可求出其截平面 P 与圆柱面的截交线

长度即 $a''b''=ab$。同理,依据主视图与左视图间的“高平齐”对应关系可确定出截平面 Q 与圆柱相交的三个特殊点 A,B,C 在左视图中的位置,然后在截交线上取一些一般位置点利用“三等”关系求出其在三视图的位置,注意不要漏画两截平面交线的侧面投影 $a''b''$。

[**例 4-7**] 如图 4-9(a)所示,已知圆柱体被截切后的主视图和左视图,作俯视图。

解 (1)空间及投影分析

由于立体上下对称,所以只就上半部分进行分析。由图可知,圆柱体被水平面 P 和侧平面 Q 截切。截平面 P 与圆柱面的轴线平行,其交线为平行于圆柱轴线的两条直线 AB, CD,其正面投影 $a'b'$,$c'd'$积聚在 p'上;由于截平面 P 与圆柱面的侧面投影都有积聚性,根据交线的共有性,交线的侧面投影 $a''b''$,$c''d''$为 p''与圆的共有点。截平面 Q 与圆柱面的轴线垂直,其交线的形状为一段圆弧 BED,其正面投影积聚在 q'上,侧面投影为圆弧 $b''e''d''$。

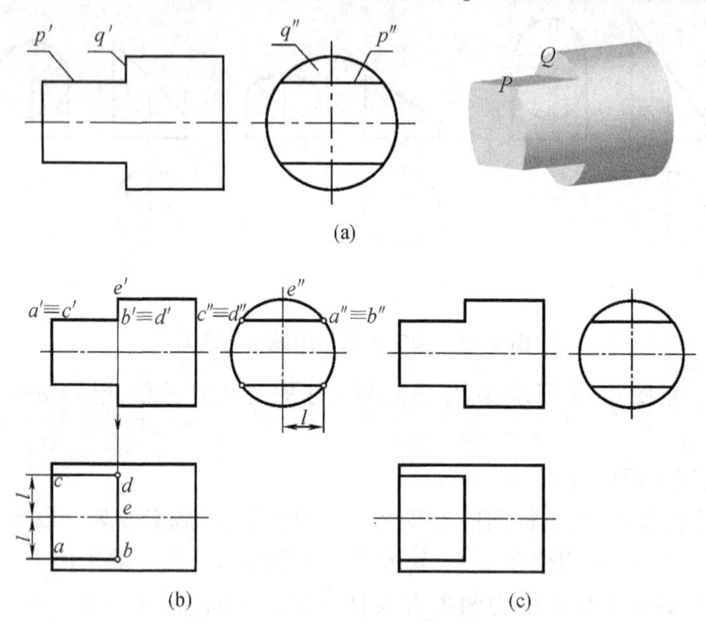

图 4-9 圆柱体上下各切去一块

(2)作图

如图 4-9(b)所示,首先画出完整的圆柱体的俯视图,按“三等”关系求出截交线的水平投影。

注意分析圆柱的轮廓线是否被截切,此例中俯视图上圆柱的轮廓线应是完整的,结果如图 4-9(c)所示。

[**例 4-8**] 如图 4-10(a)所示,在圆柱体上开一方槽,已知主视图和左视图,求作俯视图。

解 (1)投影分析

方形槽是由与圆柱轴线平行的两个水平面 P,Q 和与轴线垂直的侧平面 F 切出的。P 与 Q 与圆柱面的交线均为与圆柱轴线平行的直线,其正面投影分别积聚在 p'和 q'上,侧面投影积聚在圆上。F 与圆柱面的交线为两段圆弧,其正面投影积聚在 f'上,侧面投影积聚在圆上(图 4-10(b))。

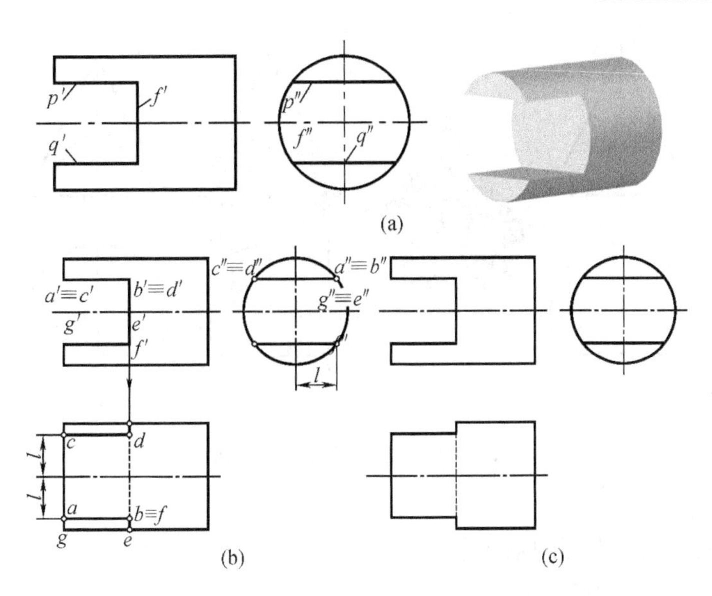

图 4－10　圆柱体上开一方槽

(2)作图

先画出完整圆柱体的俯视图,按投影关系求出截交线的水平投影(图 4－10(b))。

注意圆柱体的 *GE* 一段轮廓素线被截去了,俯视图上不应有该段轮廓素线的投影,结果如图 4－10(c)所示。

2. 平面与圆锥体相交

由于平面与圆锥面轴线的相对位置不同,其交线有五种情况,见表 4－2。

表 4－2　平面与圆锥面交线的五种情况

截平面的位置	过锥顶	与轴线垂直 $\theta = 90°$	与轴线倾斜 $\alpha < \theta < 90°$	与一条素线平行 $\theta = \alpha$	与轴线平行或倾斜 $0° \leqslant \theta < \alpha$
交线的形状	两直线	圆	椭圆	抛物线	双曲线
立体图					
投影图					

［**例** 4－9］　圆锥被一正平面 *Q* 截切,补全主视图上截交线的投影(图 4－11(a))。

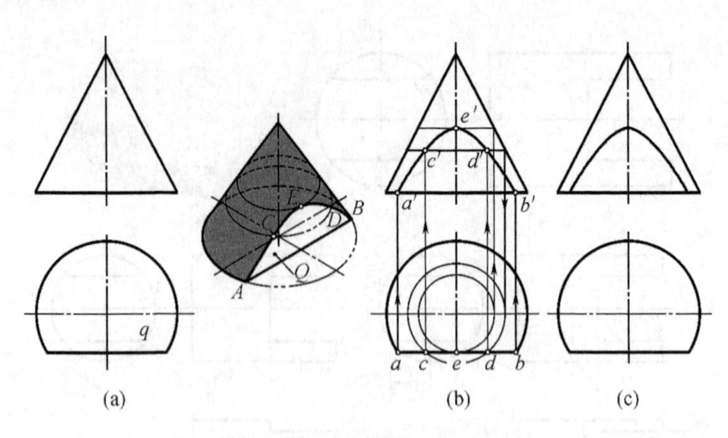

图 4-11　圆锥被正平面截切

解　(1)投影分析

因为截平面 Q 与圆锥面的轴线平行,故与圆锥面的交线为双曲线的一叶,其水平投影积聚在 q 上,正面投影反映实形。

(2)作图(图 4-11(b))

双曲线的最低点 A,B 在俯视图上的投影为截平面的投影与圆锥底面圆的投影的共有点,以 a,b,正面投影为 a', b'。A,B 同时又是双曲线的最左、最右点。

双曲线的最高点 E 在俯视图上的投影为 ab 的中点 e,利用辅助圆法求得其正面投影 e'。采用同样的方法可求得中间点 C,D 的投影。

光滑连接上述各点的正面投影即为双曲线的正面投影,结果如图 4-11(c)。

[**例 4-10**]　圆锥被正垂面 Q 所截,已知其主视图,完成俯视图并画出左视图,如图4-12(a)。

解　(1)投影分析

根据截平面 Q 与圆锥轴线的相对位置可知,其截交线为椭圆。由于截平面为正垂面,故截交线的正面投影积聚在 q'上,水平投影与侧面投影为椭圆。

(2)作图

因为截交线的两个未知投影为椭圆,应先求椭圆长、短轴的端点,再补充一些中间点,然后用曲线光滑连接。

如图 4-12(b)所示,截平面与圆锥最左、最右轮廓素线的交点 A,B 是椭圆的一根轴的两个端点,其正面投影 a',b'位于圆锥的正面投影的轮廓线上,据此可求得 a,b 以及 a'',b''。$a'b'$的中点 c',d'(两点重合)即为椭圆另一轴的两个端点,可用圆锥面上找点的方法(辅助圆法)求得它们的水平投影和侧面投影 c'',d''。

如图 4-12(c)所示,在主视图上, $a'b'$与圆锥轴线的交点 e',f'(两点重合)为圆锥最前、最后两条轮廓素线上的点,按投影关系求得它们的其余二投影。在左视图上,e'',f''又是圆锥侧面投影的轮廓线与椭圆的切点。同样,用圆锥面上找点的方法可求得一些中间点(点 K,点 H)的投影。

光滑连接上述各点的同名投影。擦去被截去的轮廓线的投影,结果如图 4-12(d)所示。

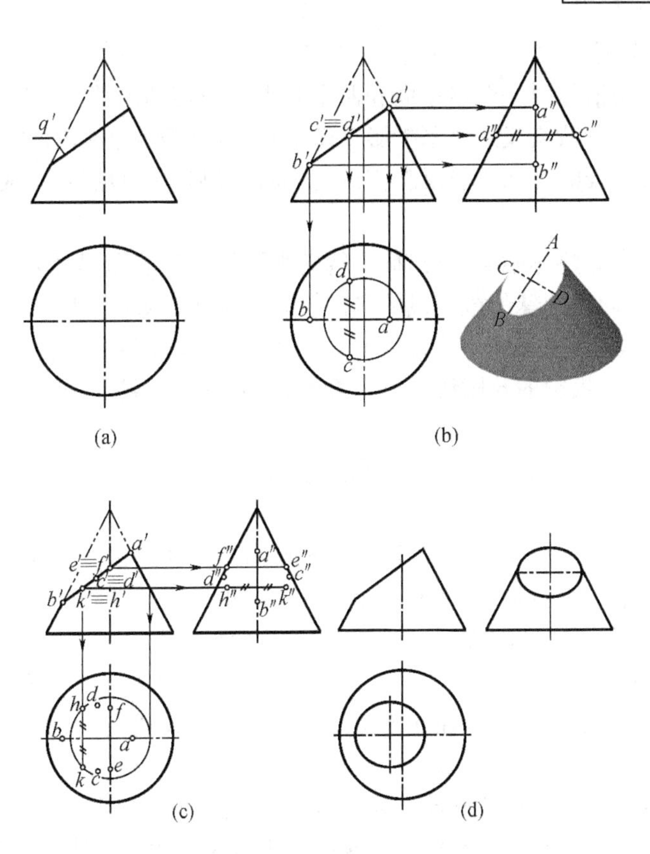

图 4－12　圆锥被正垂面截切

3. 平面与圆球相交

平面与圆球相交,其截交线的形状为圆。但由于截平面与投影面的位置不同,截交线的投影可能为圆、椭圆或直线。

[**例** 4－11]　完成图 4－13(a)所示开槽半圆球的俯视图并画出左视图。

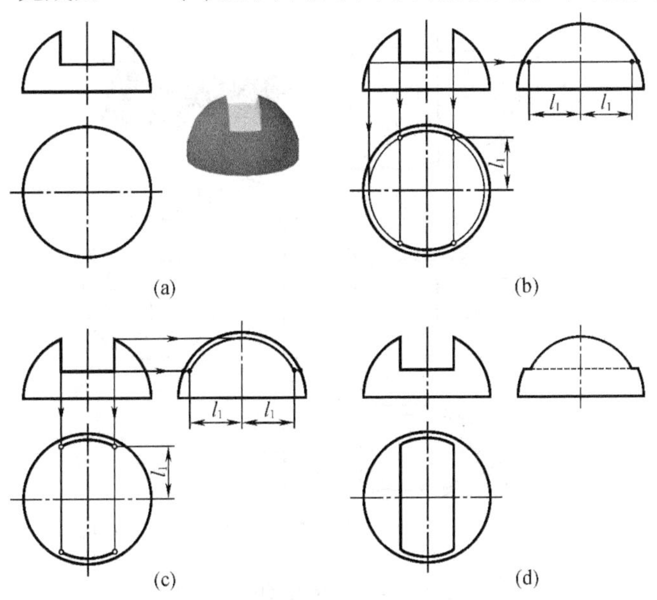

图 4－13　开槽半圆球

解 (1)投影分析

半圆球上方的切槽是由一个水平面和两个侧平面截切圆球而成,其交线的空间形状均为圆弧。水平面与圆球截交线的水平投影反映实形,正面投影和侧面投影积聚成直线。两个侧平面与圆球截交线的侧面投影反映实形,正面投影和水平投影积聚成直线。

(2)作图

假设水平面将半球整体截切,求出截交线的水平投影后取局部(图 4-13(b))。

同理,求出侧平面截圆球的截交线的侧面投影和水平投影(图 4-13(c))。

求截平面间的交线(左视图上为虚线),结果如图 4-13(d)所示。

注意:圆球的侧面投影的轮廓线是不完整的,上面一段被截去。

4.综合举例

[**例 4-12**] 求图 4-14(a)所示立体的俯视图。

解 (1)投影分析

该立体由同轴的一个圆锥体和两个直径不等的圆柱体组成。左边的圆锥和圆柱同时被水平面 P 截切,而右边大圆柱不仅被 P 截切,还被正垂面 Q 截切。P 与圆锥面的交线为双曲线的一叶,其水平投影反映实形,正面投影和侧面投影积聚成直线。P 面与两个圆柱面的交线均为直线,正面投影积聚在 P' 上侧面投影分别积聚在圆上。Q 面与大圆柱面的交线为椭圆的一部分,其正面投影积聚在 q' 上侧面投影积聚在大圆上,水平投影为一段椭圆弧。

(2)作图

如图 4-14(a)所示,依次求出各个截平面与基本体的交线即可,结果如图 4-14(b)。

注意:当一个平面截切多个形体时,解题的基本方法是逐个形体分析和绘制截交线。

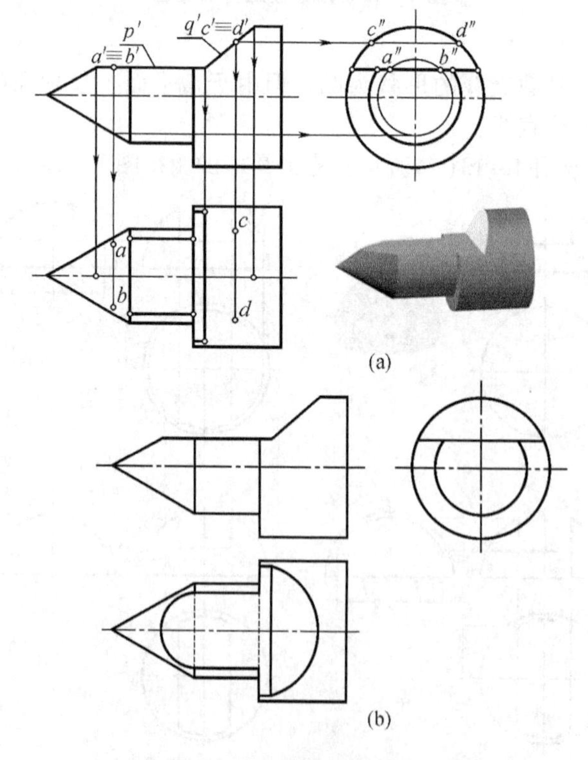

图 4-14 作俯视图过程

4.2　立体表面的相贯线

两立体相交，在立体表面上产生的交线称为相贯线，如图 4－1(c)，(d)。

相贯线是两立体表面的共有线，也是两表面的分界线，相贯线上所有的点，都是两立体表面上的共有点。根据这一性质，求作相贯线的问题，实际上就可归结为求作两相贯体表面上一系列共有点的问题。按照在体表面上求点的方法，即可求出相贯线的投影。

由于相交两立体的形状、大小和相对位置不同，所以相贯线的形状及其画法也不同。

4.2.1　平面体与回转体相贯

平面体与回转体相贯，相贯线为封闭的空间折线，折线的每一段为平面体的侧棱面与回转体表面的交线。所以，求相贯线的实质是求平面体的棱面与回转体表面的交线，找到平面体各个面与回转体的交线。

[**例** 4－13]　正四棱柱与圆柱体相交，已知俯视图和左视图求作主视图，如图 4－15。

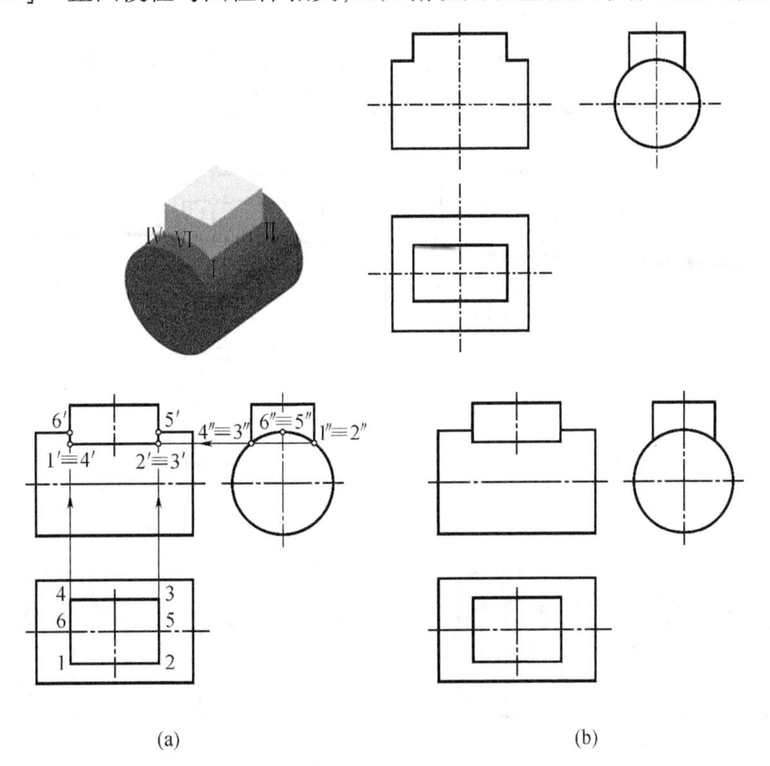

图 4－15　正四棱柱与圆柱体相交

解　(1)投影分析

相贯线由正四棱柱的四个侧棱面与圆柱面的交线组成，其中前、后两个棱面与圆柱的轴线平行，交线为两段与圆柱轴线平行的直线；左、右两个棱面与圆柱的轴线垂直，交线为两段圆弧。

相贯线在左视图上积聚在圆弧 4″6″1″和 3″5″2″上，在俯视图上积聚在四边形 1—2—3—

4 上。

(2)作图

利用点的投影规律分别求出各点的正面投影,依次连接成相贯线的投影,结果如图 4 - 15(b)所示。

注意:在主视图上,两体相交的区域不应有圆柱轮廓线的投影。

[例 4 - 14] 三棱柱与圆柱体相交,已知俯视图和左视图,求作主视图,如图 4 - 16(a)。

解 (1)投影分析

相贯线由三棱柱的三个侧棱面与圆柱面的交线组成。其中后侧棱面与圆柱面的交线为直线,左侧棱面与圆柱面的交线为部分椭圆,右侧棱面与圆柱面的交线为一段圆弧。

相贯线的投影在左视图上积聚在一段圆弧上,在俯视图上积聚在三角形 1—2—3 上。

(2)作图

如图 4 - 16(b)所示,首先求出棱柱的后侧棱面和右侧棱面与圆柱面的交线。图 4 - 16(c)是求左侧棱面与圆柱面的交线的作图过程。其中点 4 为椭圆弧的最高点,也是主视图上椭圆弧的可见与不可见部分的分界点,同时在主视图上圆柱面左边的一段轮廓线也应画到此处。结果如图 4 - 16(d)所示。

注意:作此类题时,必须检查棱线和曲面轮廓线的投影,即棱线的投影必须和棱线与曲面交点的投影(如 1′,2′,3′)连上,曲面的视图轮廓线必须和其上的特殊点(如 4′)连上。

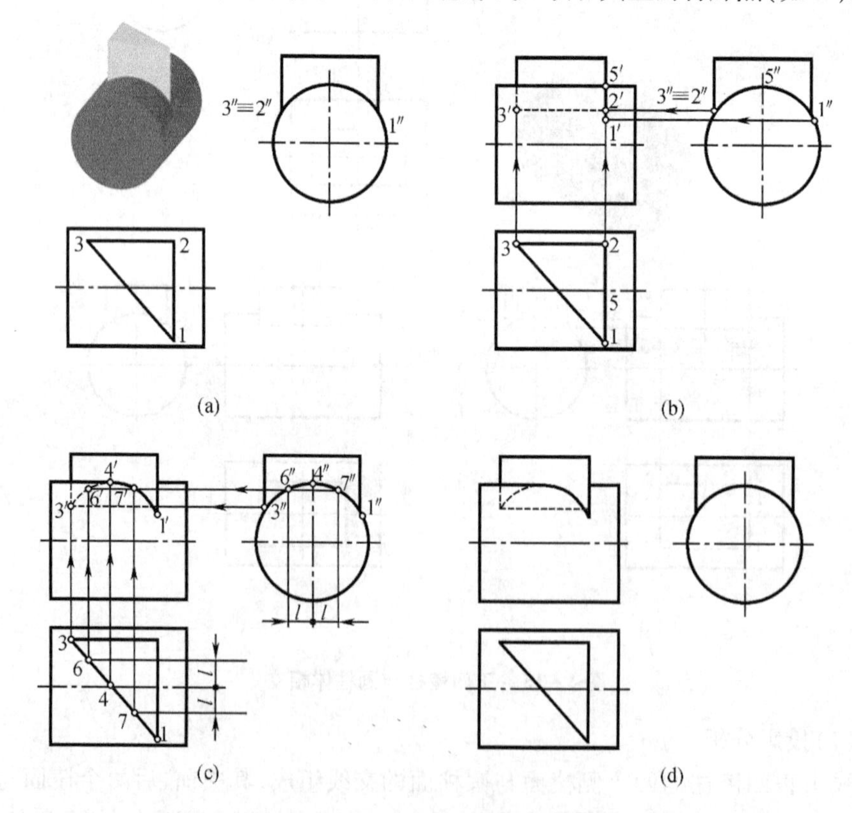

图 4 - 16 三棱柱与圆柱体相交

4.2.2　回转体与回转体相贯

两回转体相贯,其相贯线的形状取决于两回转体各自的形状、大小和相对位置,一般情况下为封闭的光滑的空间曲线。

求相贯线的方法有两种:

①表面取点法

②辅助平面法

当相贯线的投影为非圆曲线时,一般应先找出决定相贯线投影范围的界限点(最上、最下、最前、最后、最左、最右点)及一些特殊点(如可见部分与不可见部分的分界点等),再适当补充一些中间点最后光滑连接成曲线。

1. 表面取点法

表面取点法也叫积聚性法。就是利用投影具有积聚性的特点,确定两回转体表面上若干共有点的已知投影,然后采用回转体表面上找点的方法求出它们的未知投影,从而画出相贯线的投影。

[**例 4-15**]　如图 4-17(a)所示,已知两圆柱正交,求其相贯线的投影。

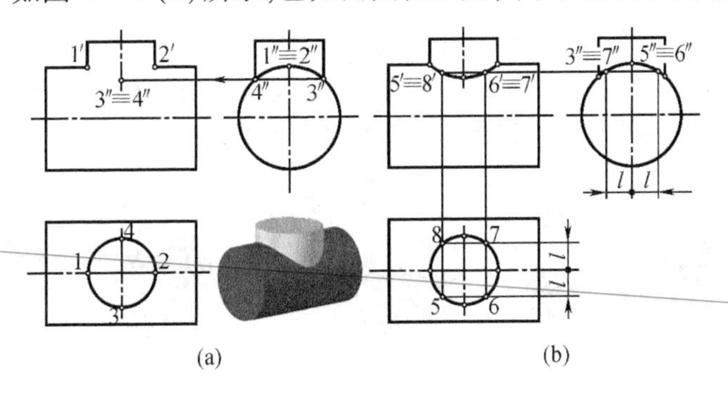

图 4-17　两圆柱正交时产生相贯线的形式

解　(1)投影分析

由图 4-17(a)可知,相贯线为一前后、左右对称的封闭的空间曲线。小圆柱面的轴线垂直于 H 面,其水平投影有积聚性;大圆柱面的轴线垂直于 W 面,其侧面投影有积聚性。

根据相贯线的共有特性,相贯线的水平投影一定积聚在小圆柱面的水平投影上,侧面投影积聚在大圆柱面的侧面投影上,为两圆柱面侧面投影共有的一段圆弧。

(2)作图

首先求确定相贯线的投影范围的界限点 1,2,3,4(图 4-17(a))。再利用投影的积聚性采用圆柱面上找点的方法找中间点 5,6,7,8,最后光滑连接成相贯线(图 4-17(b))。

注意:在主视图上两圆柱相贯区域不应有圆柱面轮廓素线的投影。

讨论:

(1)相贯线的产生

相贯线通常可由三种形式产生,即两外表面相交(图 4-18(a));一内表面和一外表面相交(图 4-18(b));两内表面相交(图 4-18(c))。但不管哪种形式,其相贯线的分析和作图方法都是相同的。

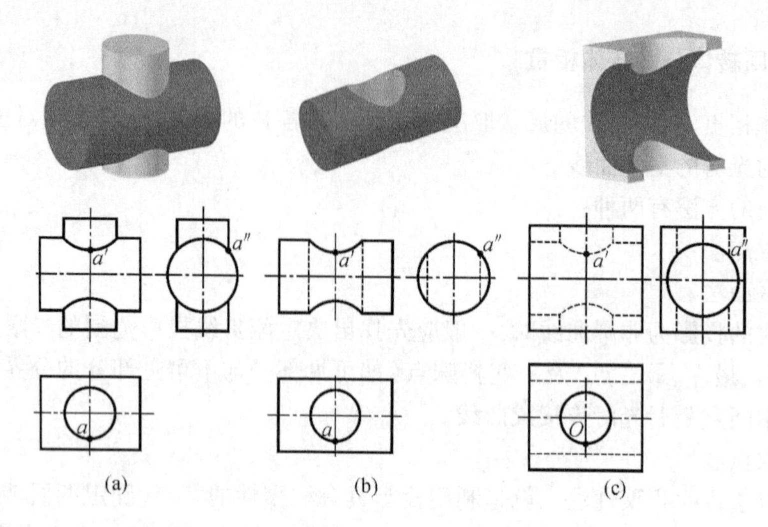

图 4－18　两圆柱正交时产生相贯线的形式

(2)相贯线的变化

图 4－19 表明了两圆柱的轴线垂直相交时,两圆柱直径大小的变化对相贯线形状的影响。从图 4－19 中可以看出,在相贯线的非积聚性投影上,相贯线的弯曲方向总是朝向较大的圆柱的轴线(图 4－19(a),(c))。当两圆柱的直径相等时(即公切于一个球面时),相贯线变为两条平面曲线(椭圆),其投影变为两条相交直线(图 4－19(b))。

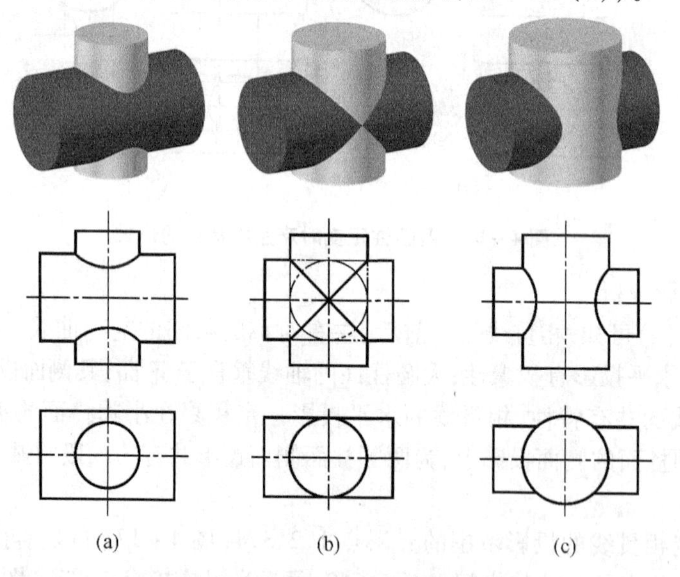

图 4－19　两圆柱正交时相贯线的变化

[例 4－16]　如图 4－20 所示,已知俯视图和左视图,求作主视图。

解　(1)投影分析

由立体图可知,该立体为一个圆筒和一个半圆筒正交,外表面与外表面相交,内表面与内表面相交。外表面为两个直径相等的圆柱面相交,相贯线为两条平面曲线(椭圆),它的水平投影积聚在大圆上,侧面投影积聚在半个大圆上,正面投影应为两段直线。

内表面的相贯线为两段空间曲线,水平投影积聚在小圆的两段圆弧上,侧面投影积聚在半个小圆上,正面投影应为曲线(没有积聚性),而且应该弯向直立的大圆筒的轴线方向。

(2)作图

如图4－20(b)所示,按上述分析及投影关系,分别求出内、外交线。

(3)两圆柱正交时相贯线的近似画法

当两圆柱的直径差别较大,并对相贯线形状的准确度要求不高时,允许采用近似画法,即用圆心位于小圆柱的轴线上,半径等于大圆柱的半径圆弧代替相贯线的投影。画图过程见图4－21。

2. 辅助平面法

所谓辅助平面法就是根据三面共点的原理,利用辅助平面求出两曲面体表面上若干共有点,从而画出相贯线的投影的方法。

辅助平面法的作图步骤:

(1)作辅助平面与两相贯的立体相交。

为了作图简便,一般取特殊位置平面为辅助平面(通常为投影面平行面),并使辅助平面与相贯的立体表面的交线的投影简单易画(圆或直线)。

(2)分别求出辅助平面与相贯的两个立体表面的交线。

(3)求出交线的交点即得相贯线上的点。

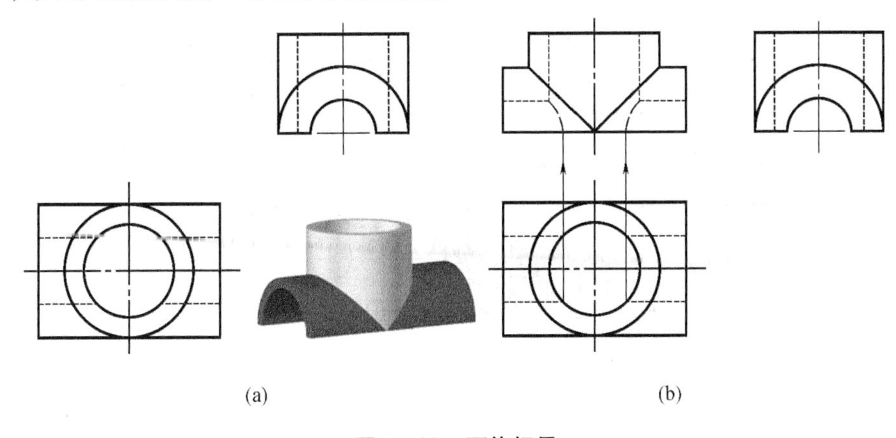

图4－20　两体相贯

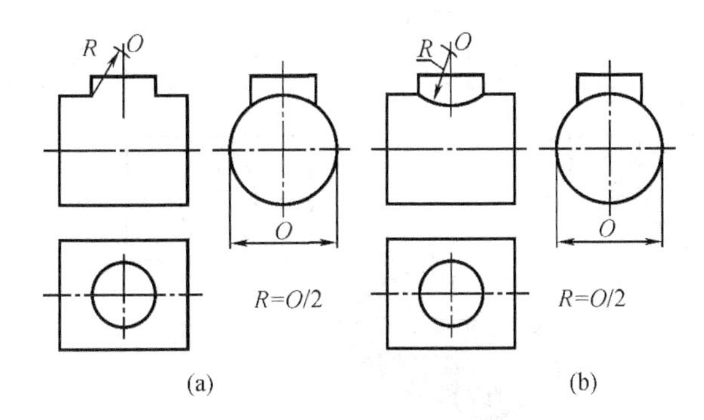

图4－21　相贯线的近似画法

[**例**4－17]　已知圆柱与圆锥的轴线垂直相交,补画俯视图和主视图上相贯线的投影,如图4－22(a)。

解　(1)投影分析

相贯线为一封闭的空间曲线。由于圆柱面的轴线垂直于W面,它的侧面投影积聚成圆,因此相贯线的侧面投影也积聚在该圆上,为两体共有部分的一段圆弧。相贯线的正面投影和水平投影没有积聚性,应分别求出。

(2)作图

求特殊点:如图4-22(b)所示,Ⅰ,Ⅱ两点为相贯线上的最高点,也是最左、最右点。Ⅲ,Ⅳ两点为最低点,也是最前、最后点。根据点的投影规律求出它们的投影。

求中间点:采用辅助平面法。如图4-22(c)所示,用水平面P作为辅助平面,它与圆锥面的交线为圆,与圆柱面的交线为两平行直线。两直线与圆交于四个点Ⅴ,Ⅵ,Ⅶ,Ⅷ,先求出它们的水平投影,然后再求其正面投影。

将这些特殊点和中间点光滑地连接起来,即得相贯线的投影,其结果如图4-22(d)。

4.2.3 多体相贯

在机件上常常会出现多体相交的情况,其相贯线也就相对复杂一些,但是每段相贯线都是由两个基本体的表面相交而得。因此,在求相贯线时,应首先分析它是由哪些基本体构成及彼此间的相对位置关系,判断出哪些基本体两两相交,其相贯线的形状如何,然后分别求出这些相贯线。在画图过程中,要注意相贯线之间的连接点(三面共点)。

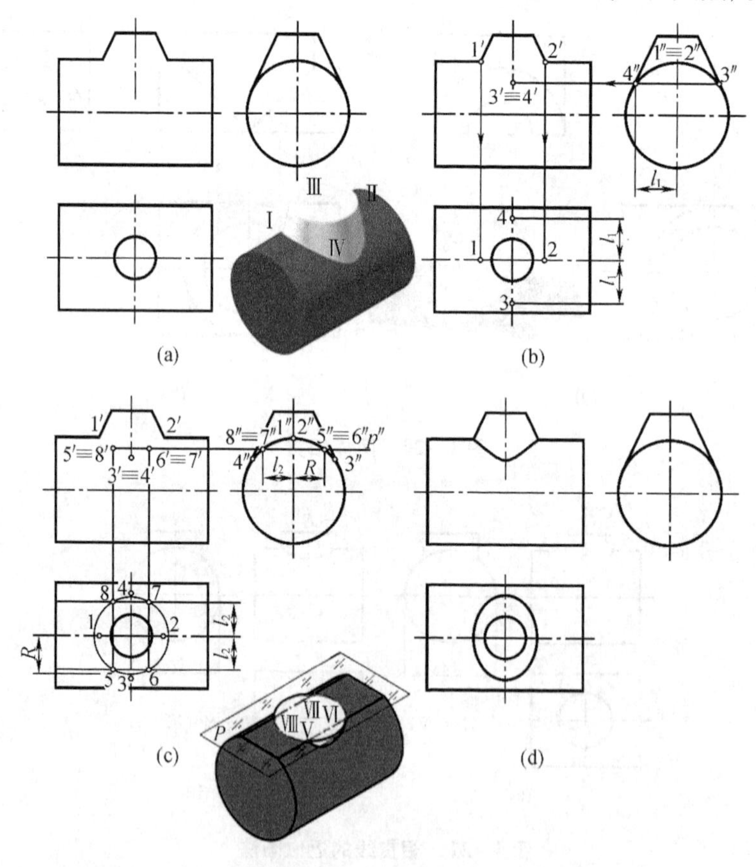

图4-22 圆柱与圆锥正交

[例4-18] 求图4-23(a)所示立体的相贯线。

解 (1)投影分析

由图4-23(a)可以看出,该立体由Ⅰ,Ⅱ,Ⅲ三部分组成。其中Ⅱ与Ⅲ,Ⅰ与Ⅲ,Ⅰ与Ⅱ两两相交。Ⅰ与Ⅱ的表面垂直于 H 面，水平投影有积聚性，相贯线的水平投影皆积聚在其上。圆柱面Ⅲ的轴线垂直于 W 面，侧面投影有积聚性，Ⅰ与Ⅲ，Ⅱ与Ⅲ的相贯线的侧面投影皆积聚在其上。由于Ⅰ的前后两个侧面及顶面的侧面投影分别积聚成直线，故Ⅰ与Ⅱ的相贯线的侧面投影也分别积聚在这些直线上。

(2)作图

如图4－23(b)所示，分别求出Ⅱ与Ⅲ两体表面的相贯线及Ⅰ与Ⅲ两体表面的相贯线。如图4－23(c)所示，求出Ⅰ与Ⅱ两体表面的相贯线。其中，Ⅰ的前后两个侧面与Ⅱ的交线为两段直线，Ⅰ的顶面与Ⅱ的交线为一段圆弧。Ⅰ，Ⅴ两点同时位于Ⅰ，Ⅱ，Ⅲ三个体的表面上，相贯线交于此点。结果如图4－23(d)所示。

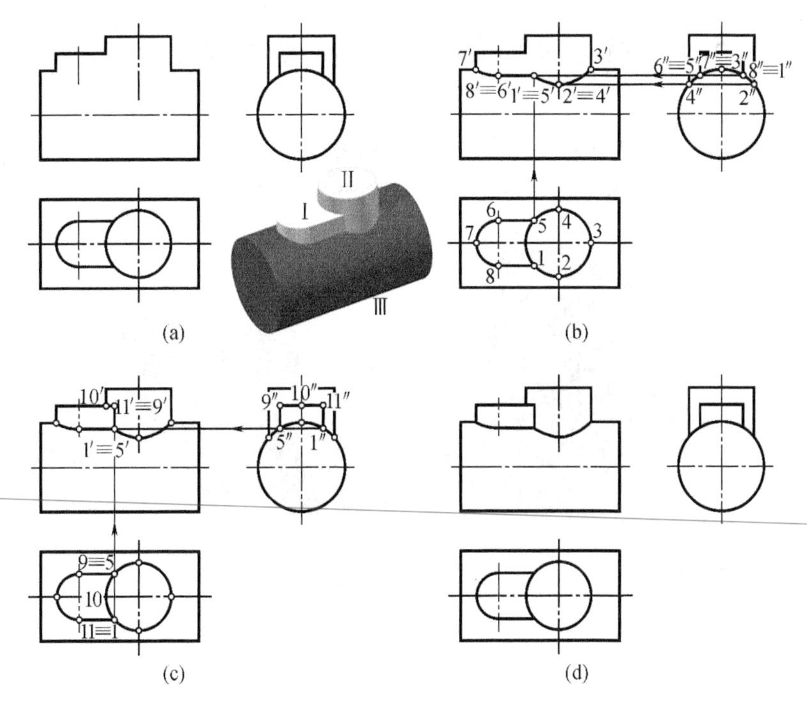

图4－23　三体相贯

第五章　组合体

本章主要介绍如何应用前面介绍的投影知识来解决组合体画图、看图中的问题，以及组合体尺寸标注等问题。从几何形体角度看，工程形体一般都可以看作是由一些简单的平面体和曲面体组成的，我们将其称为组合体。

5.1　组合体的组合方式及表面过渡关系

将复杂零部件按它们形体组合特点进行分析组合，组合方式主要分为叠加和切割两种，如图5-1(a)中的轴承座(叠加)和图5-1(b)中的导向块(切割)。

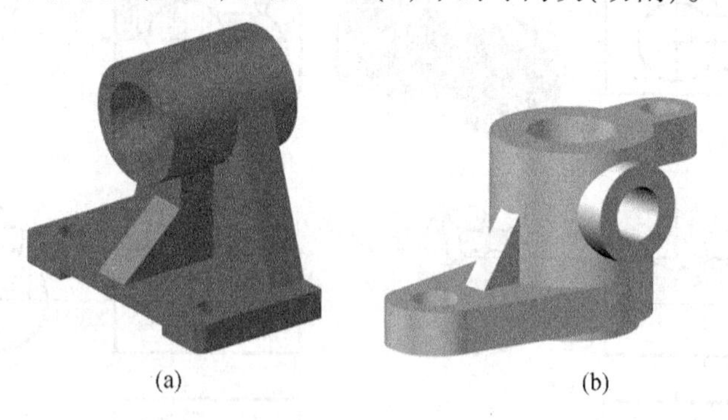

(a)　　(b)

图5-1　组合体

5.1.1　叠加

1. 叠加

将两个实形体与实形体进行组合，就称为叠加。

2. 相切

两个基本体的表面(平面与曲面或曲面与曲面)相切时的叠加方式，如图5-2所示。相切叠加时，两体表面在相切处光滑过渡不存在轮廓线，故不画分界线。

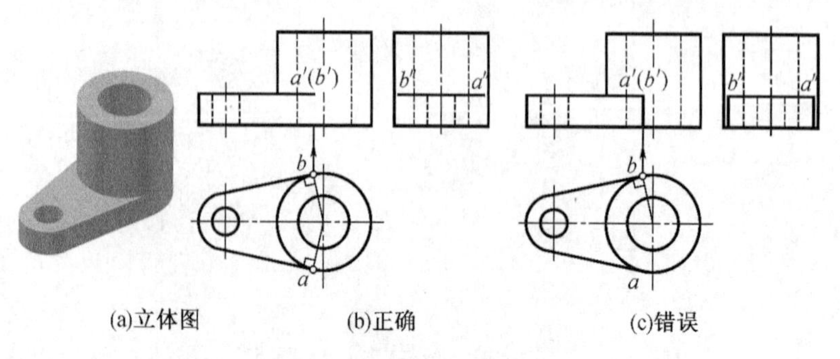

(a)立体图　　(b)正确　　(c)错误

图5-2　两体表面光滑过渡

3. 当两体相交时,其表面产生相贯线,如图 5 -3 所示。

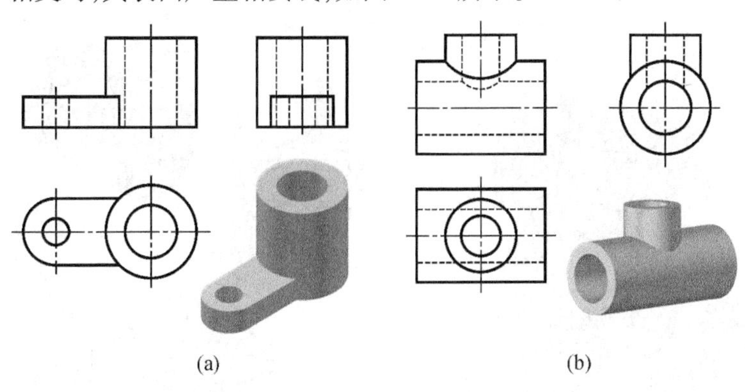

图 5 -3　两体相交

5.1.2　切割

用一个或几个平面截去基本体的一部分,这时在体的表面产生截交线,如图 5 -4 所示。

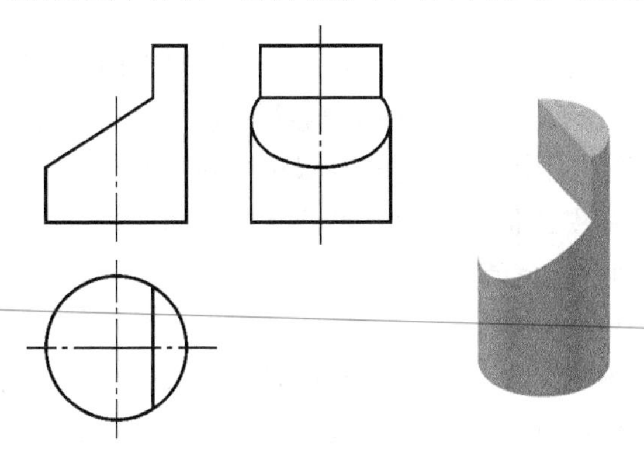

图 5 -4　切割

5.2　组合体的画图方法

组合体三视图的读图和画图方法经常采用形体分析法。假想将组合体分解成若干简单形体,分清它们的形状、组合方式和相对位置;分析它们的表面过渡关系及投影特性,进行画图和读图的方法,就称为形体分析法。

5.2.1　叠加式组合体的画图方法

现以图 5 -5 所示的轴承座为例,说明用叠加的方式进行组合体绘制三视图的方法和步骤。

1. 形体分析

画图前要对组合体进行形体分析,弄清各部分形状、相对位置、组合形式及表面连接关系等。该轴承座主要由底板、支承板、肋板和圆筒四部分叠加构成,但又挖切了一个大孔、两个小孔。支承板和肋板叠加在底板上方肋板与支承板前面接触;圆筒由支承板和肋板支撑;底板、支承板和圆筒三者后面平齐,整体左右对称。

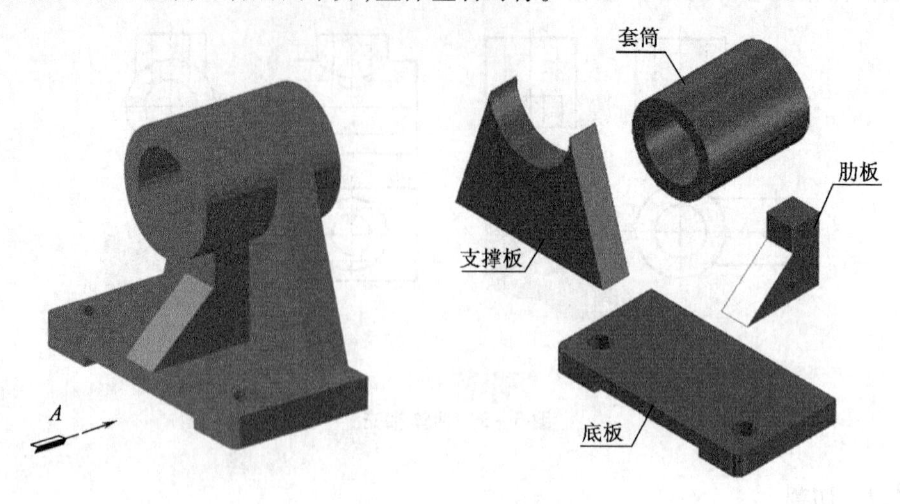

图 5-5　组合体分解示意图

2. 选择主视图

主视图主要由组合体的安放状态和投射方向两个因素确定。以画图方便和放置稳定为原则确定组合体的安放状态;以使主视图能够较多地表达出组合体的形状特征及各部分间的相对位置关系,并使视图中不可见形体为最少来确定投射方向。

本例选用图中所示的安放状态,并选用箭头 A 的方向作为主视图的投射方向。

主视图确定后,其他视图也就确定了。

3. 布置视图

根据各视图的最大轮廓尺寸,在图纸上均匀地布置这些视图,为此应首先画出各视图的基线、对称线以及主要形体的轴线和中心线,如图 5-6(a)所示。

4. 画底稿

从反映每一形体形状特征的视图开始,用细线逐个画出各形体的三视图,如图 5-6(b)~(e)所示。

画图的一般步骤为:先画主要部分,后画次要部分;先定位置,后定形状;先画整体形状,后画细节形状。

5. 检查、加深

底稿画完后,要仔细检查有无错误,确认正确无误后,擦去多余的线,用规定的线型进行加深。

画图时应注意的几个问题:

(1)要三个视图配合起来画。画图时,不要画完一个视图再画另一个视图,而要三个视图配合起来画,以便利用投影间的对应关系,使作图既快又准确。

(2)各形体之间的相对位置要正确。例如,画底稿时,要注意底板与套筒后端面的前后位置关系(图 5-6(c))。

(3)各形体间的表面过渡关系要正确。例如,支撑板的左右侧面与套筒表面相切,相切处应无线(图 5-6(d))。肋板与套筒是相交的,应正确地画出相贯线(图 5-6(e))。由于套筒、支承板、肋板组合成一个整体，原来的轮廓线也发生了变化，如图 5 -6(d) 中俯视图上套筒的轮廓线，图 5 -6(e) 中左视图上套筒的轮廓线和俯视图上肋板与支承板间的分界线的变化。

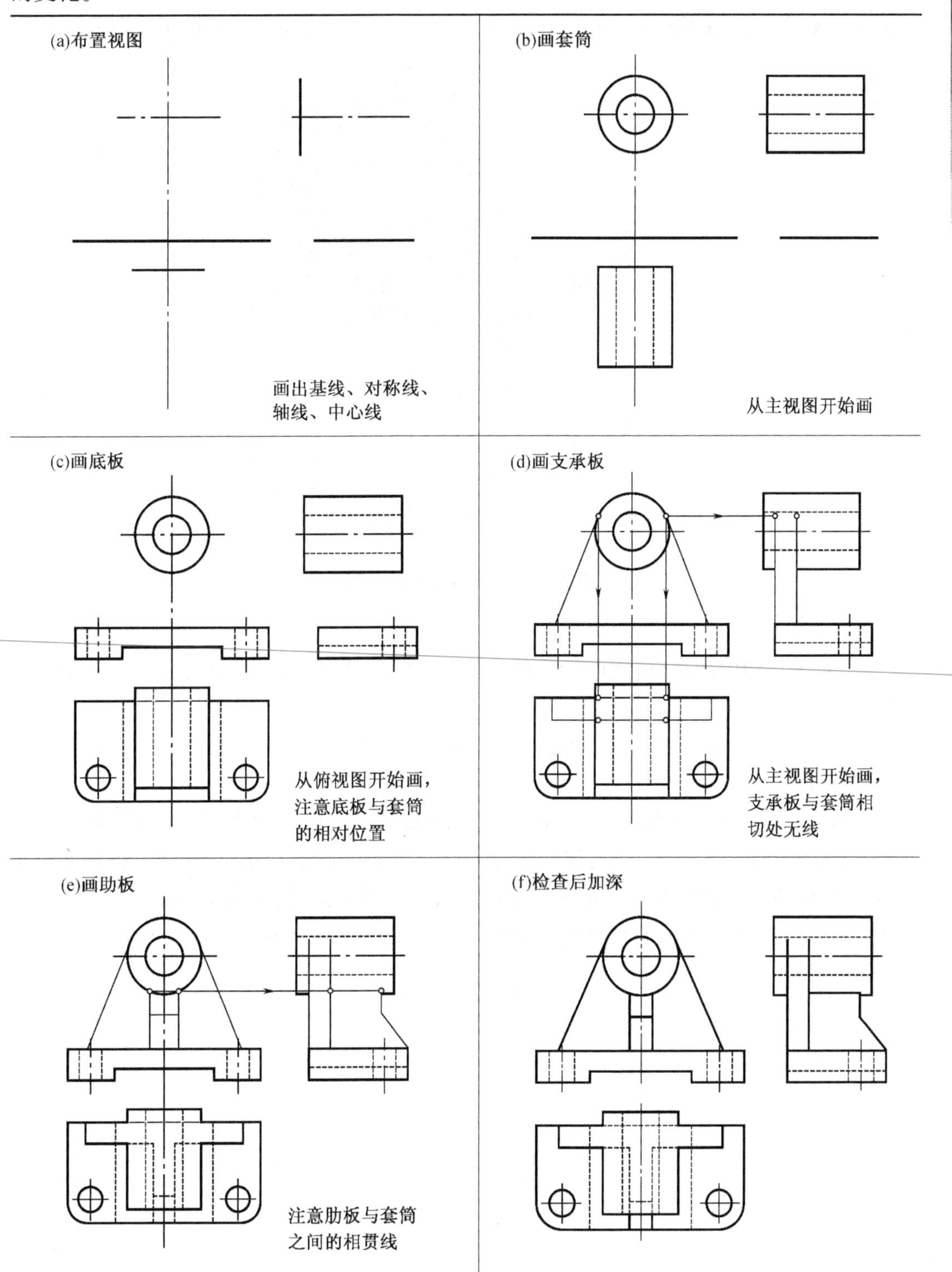

图 5 -6　轴承座的画图步骤

5.2.2 切割式组合体的画图方法

图5－7所示的导向块可以看成是由长方体Ⅰ依次切去Ⅱ,Ⅲ,Ⅳ三个形体,然后钻了一个孔而形成的,可以按切割顺序依次画出切去每一部分后的三视图。画图步骤见图5－8。

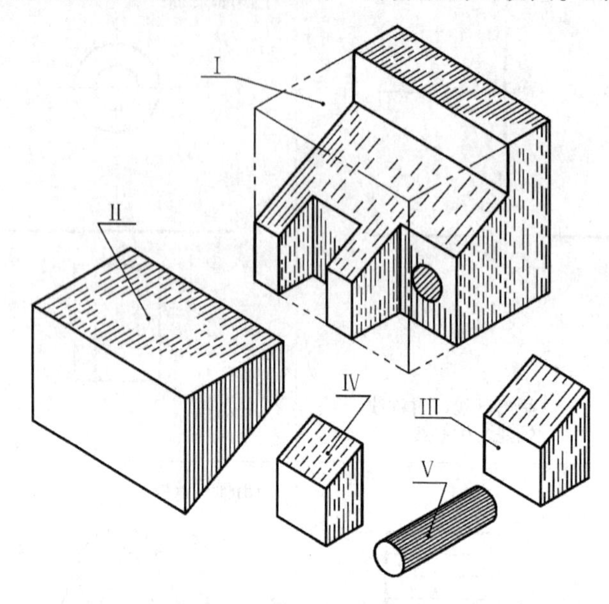

图5－7 导向块的形体分析

画图时应注意的问题:

(1)对于被切的形体,应先画出反映其形状特征的视图。例如,切去形体Ⅱ应先画主视图。

(2)切割式组合体的特点是斜面比较多,画图时除了对物体进行形体分析外,还应对一些主要的斜面进行面形分析。

根据第2章介绍的平面的投影特性,一个平面在各个投影面上的投影,除了有积聚性的投影外,其他投影都表现为一个封闭线框,特别是当平面与投影面垂直时,除了有积聚性的投影外,另外两个投影均为与该面的形状相类似的封闭线框,例如图5－8(d)中的Q面。作图时利用这个规律,对面的投影进行分析、检查。可以快速、正确地画出图形。

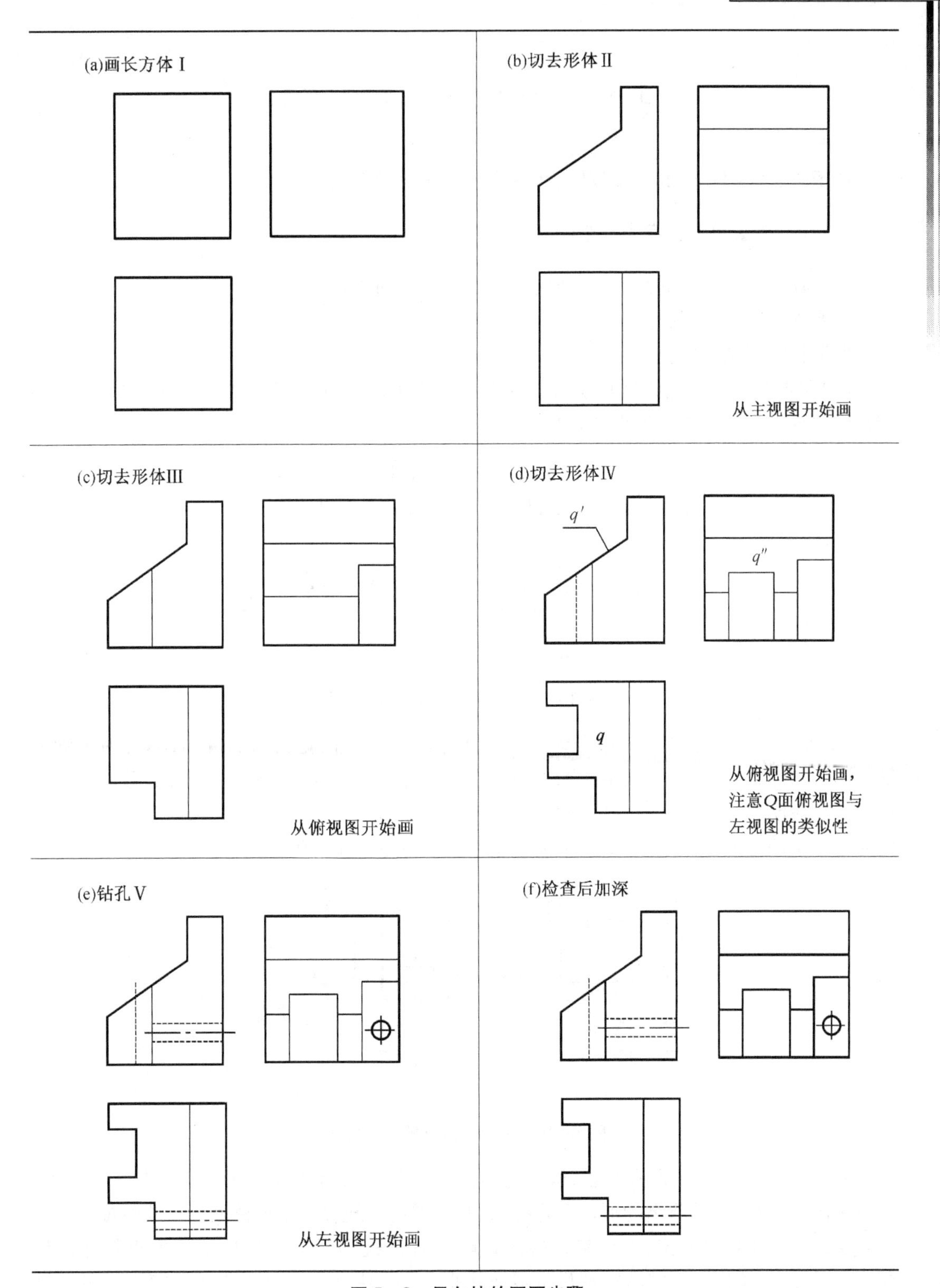

图5－8　导向块的画图步骤

5.3 组合体视图的阅读方法

读图就是根据物体的已给视图,想象出物体的空间形状。

5.3.1 读图时应注意的几个问题

除了在第3章介绍的几点外,还应注意以下几个问题:

1. 要善于抓特征视图

所谓特征视图是指:

(1)最能清晰地表达物体形状特征的视图,我们称之为形状特征视图。如图5-9中的俯视图清晰地表达了物体的形状特征。

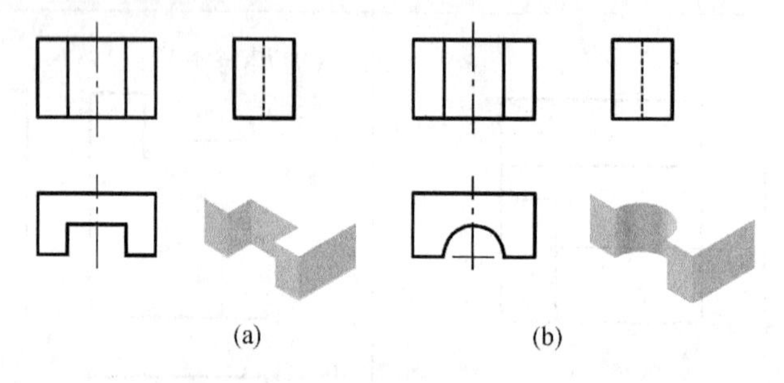

(a) (b)

图5-9 俯视图为形状特征视图

(2)最能清晰地表达构成组合体的各形体之间的相互位置关系的视图,称之为位置特征视图。如图5-10所示,从主视图看封闭线框Ⅰ内有两个封闭线框Ⅱ和Ⅲ,而且它们的形状特征比较明显。在第3章中曾分析过,线框内套线框,表面一定凹凸不平。从俯视图看,两者一个是凸出的一个是孔,但并不能确定哪个形体是凸出的哪个形体是孔。

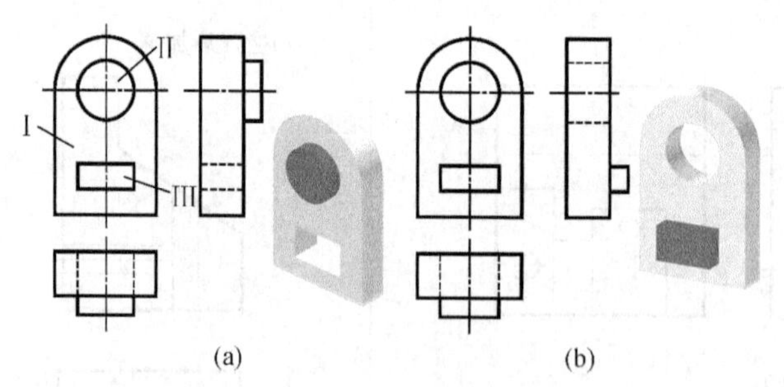

(a) (b)

图5-10 左视图为位置特征视图

若从图5-10(a)的左视图看,很明显形体Ⅱ是凸出的形体Ⅲ是孔。若从图5-10(b)的左视图看,形体Ⅲ是凸出的形体Ⅱ是孔,故左视图清晰地表达了形体间的位置特征。

由以上分析可以看出,抓住特征视图再配合其他视图就能比较快地想象出物体的形状。但要注意,物体的形状特征和位置特征并非完全集中在一个视图上可能每个视图上都有一些。如图5-11中的轴承座由四部分组成,其中主视图上表达了Ⅰ,Ⅲ,Ⅳ的形状特征,左视图上表达了Ⅱ的主要形状特征,俯视图上表达了形体Ⅱ上孔的形状特征。形体间的相互位置关系则在三个视图上都有表达。因此看图时要抓住反映特征较多的视图,同时还必须配合其他视图一起分析。

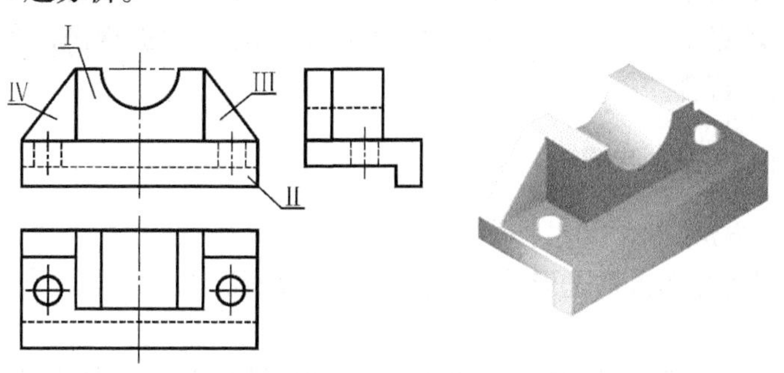

图 5－11　轴承座

2. 要注意视图中反映形体之间过渡关系的图线

构成组合体形体之间表面过渡关系的变化会引起视图中图线的变化。如图 5－12(a)中的三角形肋板与底板及侧板间的连接线在主视图上是实线，说明它们的前面不共面，因此肋板在底板中间。图 5－12(b)中的三角形肋板与底板及侧板间的连接线在主视图上均为虚线，说明它们的前面共面，根据俯视图可确定前后各有一块肋板。

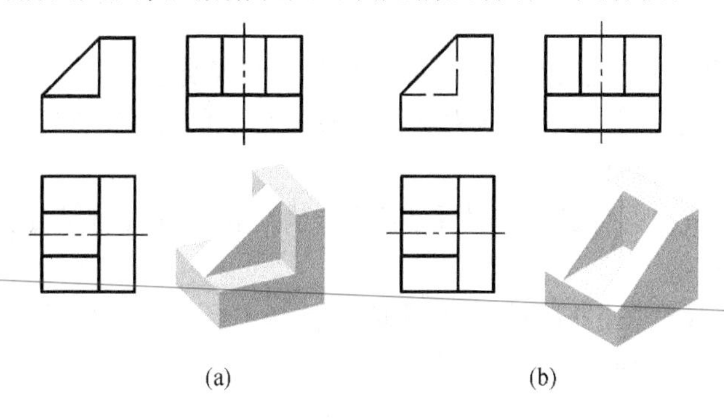

图 5－12　虚、实线和形体的变化

如图 5－13(a)中，由主视图上两实体的交线是两条直线，可以确定是两个直径相等的圆柱相交。而图 5－13(b)中，主视图上两形体在过渡处没有线，可以确定它是由一个平面体(棱柱)的前后两个侧面与圆柱体表面相切形成的。

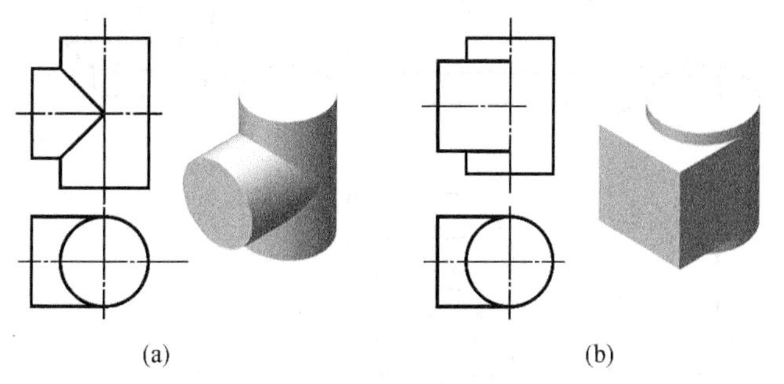

图 5－13　根据物体表面的过渡线确定物体的形状

3. 要善于构思空间形体

要想正确而迅速地想象出视图所表达物体的空间形状，就必须多看、多构思。读图的过程是不断地把想象中的物体与给定的视图进行对照的过程，也是不断地修正想象中的物体形状的思维过程,要始终把空间想象和投影分析结合起来进行。首先根据所给视图构思物体的空间形状,默想出物体的视图,再与所给视图相对照,根据视图的差异修正想象中的物体,直至两者完全符合。

5.3.2 读图的方法和步骤

1. 读图的基本方法

读组合体视图的基本方法是形体分析法和面形分析法。

(1)形体分析法

首先用分线框、对照投影的方法分析出构成组合体的基本形体有几个,找出每个形体的形状特征视图并对照其他视图,从而想象出各基本形体的形状。然后分析各形体间的相对位置、组合方式、表面过渡关系,最后综合想象出整体形状。

(2)面形分析法

首先用分线框、对照投影的方法分析出切割前基本形体的形状,是用什么位置的平面切割的,找出切割后断面的特征视图,从而分析出形体的表面特征,最后综合想象出整体形状。

2. 读图的步骤

读图的一般步骤是:先主后次,先易后难,先局部后整体。

先主后次:先看主视图,后看其他视图。先找特征视图,后对照其他视图。先确定形体的主要结构,后确定次要结构。

先易后难:把构成组合体的各形体中,形体结构比较容易确定的先读出来,形体结构比较难读的部分放在后边。

先局部后整体:先想象组成叠加式组合体的各基本形体的形状后想象整体的形状。先分析切割式组合体的表面形状特征,后想象出整体的形状。

下面结合具体实例来介绍。

[**例** 5-1] 已知一轴承座的三视图,想象出它的空间形状,如图 5-14 所示。

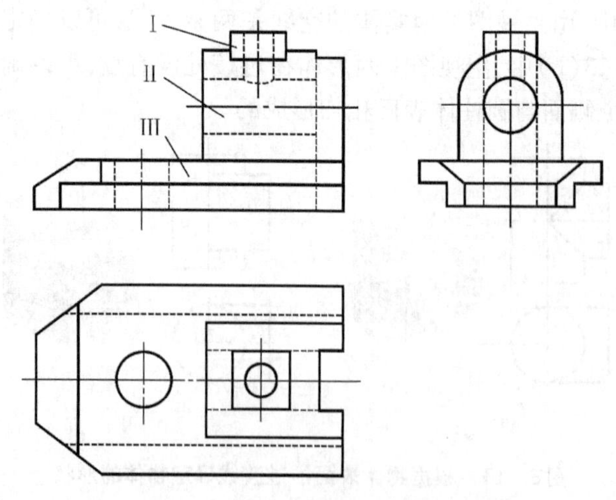

图 5-14 轴承座的三视图

解 (1)抓特征分解形体

以主视图为主,配合其他视图,分别找出反映各组成形体特征较多的视图,从图上对物体进行形体分析，把它分解成几部分。

图 5－15 中的轴承座，从三个视图对照分析，可知它由三部分组成，即：Ⅰ—凸台，Ⅱ—支承座，Ⅲ—底板。

（2）对投影确定形体

根据投影的“三等”对应关系，在视图上划分出每一部分的三个投影，想象出它们的形状。如图 5－15(a)所示，根据“三等”对应关系，划分出凸台的三个投影，俯视图反映了它的形状特征，可以想象出它是中间穿了一个圆孔的四棱柱。

用同样的方法划分出支承座的三个投影（图 5－15(b)），左视图反映了它的形状特征。由三个投影可以想象出它的空间形状。

如图 5－15(c)所示，根据“三等”对应关系，划分出底板的三个投影。对照三个投影进行分析，底板是由一个长方体经过多次切割而成。从主视图上看，左上角被切去一块；从俯视图上看，左端前后各被切去一块；从左视图上看，下部前后部位均被切去一块。

从形体分析角度看，对底板的形状只是有了一个大概的了解，要想象出它的形状还需进行面形分析。

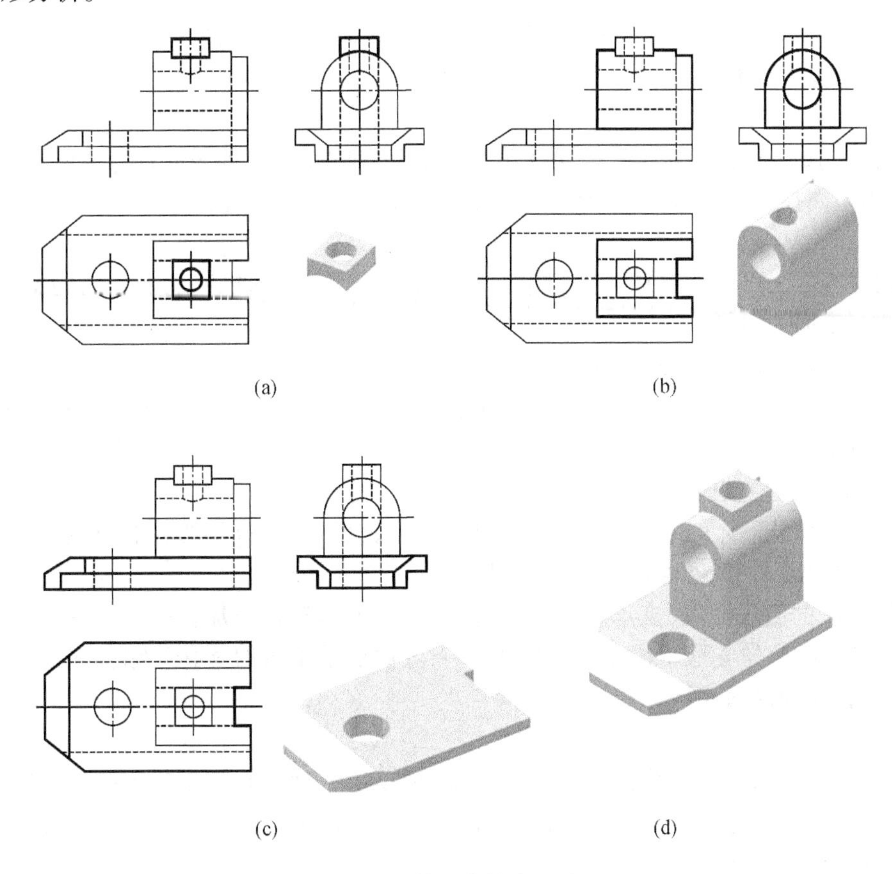

图 5－15　轴承座的读图过程

（3）面形分析难点

为了便于分析，现将底板的三个投影从原视图中分离出来，如图 5－16 所示。

利用视图上面形的投影规律，对底板的表面进行面形分析。视图上的一个封闭线框一般情况下代表一个面的投影，它在其他视图上对应的投影不是积聚成直线，就是类似形。

用此投影特性划分出每个表面的三个投影，看懂它们的形状。

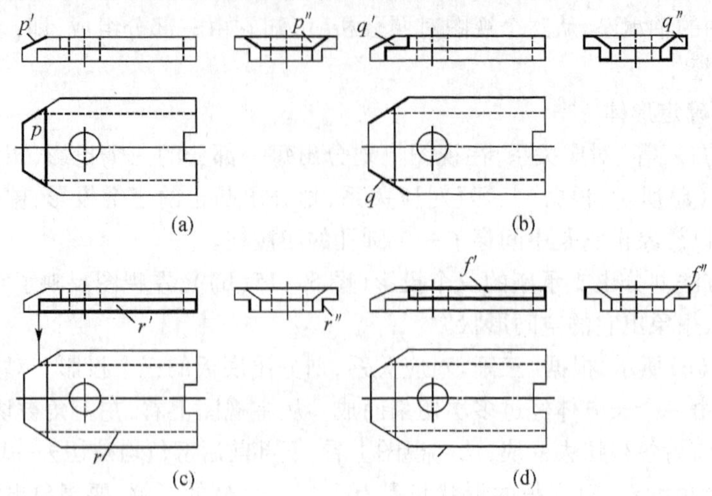

图 5－16　底板的读图过程

如图 5－16(a)所示，封闭线框 p 在主视图上对应的投影只能是直线 p'，因此 p 为正垂面，它的水平投影和侧面投影形状类似，是一个梯形，虽不反映 p 的实形，但也说明 p 面的空间形状为梯形。

如图 5－16(b)所示，封闭线框 q'在俯视图上对应的投影只能是直线 q，因此 Q 面为铅垂面，它的正面投影和侧面投影为形状类似的七边形，说明底板左端前后两个面的形状为七边形。

用同样的方法可以看出平面 R 与平面 F 均为正平面，正面投影反映它们的实形，底板上的这两个表面为矩形。

请读者自行分析其他表面的形状。

从形体和面形两方面对底板进行投影分析后，可以想象出它的空间形状如图 5－15(c)所示的立体图。

(4)综合起来想整体

在看懂每部分形体的基础上抓住位置特征视图，分析各部分间的相对位置及表面过渡关系，最后综合起来想象出物体的整体形状。

从轴承座的俯视图看，支承座与底板右端共面，前后对称叠加在一起后在右端中间切了一个方槽。凸台与支承座相交中间钻了一个与轴承座相通的圆孔。综合起来可以想象出轴承座的空间形状如图 5－15(d)所示。

总结：

(1)形体分析法和面形分析法两者虽然读图的步骤相似，但形体分析法是从体的角度出发，划分视图所得的三个投影是一个形体的三个投影。而面形分析法中分线框对投影所得的三个投影是一个面的投影。

(2)形体分析法适合于叠加方式形成的组合体。而面形分析法较适合于切割方式形成的组合体。由于切割后的形体特征不明显，难以用形体分析法读懂，往往需要采用面形分析法分析。

(3)组合体的组合方式往往既有叠加又有切割，读图时一般也不是孤立地采用某种方法，而是两种方法综合使用，互相配合，互相补充。对于既有叠加又有切割的较复杂组合体的读图主要用形体分析方法，面形分析法攻难点。

5.3.3　已知物体的两个视图，求第三视图

已知物体的两个视图，求第三视图是一种读图和画图相结合的训练方法。首先根据物体的已知视图想象出物体的形状，在完全读懂已知视图的基础上，再利用投影的“三等”对应关系画出第三视图。

［**例** 5－2］　已知物体的主视图和左视图，求作俯视图，如图 5－17 所示。

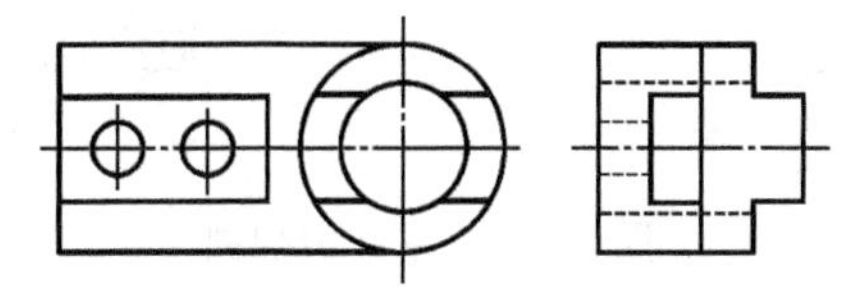

图 5－17　主视图和左视图

解　(1)读懂已给的两个视图，想象出物体的形状

由主视图和左视图可以看出，该物体主要由 I，Ⅱ两个形体组成(图 5－18(a))。

由于 I，Ⅱ两个形体的高度相等，为了准确地划分出它们在左视图上的投影，可以利用各个形体上局部的孔和槽。如图 5－18(b)所示，利用形体 I 上圆孔的投影来帮助确定它在左视图上对应的投影。从划分出的形体 I 的两个视图可以看出，它是由一个圆筒前端上下对称各切去了一块形成的，如立体图所示。

形体Ⅱ在两个视图上的对应投影如图 5－18(c)所示。它的整体形状类似于一块矩形板。主视图的大线框内有一个矩形线框，矩形线框内有两个小圆，对照左视图分析可以看出，矩形板的左端中间由前向后挖了一个方槽，槽底钻了两个圆孔，其形状如立体图 5－18(c)所示。

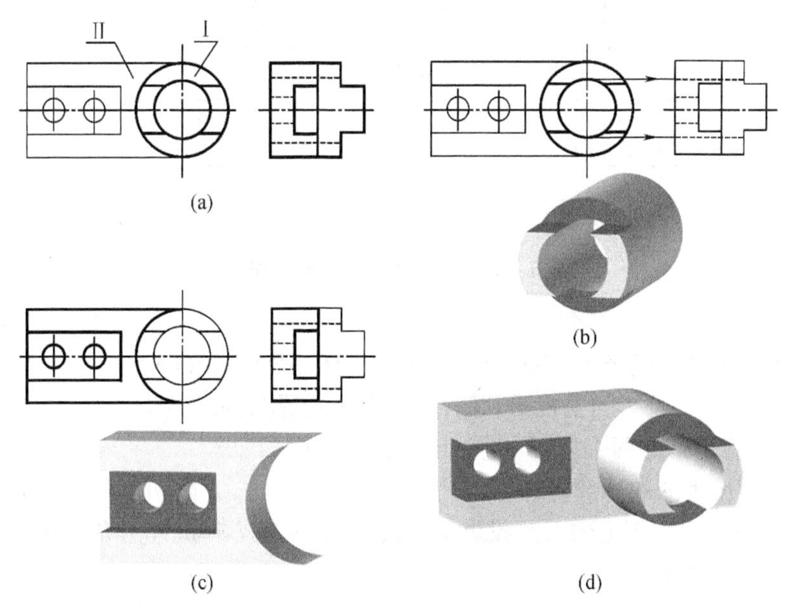

图 5－18　读图过程

(2)画俯视图

画图时一般先画整体形状，后画局部形状；先画形体，后画交线。即首先画出Ⅰ，Ⅱ的

轮廓投影(图 5 - 19(a)),然后再分别画出圆筒上下部位被切去两块后产生截交线的投影和形体Ⅱ的切槽及小圆孔的投影(图 5 - 19(b))。

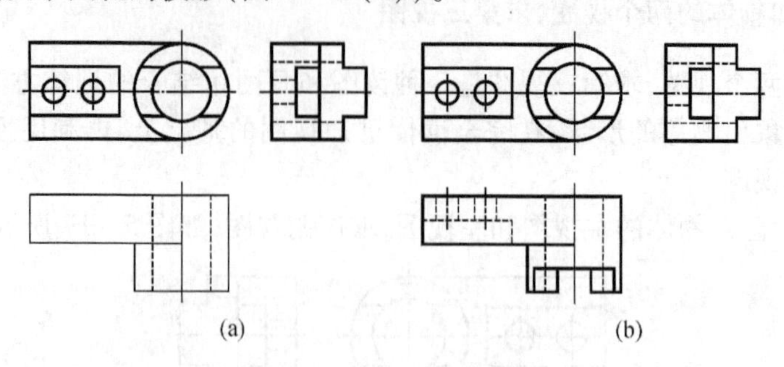

图 5 - 19　求作俯视图

[例 5 - 3]　已知支座的主视图和俯视图,求作左视图(图 5 - 20(a))。

解　(1)读懂已给的两个视图,想象出物体的形状

主视图上有三个长度相等的实线框 1′,2′,3′(图 5 - 20(a)),在俯视图上没有类似形和它们成对应关系,所以它们的水平投影应积聚成直线。又因主视图上这三个线框相邻,它们不可能对应俯视图上的同一直线,而是分别与三条直线相对应。由于三个线框的正面投影都是可见的,且俯视图上 1,2,3 均为实线,所以Ⅰ面在前;线框 2′上有一个小圆,对照俯视图分析可知,Ⅱ面在中间,Ⅲ面在后。看懂三个线框的层次关系后,再用形体分析法对构成支座的各个形体进行分析,最后可想象出支座的形状如图 5 - 20(b)所示。

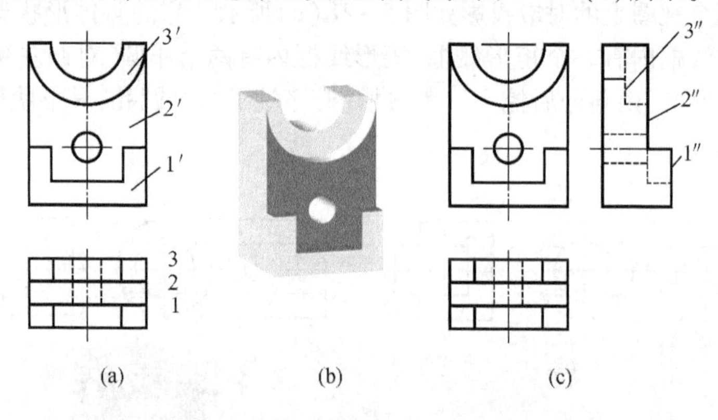

图 5 - 20　已知两视图求第三视图

(2)画左视图

在看懂支座形状的基础上,不难画出它的左视图(图 5 - 20(c))。

[例 5 - 4]　已知物体的主视图和俯视图,求作左视图(图 5 - 21)。

解　(1)读懂已给的两个视图,想象出物体的形状

从主视图和俯视图的外部轮廓可知,该物体是由一个长方体切割而成。俯视图上的线框以(矩形线框)在主视图上的对应投影是直线 n',说明长方体的左上角被正垂面 N 切去了一个三棱柱(图 5 - 22(a));

俯视图后面有一个方形缺口,对应主视图上的两条虚线分析,说明后面切了一个方槽(图 5 - 22(b));

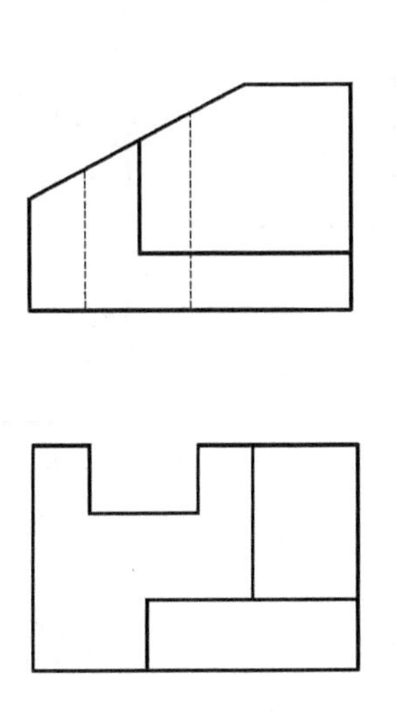

图 5－21　求左视图

主视图上的封闭线框 p' 在俯视图上没有类似形与其对应，说明它的水平投影有积聚性，根据"三等"关系，可找出它的水平投影为直线 p，可见它是一个正平面，由于它的正面投影可见，说明长方体的右前方切去了一个棱柱体(图 5－22(c))。

进一步分析 Q 面的投影可知它是一个正垂面，水平投影与侧面投影的形状应类似(图 5－22(d))，由此可预见 Q 面在左视图上的形状，做到画图时心中有数。

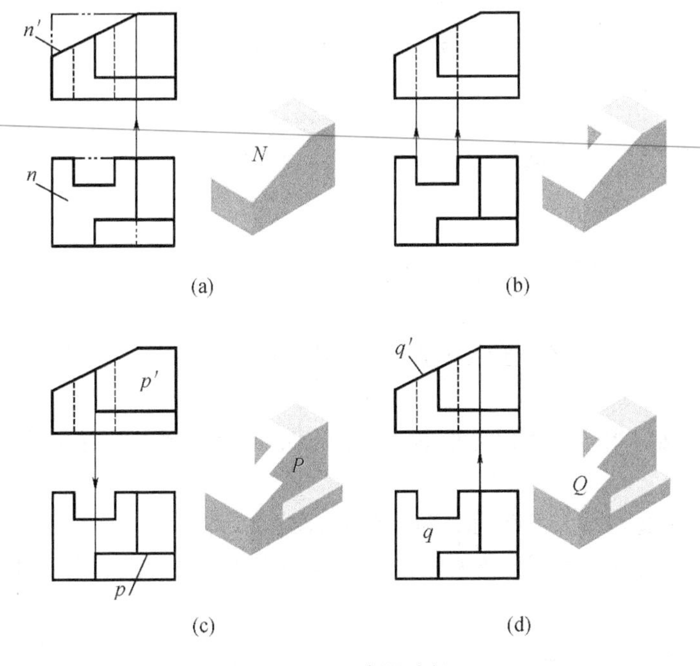

图 5－22　读图过程

(2)画左视图

按顺序分别画出长方体被切去各块后的左视图(图 5－23 (a) ~ (c))并分析 Q 面的投影特性，着重检查 q 与 q'' 的形状是否相类似。其结果如图 5－23(d)所示。

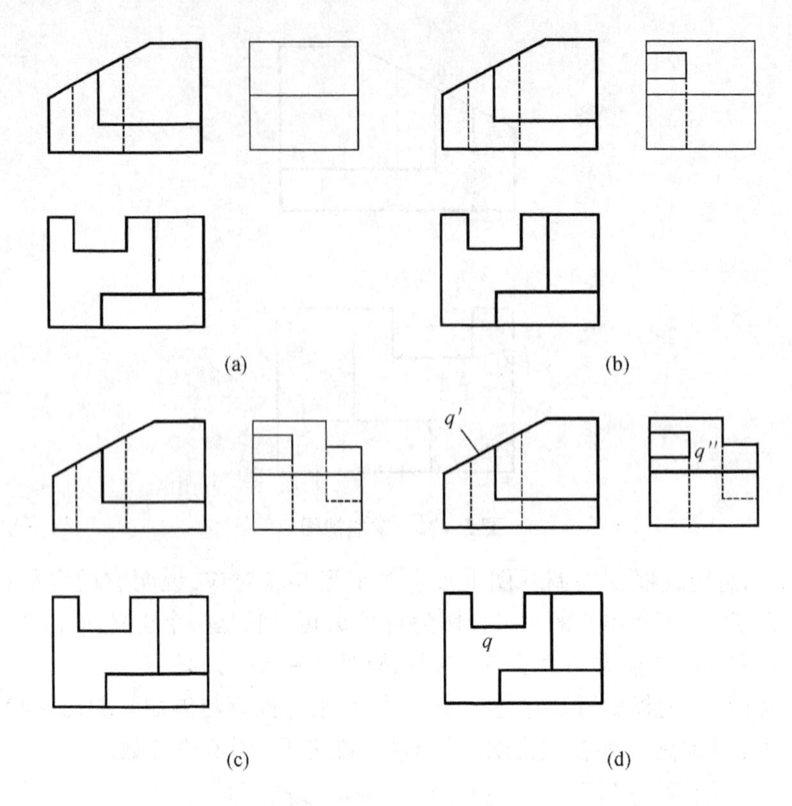

图 5-23　画左视图

5.4　组合体的尺寸标注

视图只能表达物体的形状，物体的大小则靠标注尺寸来确定。

组合体尺寸标注的基本要求是：

(1)正确：所注尺寸应符合国家标准《技术制图》中有关尺寸注法的基本规定(详见第1章)。

(2)完全：将确定组合体各部分形状大小及相对位置的尺寸标注完全，既不能遗漏，也不要重复。

(3)清晰：尺寸标注要布置匀称、清楚、整齐，便于阅读。

组合体的尺寸要标注完全，必须包含基本体的定形尺寸、定位尺寸和组合体的总体尺寸三方面的内容。

5.4.1　基本体的定形尺寸

所谓定形尺寸是指确定各基本体的形状和大小的尺寸。

图5-24是一些常用基本体的定形尺寸的注法。注意，当标注球面直径或半径时，要在“Φ”或“R”前加注“S”。

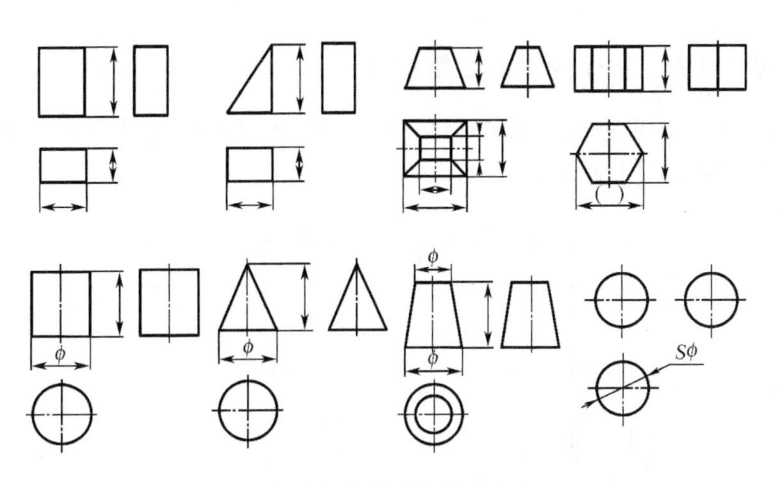

图 5－24　基本体的定形尺寸

5.4.2　一些常见形体的定位尺寸

所谓定位尺寸是指确定组合体中各基本体之间相对位置的尺寸。

要标注定位尺寸，必须有尺寸基准。所谓尺寸基准是指标注尺寸的起始位置（可以是线或面）。物体有长、宽、高三个方向的尺寸，每个方向至少要有一个尺寸基准。通常以物体的底面、端面、对称面和轴线等作为尺寸基准。

图 5－25 是一些常见形体的定位尺寸。从图中可以看出，在标注回转体的定位尺寸时，一般都是标注它的轴线的位置。

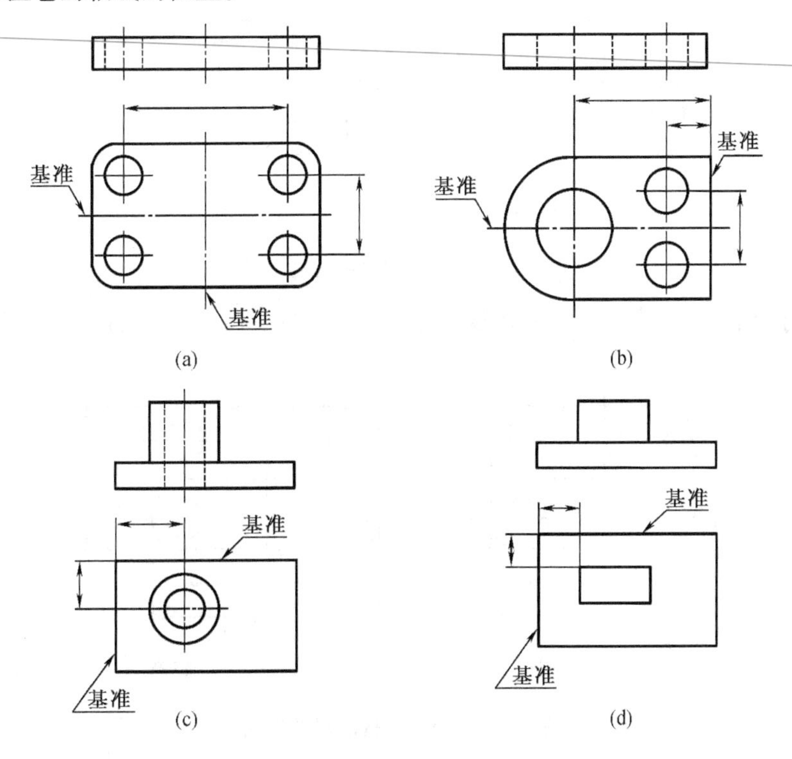

图 5－25　一些常见形体的定位尺寸

5.4.3 标注定形、定位尺寸时应注意的问题

(1)当基本体被平面截切时,除了标注基本体的定形尺寸外,还需标注截平面的定位尺寸,不允许直接在截交线上标注尺寸(图5-26)。

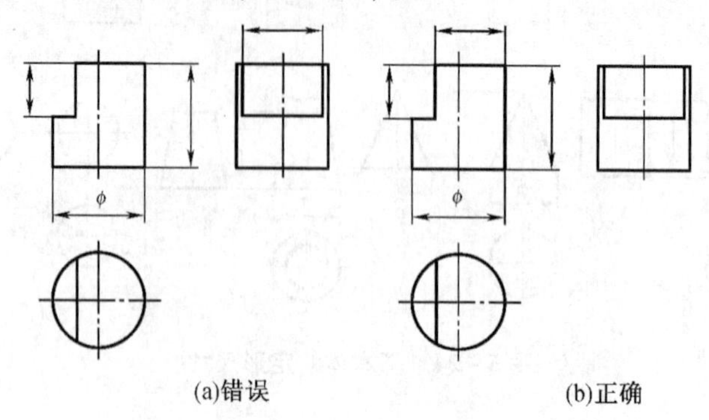

图5-26 表面具有截交线时的尺寸注法

(2)如图5-27所示,当体的表面具有相贯线时,应标注产生相贯线的两形体的定形、定位尺寸,而不允许直接在相贯线上标注尺寸(请读者分析图5-26(a)中的错误标注)。

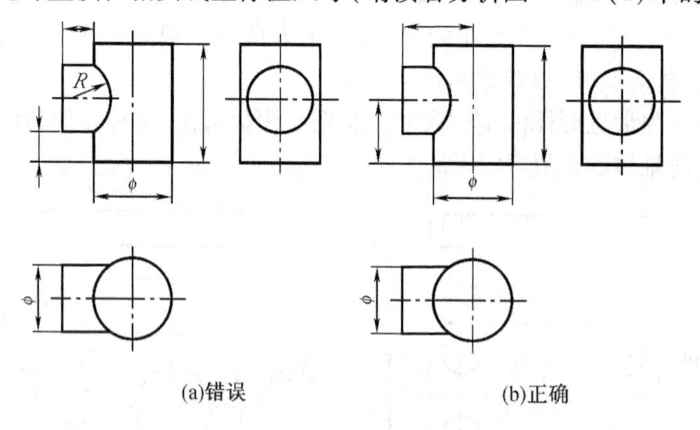

图5-27 表面具有相贯线时的尺寸注法

(3)对称结构的尺寸,无论是定形尺寸还是定位尺寸,不能只注一半。如图5-28所示。

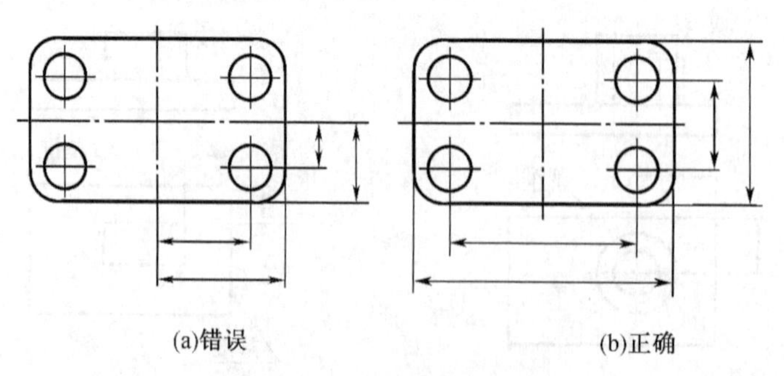

图5-28 对称结构的尺寸注法

5.4.4　组合体的总体尺寸

组合体的总体尺寸是指组合体在长、宽、高三个方向的最大尺寸。总体尺寸有时就是某形体的定形尺寸或定位尺寸，一般不再标注。当出现多余尺寸时，需作适当调整。如：

(1)图5-29(a)中标注了每个形体的定形、定位尺寸后，物体的总长、总宽就是底板的定形尺寸不再标注。但标注了总高尺寸后出现了多余尺寸，这时需作调整去掉一个次要尺寸，图5-29(b)是一种正确的标注方法。

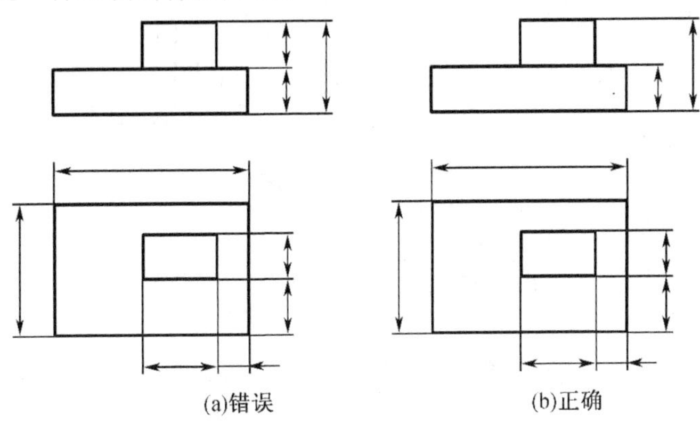

图5-29　标注总体尺寸

(2)当组合体的某一方向具有回转面结构时，由于注出了其定形、定位尺寸，该方向的总体尺寸一般不再注出(图5-30)。

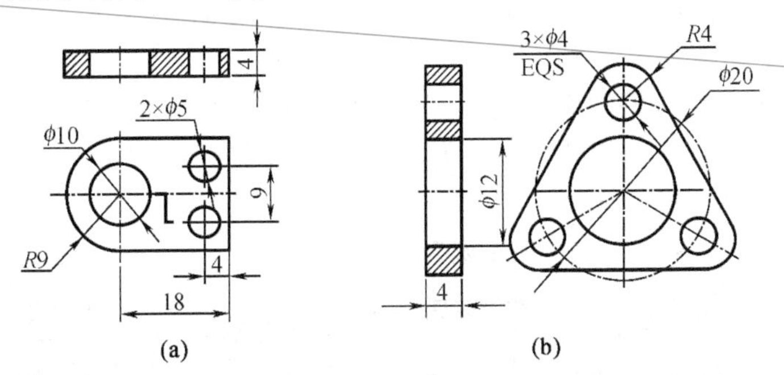

图5-30　不注总体尺寸的结构

5.4.5　组合体的尺寸标注方法

组合体尺寸标注的基本要求是：(1)正确，所注尺寸必须符合国家标准中有关尺寸注法的规定，尺寸数值和单位必须正确；(2)完整，所注尺寸必须能完全确定物体的形状和大小，不能遗漏，也不能重复；(3)清晰，尺寸应注在最能反映物体特征的视图上，且布置整齐，便于读图，尺寸标注的要合理。

现以图5-31所示的轴承座为例来说明组合体的尺寸标注过程。

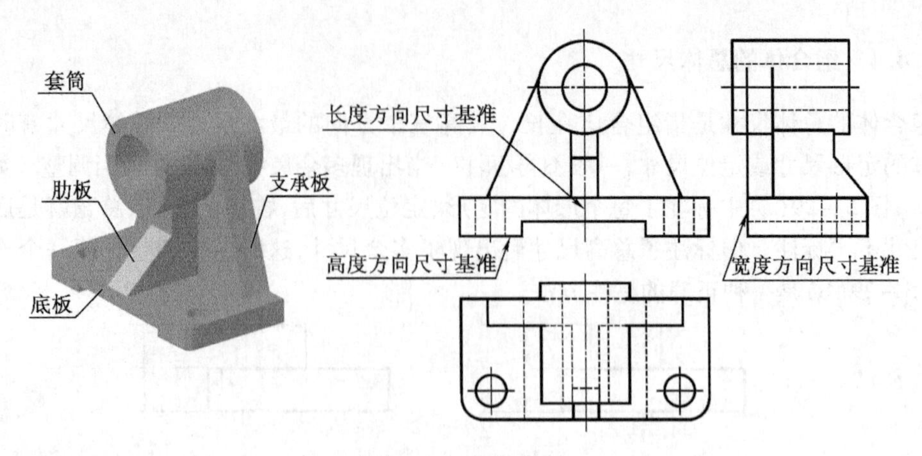

图 5－31　轴承座

1. 形体分析

轴承座由底板、套筒、支承板和肋板组成。

2. 选尺寸基准

长度方向以左右对称面为基准；宽度方向以底板的后端面为基准；高度方向以底板的底面为基准。

3. 逐个标注各个形体的定形、定位尺寸

(1)标注底板的尺寸，其中尺寸线上标有“a”的为定位尺寸(下同)，见图 5－32(a)。

(2)标注套筒的尺寸，见图 5－32(b)。

(3)标注支承板和肋板的尺寸，见图 5－32(c)。

4. 标注总体尺寸

总长为底板的长度方向的定形尺寸；总高由套筒高度方向的定位尺寸和定形尺寸确定，不再标注；总宽由底板宽度方向的定形尺寸和套筒宽度方向的定位尺寸确定，不再标注。结果如图 5－32(d)所示。

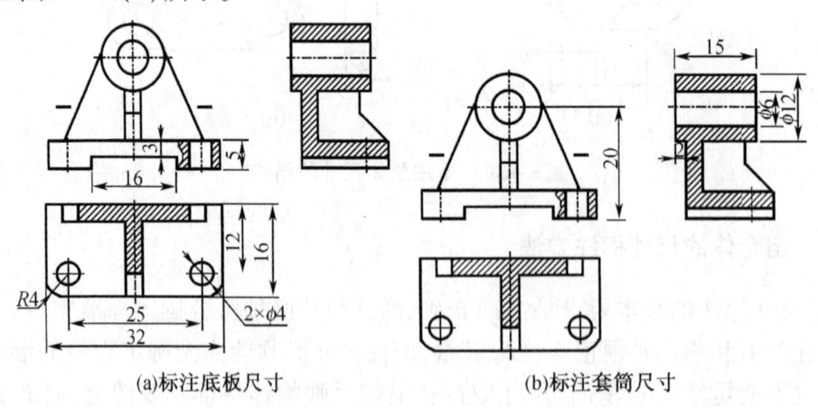

(a)标注底板尺寸　(b)标注套筒尺寸

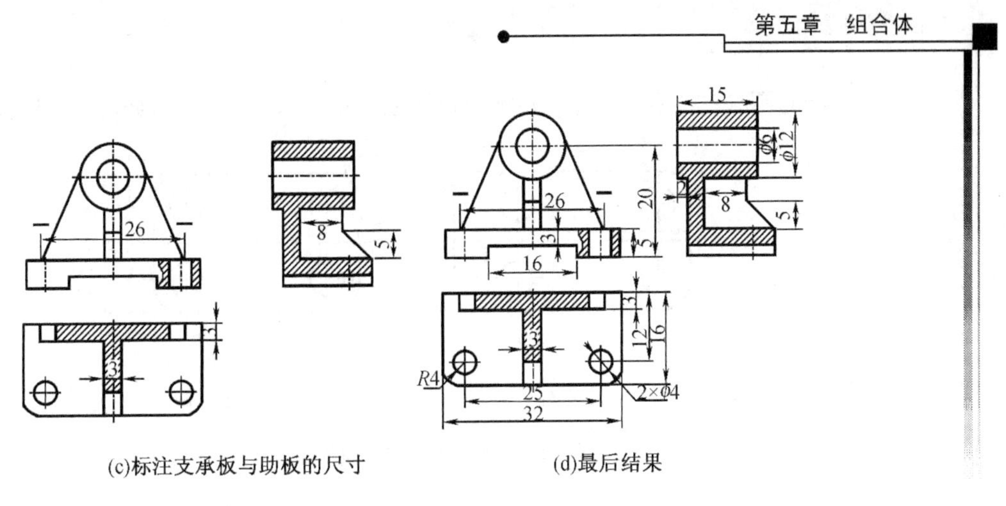

(c)标注支承板与助板的尺寸　　(d)最后结果

图 5-32　轴承座的尺寸标注

5.4.6　尺寸的清晰布置

尺寸清晰布置的几点要求：

(1)同一形体的尺寸尽量集中标注在一个视图上,且尽量标注在表达形体特征最明显的视图上,如图 5-33 所示。图 5-34 为物体尺寸的清晰布置。

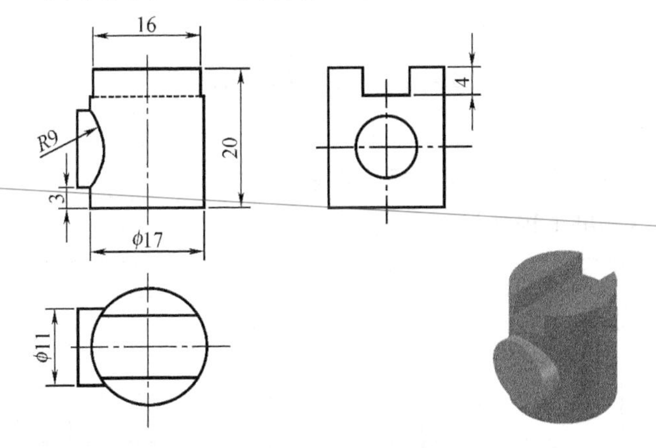

图 5-33　物体的尺寸布置

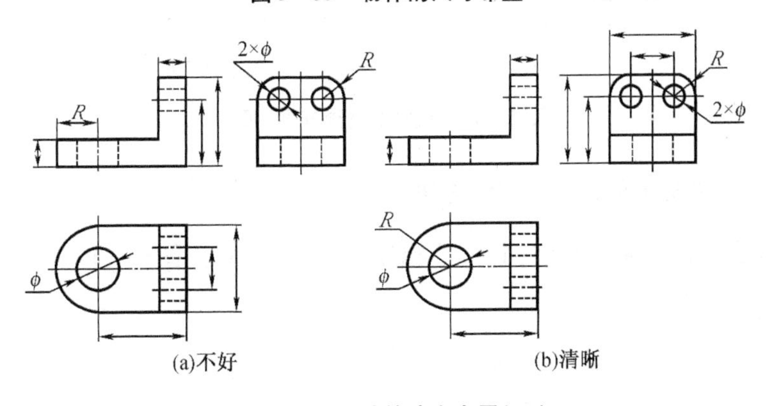

(a)不好　　(b)清晰

图 5-34　尺寸的清晰布置(一)

(2)尽量将尺寸布置在视图外面,以免尺寸线、尺寸数字与视图的轮廓线相交,给看图带来不便,如图 5-35 所示。当无法避免尺寸数字与图形轮廓线重合时,轮廓线应断开。

(3)同心圆柱的直径尺寸,不要集中标注在投影为圆的视图上,如图 5 - 36 所示。

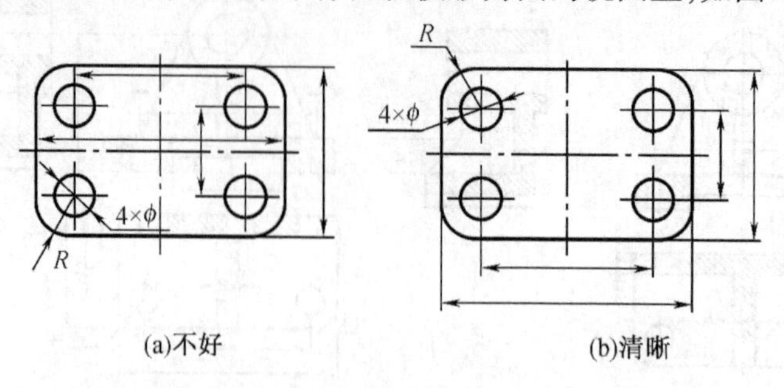

图 5 - 35　尺寸的清晰布置(二)

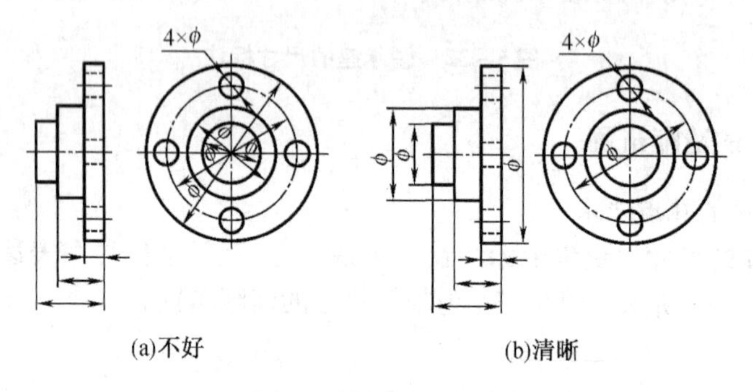

图 5 - 36　尺寸的清晰布置(三)

(4)相互平行的尺寸,应按大小顺序排列,小尺寸在内,大尺寸在外,以免一个尺寸的尺寸线与另一尺寸的尺寸界线相交,如图 5 - 37 所示。

(5)避免在虚线轮廓上标注尺寸。

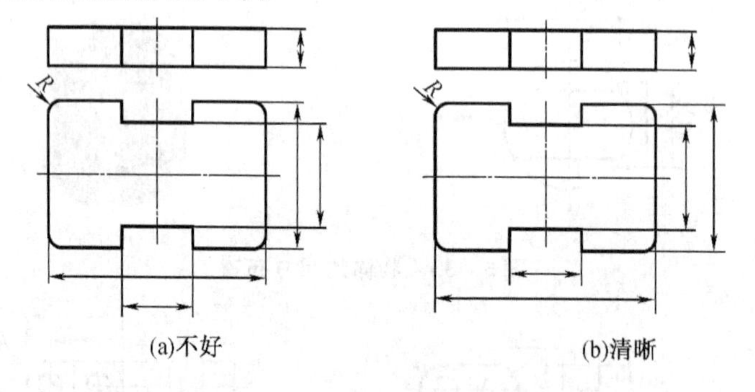

图 5 - 37　尺寸的清晰布置(四)

5.4.7　一些常见形体的尺寸标注方法

有些形体在零件上应用较多,其尺寸标注方法较为固定,图 5 - 38 列出了几种,以供参考。

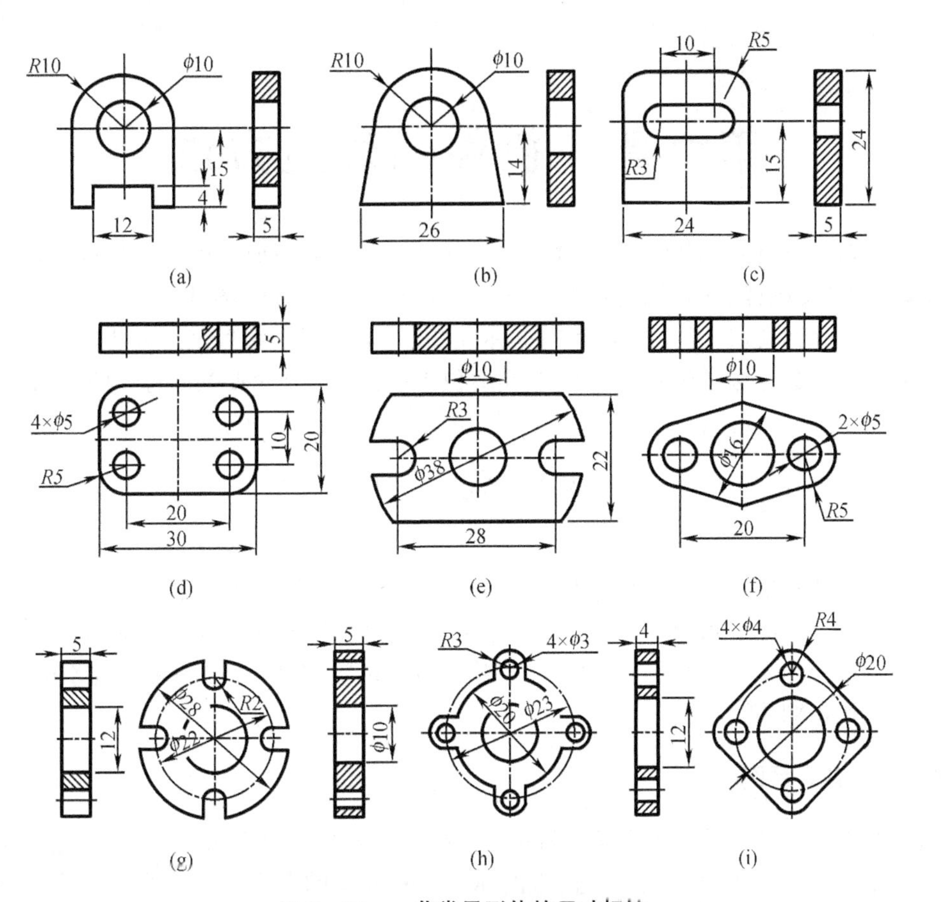

图 5 – 38　一些常见形体的尺寸标注

第六章　机件的表达方法

实际生产中，机件的形状多种多样，有的机件内形复杂、外形简单，有的机件内、外形都比较复杂，为了使图样能够正确、完整、清晰地表达机件的内、外结构和形状，只用三个视图往往不能满足表达要求，因此国家标准《技术制图》中规定了一系列表达方法。本章主要介绍一些常用的表达方法。这些表达方法，是每位工程技术人员都要共同遵守的规则。

6.1　视　　图

根据制图的标准和相关规定，用正投影法所绘制出的物体图形，称为视图。它主要用来表达机件的外部结构和形状，一般只画出机件的可见部分，必要时才用虚线表达其不可见部分。视图分为基本视图、向视图、局部视图和斜视图四种，并按国家标准 GB/T 4458.1—2002 的规定画图和读图。

6.1.1　基本视图

基本视图是机件向基本投影面投射所得的视图。如图 6－1 所示，在原有三个投影面的基础上再增加三个投影面构成一个正六面体。正六面体的六个面为六个基本投影面。将机件置于六面体中间，分别向六个投影面作正投影，得到机件的六个基本视图。除第 3 章介绍的三个基本视图（主视图、俯视图、左视图）外，新增加的三个基本视图是：

右视图——从右向左投射所得的视图；

仰视图——从下向上投射所得的视图；

后视图——从后向前投射所得的视图。

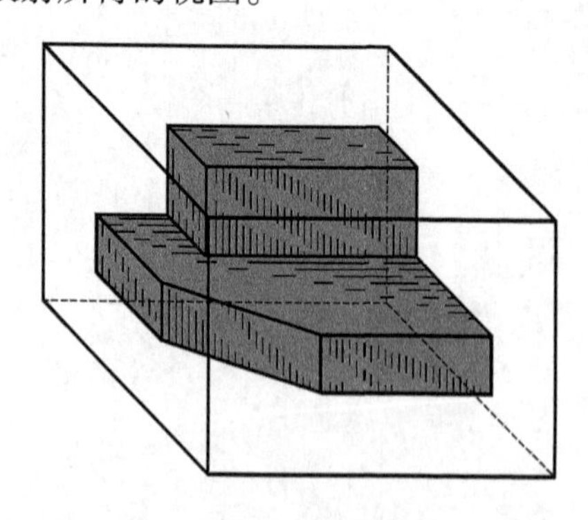

图 6－1　六个基本投影面

按图 6－2 所示的方法将六个基本投影面展开，展开后的六个基本视图的配置和度量、方位对应关系见图 6－3。

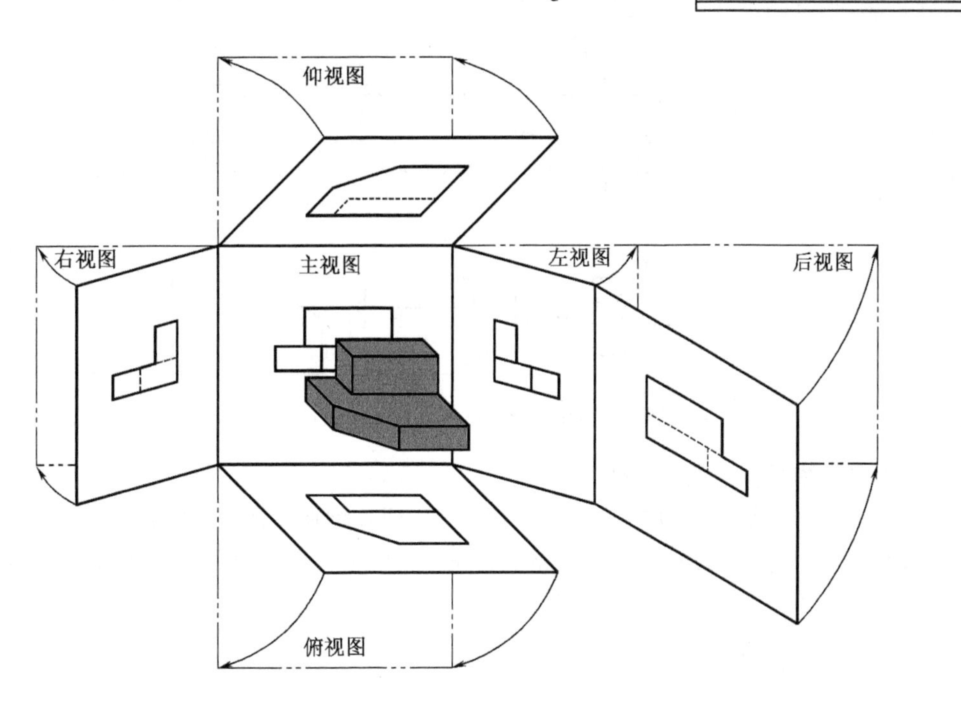

图 6-2　六个基本投影面的展开

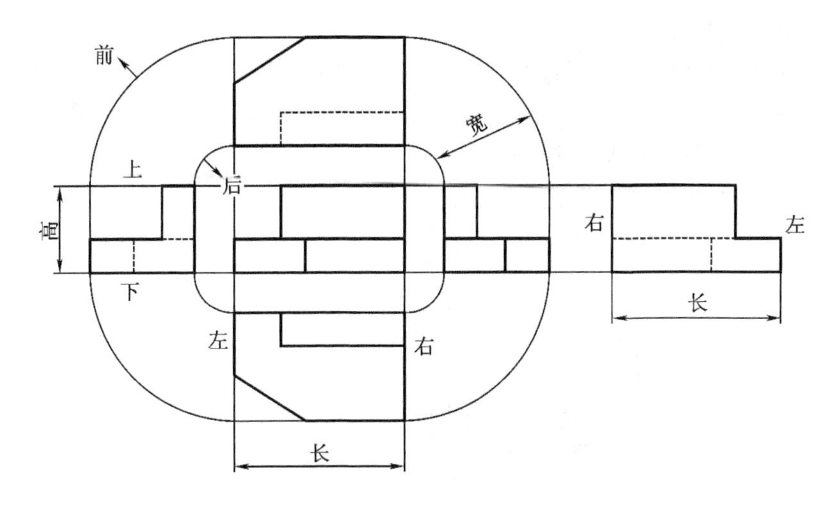

图 6-3　六个基本视图的配置和度量、方位对应关系

6.1.2　向视图

向视图是可以自由配置的视图。在同一张图纸上，基本视图按图 6-3 所示的位置配置时，一律不标注视图的名称。但在实际绘图过程中，为了合理地利用图纸，可以自由地配置视图（图 6-4），这种可自由配置的视图称为向视图。

1. 向视图的标注

如图 6-4 所示，在向视图的上方标注大写拉丁字母，在相应的视图附近用箭头指明投射方向，并标注相同的字母。

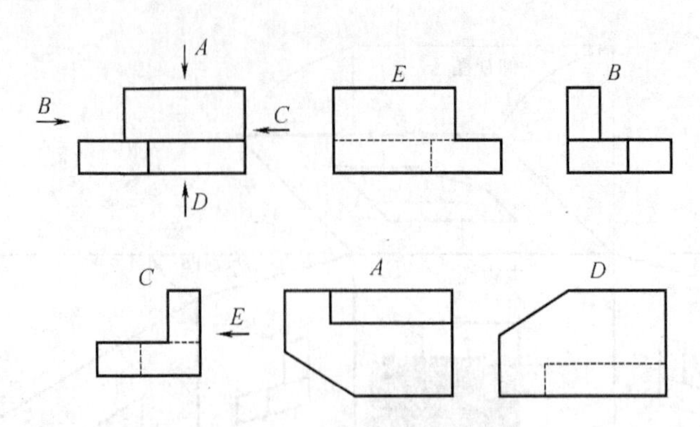

图 6-4　向视图及其标注

2. 画向视图时应注意的问题

(1)向视图是基本视图的一种表达形式,其主要差别在于视图的配置。

(2)表示投射方向的箭头应尽可能配置在主视图上。只是表示后视图投射方向的箭头才配置在其他视图上。

6.1.3　局部视图

局部视图是将物体的某一部分向基本投影面投射所得的视图。

1. 局部视图的表达形式

(1)局部视图的断裂边界通常用波浪线或双折线表示,如图 6-5*A* 向局部视图。

(2)当所表示的机件的局部结构是完整的,且外形轮廓又是封闭状态时,可省略波浪线或双折线,如图 6-5 的 *B* 向局部视图。

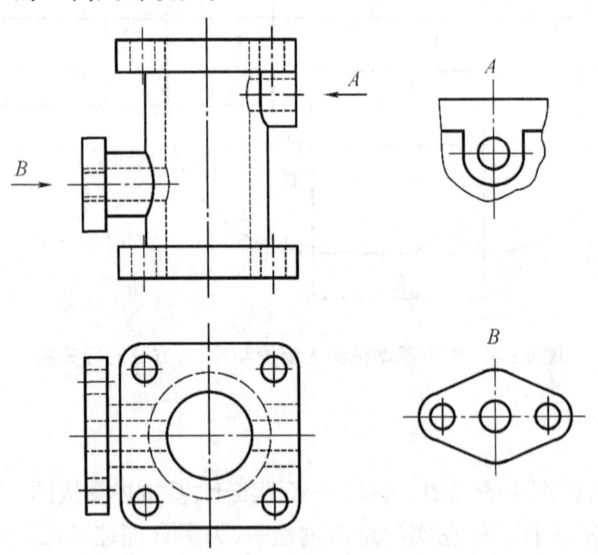

图 6-5　局部视图

2. 局部视图的配置与标注

(1)可按基本视图的配置方式配置,如图 6-5*B* 的左俯视图,这时可省略标注。

(2)可按向视图的配置方式配置并标注,如图 6-5 的 *A* 所示。

6.1.4　斜视图

斜视图是物体向不平行于基本投影面的平面投射所得的视图。

如图6-6所示,当机件上某部分的结构不平行于任何基本投影面,在基本视图上不能反映该部分的实形时,可选一个新的辅助投影面,使它与机件上倾斜部分的主要平面平行,并且垂直于一个基本投影面,然后将机件的倾斜部分向该辅助投影面投射,就可获得反映倾斜部分实形的视图,即斜视图。

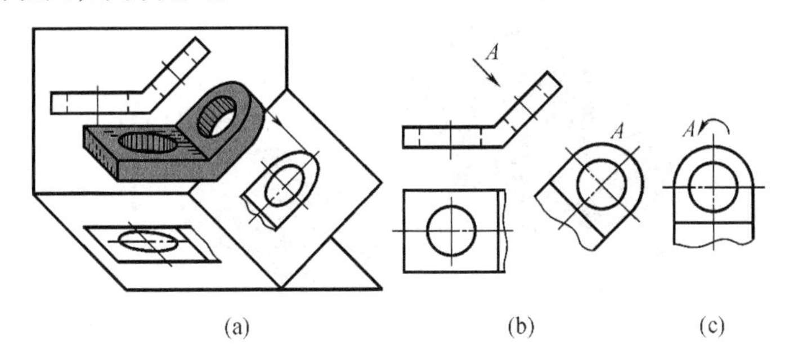

图6-6　斜视图

画斜视图时应注意的问题:

①斜视图通常按投射方向配置并标注,如图6-6(b)的斜视图A。

必要时可将斜视图旋转配置并标注,如图6-6(c)。表示视图名称的字母应靠近旋转符号的箭头端,也允许将旋转角度值标注在字母后。旋转符号的方向应与实际旋转方向相一致。

②斜视图的断裂边界用波浪线或双折线表示,如图6-6(c)所示。

6.2　剖　视　图

如图6-7所示,当机件的内部结构比较复杂时,在视图中就会出现许多虚线,这些线与其他图线重叠往往会影响图形的清晰,给读图和标注尺寸带来不便。为了清晰地表达机件的内部结构,常采用剖视的画法。

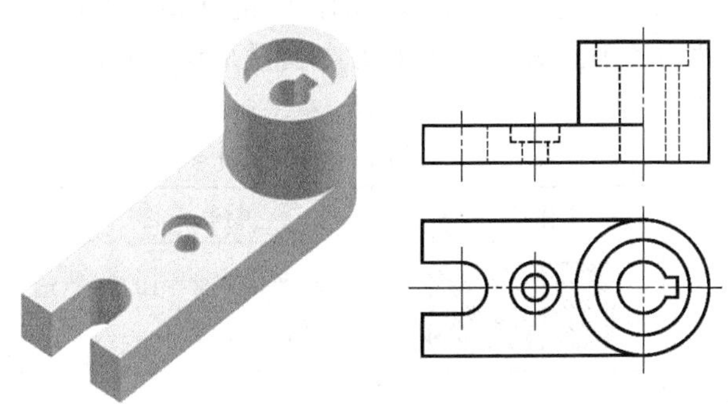

图6-7　未剖开的机件

6.2.1 剖视图的概念

1. 什么是剖视图

如图 6－8 所示，假想用一剖切平面剖开机件，将处在观察者和剖切面之间的部分移去，而将其余部分向投影面投射并在剖面区域内画上剖面符号，所得到的图形叫作剖视图，简称剖视。

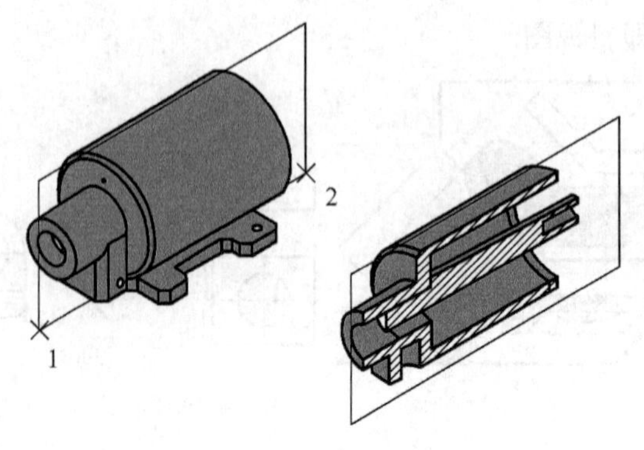

图 6－8 剖视图的形成及画法

2. 画剖视图的步骤

(1)确定剖切面的位置

一般用平面作剖切面(也可用柱面)。为了能够清楚地表达机件内部结构的真实形状，避免剖切后产生不完整的结构要素，剖切平面通常平行于投影面，且通过机件内部孔、槽的轴线或对称面。

(2)想象剖切后的情况

想象清楚剖切后哪部分移走了，哪部分留下了，剩余部分与剖切面接触部分(剖面区域)的形状，剖切面后面的结构还有哪些是可见的？画图时要把剖面区域和剖切面后面的可见轮廓线画全。

(3)在剖面区域内画上剖面符号

剖面符号一般与机件的材料有关(见表 6－1)。当不需在剖面区域中表示材料的类别时，可采用通用的剖面线表示。通用的剖面线应以细实线绘制，通常与图形的主要轮廓线或剖面区域的对称线成 45°，如图 6－9 所示。剖面线的间距视剖面区域的大小而异，一般取 2～4 mm。同一零件的各个剖面区域，剖面线的画法应该一致。

表 6－1 常用材料的剖面符号

材料名称	剖面符号	材料名称	剖面符号
金属材料 通用剖面符号		玻璃及供观察用的其他透明材料	
塑料、橡胶、油毡等非金属材料(已有规定剖面符号者除外)		基础周围的泥土	

表 6 - 1(续)

材料名称	剖面符号	材料名称	剖面符号
型砂、填砂、砂轮、粉末冶金、陶瓷刀片、硬质合金刀片等		混凝土	
线圈绕组元件		钢筋混凝土	
转子、电枢、变压器、和电抗器等的迭钢片		砖	
木质胶合板(不分层数)		格网(筛网、过滤网等)	
木材　纵断面		液体	
木材　横断面			

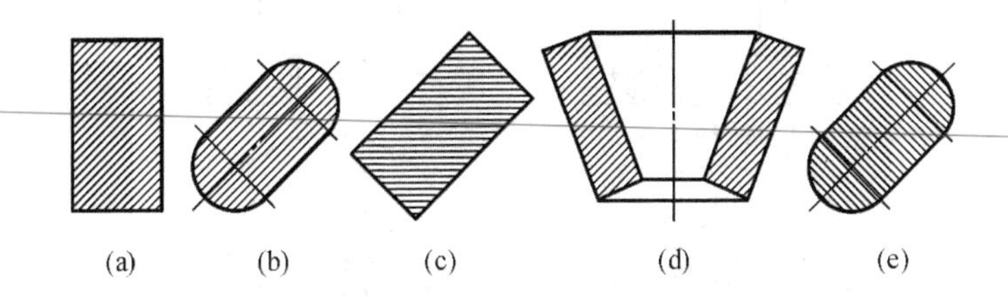

图 6 - 9　通用剖面线的画法

当画出的剖面线与图形的主要轮廓线或剖面区域的对称线平行时,可将剖面线画成与图形的主要轮廓线或剖面区域的对称线成 30°或 60°,但其倾斜方向应与其他视图上的剖面线的倾斜方向相同,如图 6 - 10 所示。

3. 剖视图的标注

标注的目的是为了看图方便。一般需标注下列内容(图 6 - 11):

(1)剖视图的名称

在剖视图上方标注剖视图的名称“ × - × ”(× 为大写拉丁字母)。

(2)剖切符号

在相应的剖视图上用剖切符号表示剖切面的起、止和转折位置及投射方向(箭头)并标注相同的字母。

(3)剖切线

表示剖切面位置的线(用细点画线表示),通常省略不画。

下列情况可省略标注:

(1)当剖视图按基本视图关系配置时,可省略箭头。

（2）当单一剖切面通过机件的对称平面或基本对称的平面，且剖视图按基本视图关系配置时，可不标注。

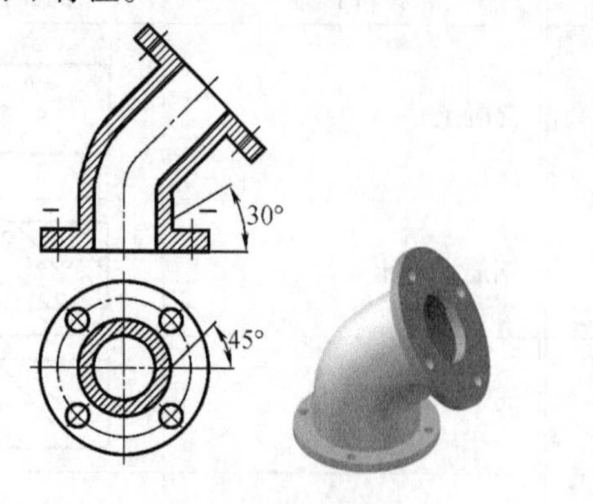

图 6－10　剖面线画法

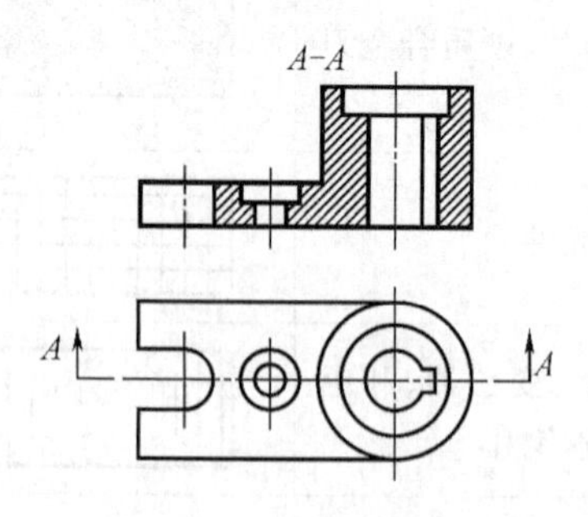

图 6－11　剖视图的标注

4. 画剖视图应注意的问题

（1）剖视图只是假想把机件剖开，因此除剖视图外，其他视图仍应按完整的机件画出。

（2）剖切面后面的可见部分应全部画出，不能遗漏（图 6－12）。

（3）对于剖视或视图上已表达清楚的结构形状，在剖视或其他视图上这部分结构的投影为虚线时，一般不再画出，如图 6－13 所示。但没有表示清楚的结构，允许画虚线，如图 6－14所示。

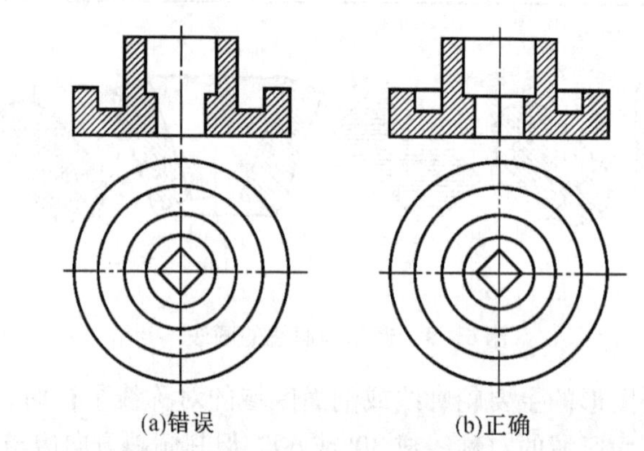

(a)错误　(b)正确

图 6－12　剖切面后面的可见部分应画出

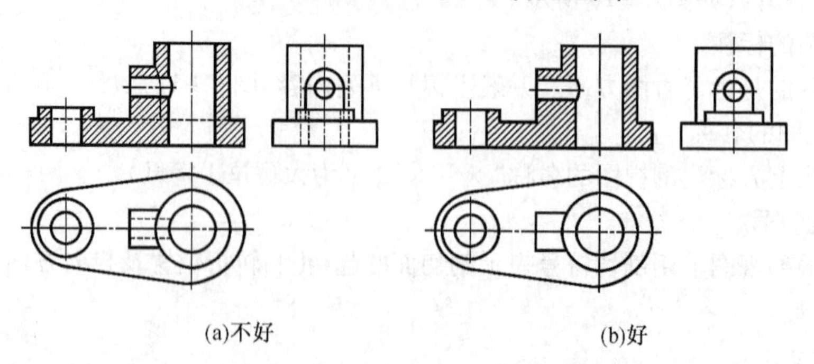

(a)不好　(b)好

图 6－13　剖视图中的虚线问题

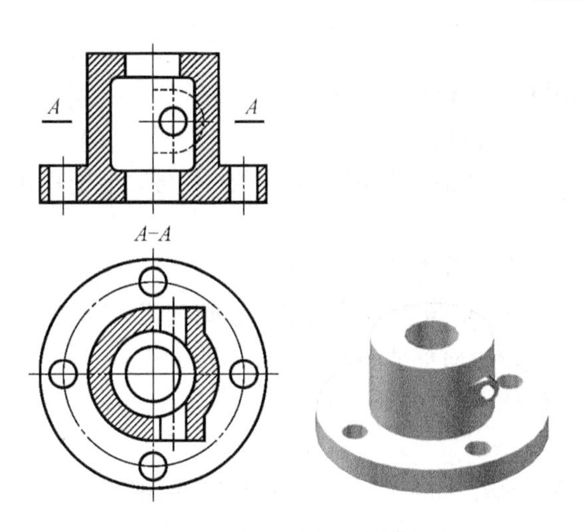

图 6－14　剖视图中的虚线问题

6.2.2　剖视图的种类及适用条件

按剖切范围的大小,剖视图分全剖视图、半剖视图、局部剖视图三类。

1. 全剖视图

用剖切面完全地剖开机件所得的剖视图,如图 6－11、图 6－13(b)所示。适用范围:全剖视图适用于内形比较复杂的不对称机件或外形比较简单的对称机件。

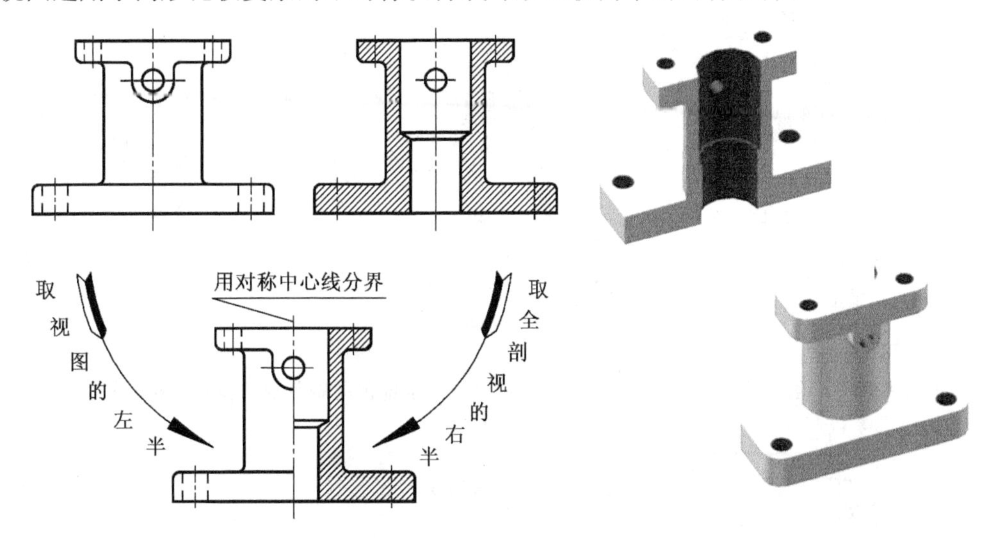

图 6－15　半剖视图的形成

2. 半剖视图

当机件具有对称平面时,在垂直于对称平面的投影面上的投影可以对称中心线为界,一半画成剖视,一半画成视图。这样得到的图形叫作半剖视图,如图 6－15、图 6－16 所示。

(1)适用范围

半剖视图用于内、外形状都需要表达的对称机件(图 6－16)。当机件的形状接近于对称,且不对称部分已另有图形表达清楚时,也可画成半剖视(图 6－17)。

(2)标注方法

半剖视图的标注规则与全剖视图相同。

(3)画半剖视图应注意的问题

①在半个剖视图上已表达清楚的内部结构,在不剖的半个视图上,表示该部分结构的虚线不画。

②半个剖视与半个视图的分界线为点画线。

(4)半剖视图中剖视部分的位置通常按以下原则配置

①主视图和左视图中位于对称线右侧(图 6-17)。

②俯视图中位于对称线下方(图 6-16)。

3. 局部剖视图

用剖切面局部地剖开机件所得的剖视图叫作局部剖视图(图 6-18)。

局部剖视图存在一个被剖部分与未剖部分的分界线,这个分界线用波浪线表示(图 6-18)。为了计算机绘图方便,也可采用双折线表示(图 6-19)。

(1)适用范围

局部剖视是一种比较灵活的表达方法,不受图形是否对称的限制,剖在什么位置和剖切范围多大可视需要决定。一般用于下列几种情况:

①当机件只有局部内形需要剖切表示,而又不宜采用全剖视时(图 6-18)。

②当不对称机件的内、外形都需要表达时(图 6-20)。

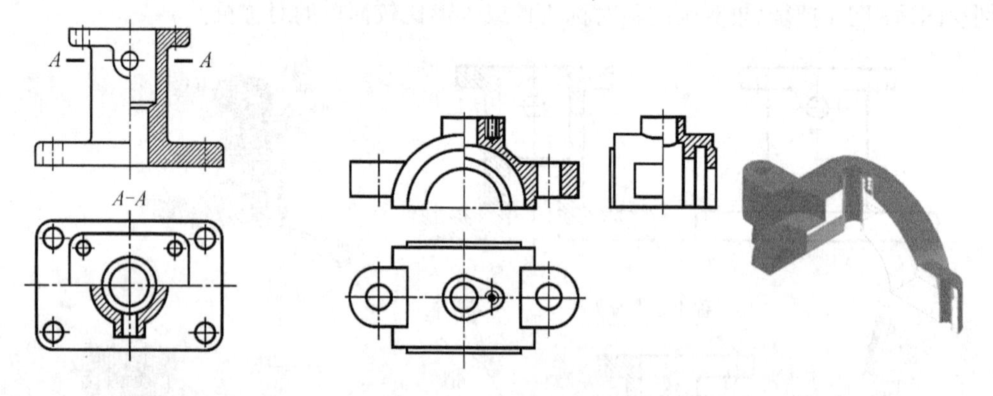

图 6-16　半剖视图　　**图 6-17　用半剖视图表示形状基本对称的机件**

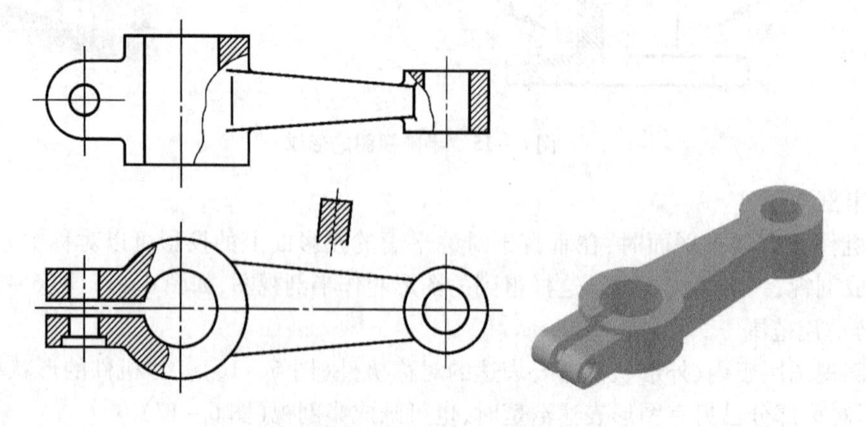

图 6-18　局部剖视图

③当实心件如轴、杆、手柄等上的孔、槽等内部结构需剖开表达时(图 6-21)。

④当对称机件的轮廓线与中心线重合,不宜采用半剖视时(图 6-22)。

(2)标注方法

对于剖切位置比较明显的局部结构,一般不用标注,如图 6-18 至图 6-22 所示。剖切位置不够明显时,则应进行标注。

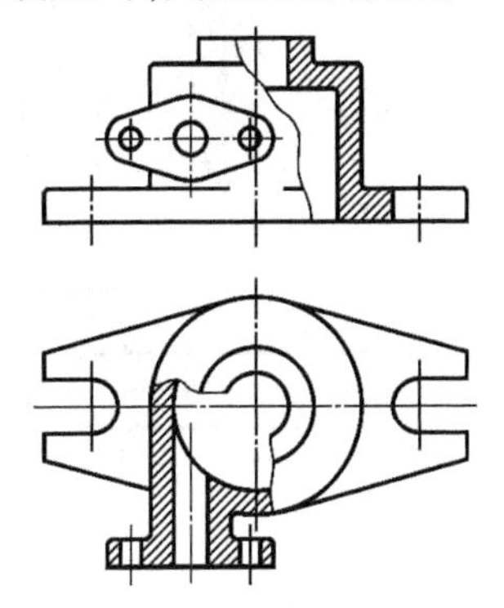

图 6-19 局部剖的分界线

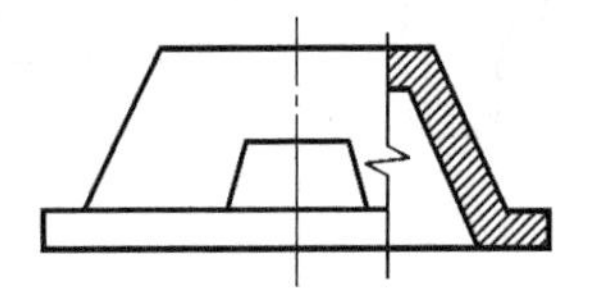

图 6-20 局部剖表示不对称的机件

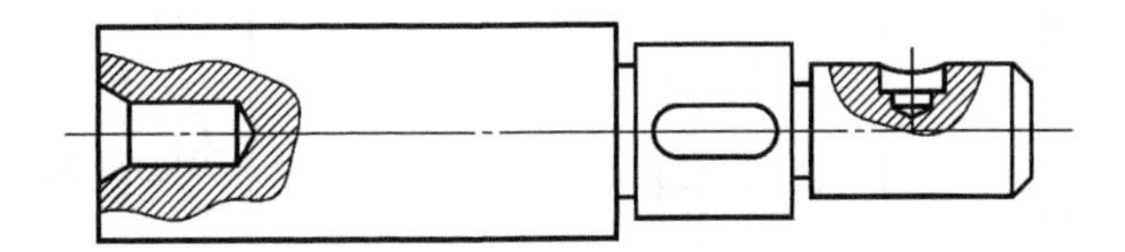

图 6-21 局部剖视表达实心件上的孔或槽

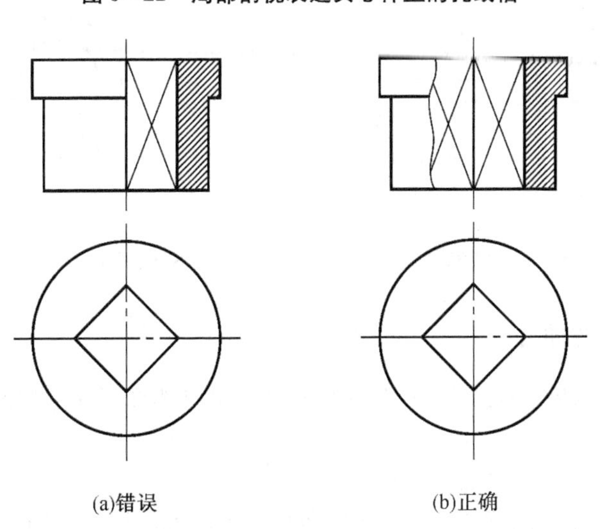

图 6-22 局部剖表示的对称机件

(3)画局部剖视图应注意的问题

①表示剖切范围的波浪线或双折线不能与图形上其他图线重合,如图 6-23 所示。

当被剖切结构为回转体时,允许将该结构的中心线作为局部剖视与视图的分界线,图 6-24所示。

②如遇孔、槽,波浪线不能穿空而过,也不能超出视图的轮廓线(图 6-25(a))。当用双折线表示局部剖视和视图的分界线时,则没有此限制,且双折线应超出视图的轮廓线(图

6－26）。

③在同一个视图上，采用局部剖的数量不宜过多。以免使图形支离破碎，影响图形清晰。

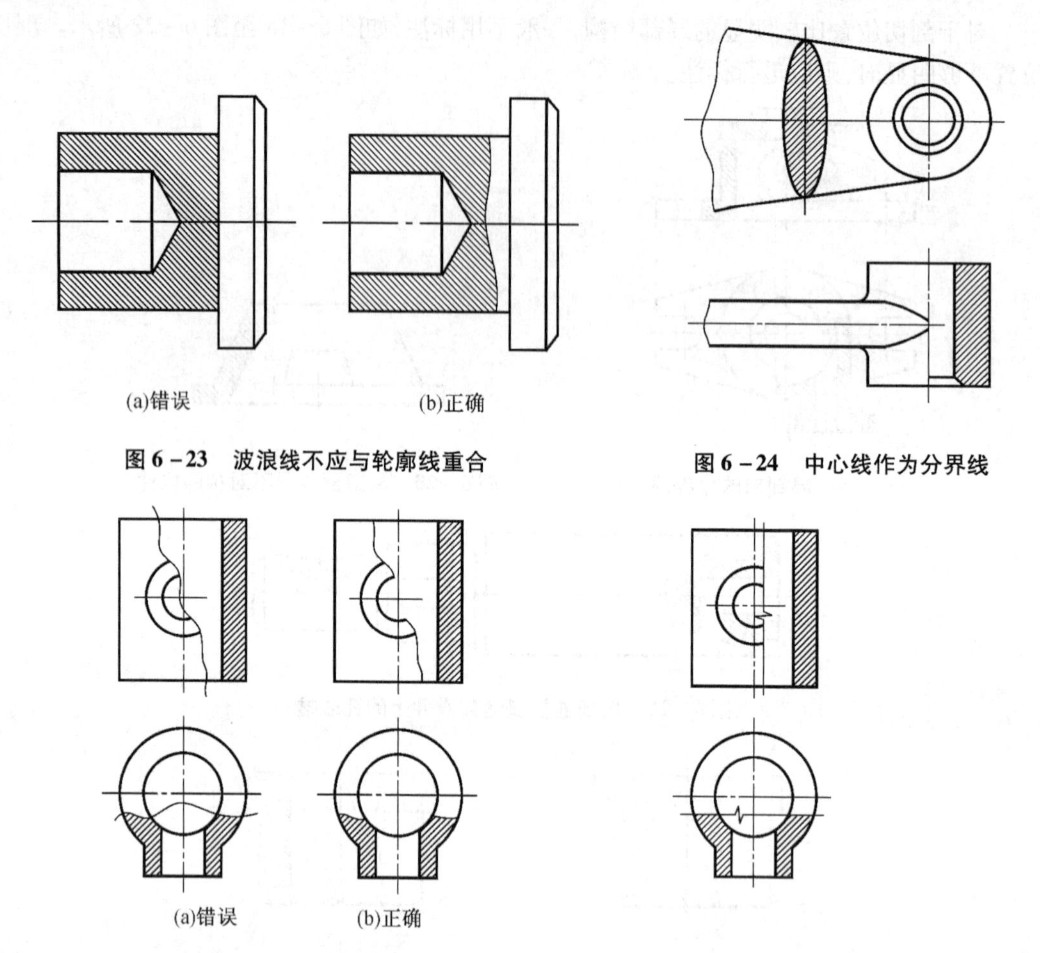

图6－23　波浪线不应与轮廓线重合

图6－24　中心线作为分界线

图6－25　波浪线的画法

图6－26　双折线的画法

6.2.3　剖切面的种类

根据机件结构的特点，GB/T 17452—1998 规定可以选择下面三种剖切面剖开机件。

1. 单一剖切平面

（1）平行于某一基本投影面的剖切平面

在前面介绍的各种剖视图例中，所选用的剖切平面都是这种剖切平面。

（2）不平行于任何基本投影面的剖切平面

如图6－27（a）所示，当机件上倾斜部分的内部结构，在基本视图上不能反映实形时可以用一个与倾斜部分的主要平面平行且垂直于某一基本投影面的平面剖切，再投射到与剖切平面平行的投影面上，即可得到该部分内部结构的实形，如图6－27（b）中的A—A剖视图。这种剖视称为斜剖视。

所得剖视图一般放置在箭头所指方向，并与基本视图保持对应的投影关系，也可放置在其他位置（图6－27（c））。必要时允许旋转，但要在剖视图的上方指明旋转方向并标注字母(图 6－27(d)),也可以将旋转角度值标注在字母之后。

2. 一组相互平行的剖切平面

如图 6－28 所示,当机件上的孔、槽的轴线或对称面位于几个相互平行的平面上时可以用几个与基本投影面平行的剖切平面切开机件,再向基本投影面进行投射。这种剖视称为阶梯剖视。

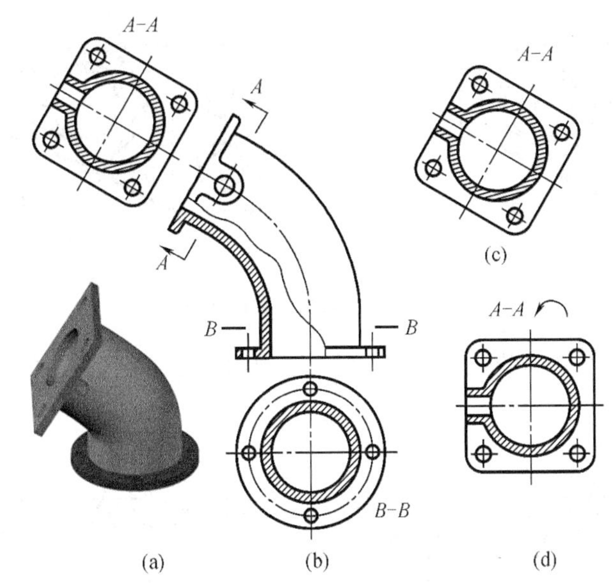

图 6－27　用不平行任何基本投影面的单一剖切面剖切

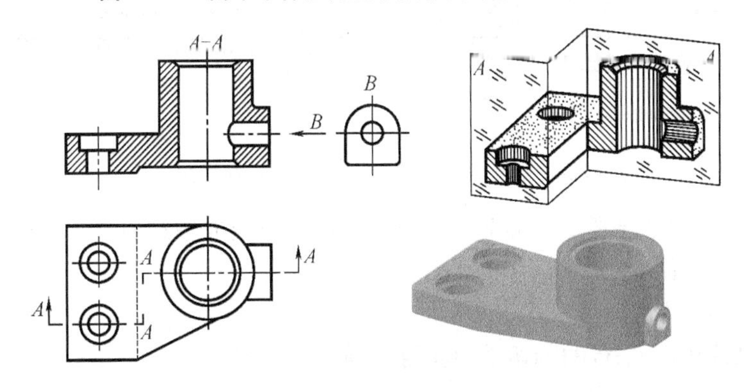

图 6－28　用一组相互平行的剖切平面剖切

(1)标注方法

如图 6－28 所示,在剖切平面的起始和转折处用相同的字母标出,各剖切平面的转折处必须是直角。在剖视图上方注出名称“×－×”。

(2)画图时应注意的问题

①在剖视图上不要画出两个剖切平面转折处的投影(图 6－29(a)中的主视图)。

②剖切符号的转折处不应与图上的轮廓线重合(图 6－29(b)中的俯视图)。

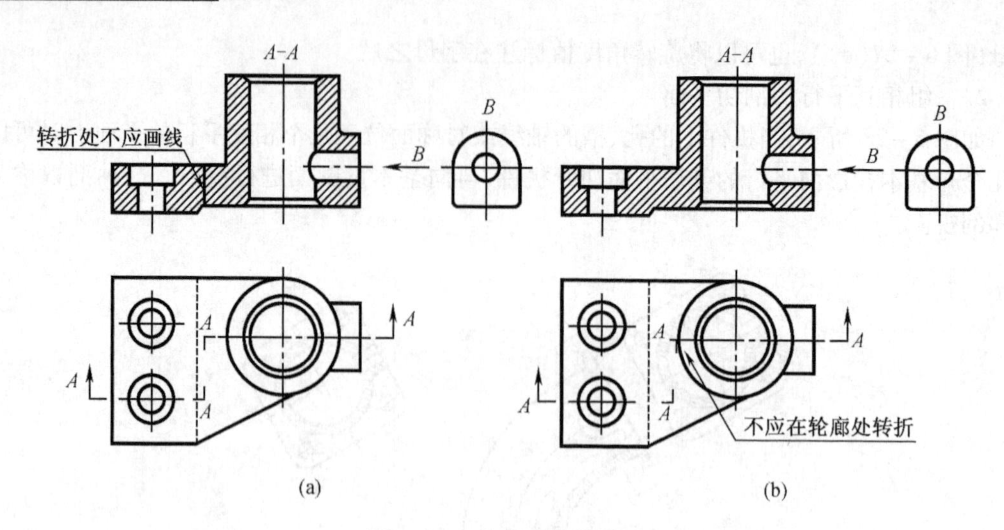

图 6－29　容易出现的错误

③要正确选择剖切平面的位置,在剖视图上不应出现不完整要素(图 6－30)。

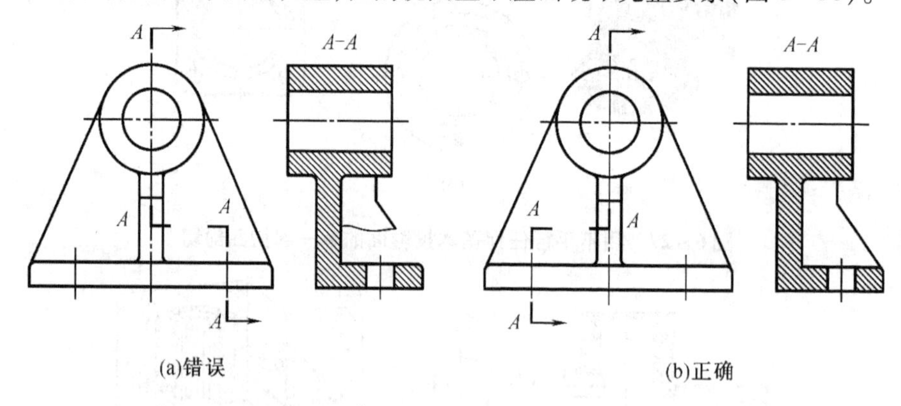

图 6－30　剖视图中不应出现不完整要素

④当机件上的两个要素在图形上具有公共对称中心线或轴线时,可以以对称中心线或轴线为界各画一半(图 6－31)。

(3)应用示例

图 6－32 是用两个平行的剖切平面获得的局部剖视图。

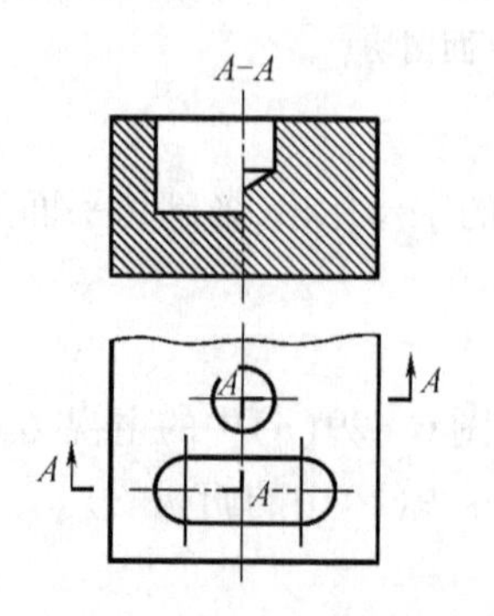

图 6－31　具有对称中心线的画法

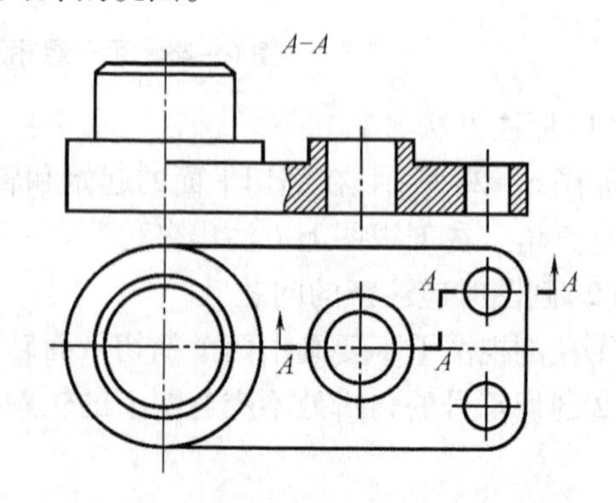

图 6－32　平行的剖切平面的局部剖视图

3. 几个相交的剖切平面(交线垂直于某一投影面)

如图6－33所示,当机件的内部结构形状用一个剖切平面不能表达完全,而机件又具有回转轴时,可以采用两个相交的剖切平面剖开机件,并将与投影面不平行的那个剖切平面剖开的结构及其有关部分旋转到与投影面平行再进行投射。这种剖视称为旋转剖视。

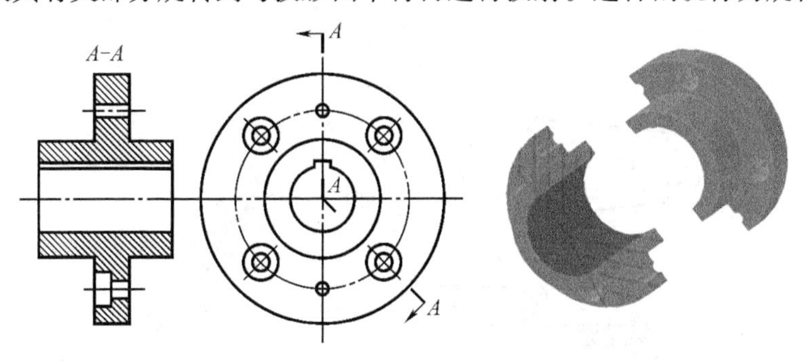

图6－33　用两相交的剖切平面剖切

(1)标注方法

在剖切面的起始、转折和终止处画上剖切符号,并标注大写的拉丁字母,在剖视图上方注出剖视名称"×－×"。

(2)画图时应注意的问题

①几个相交的剖切平面的交线必须垂直于投影面,通常为基本投影面。

②应该按"先剖切后旋转"的方法绘制剖视图(图6－34)。

③位于剖切平面后且与所表达的结构关系不甚密切的结构,或一起旋转容易引起误解的结构(如图6－35中的油孔),一般仍按原来的位置投射。

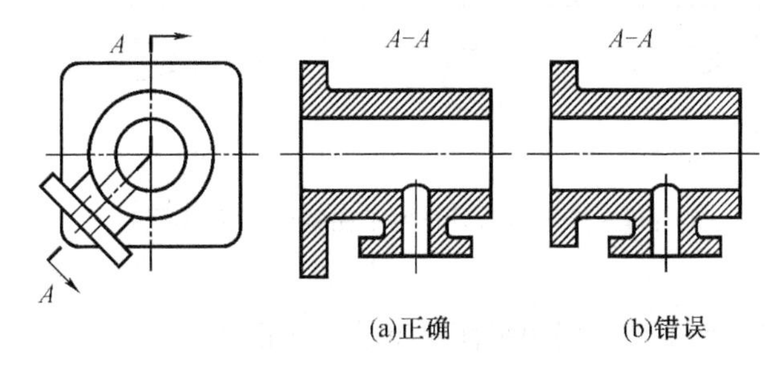

图6－34　先剖切后旋转

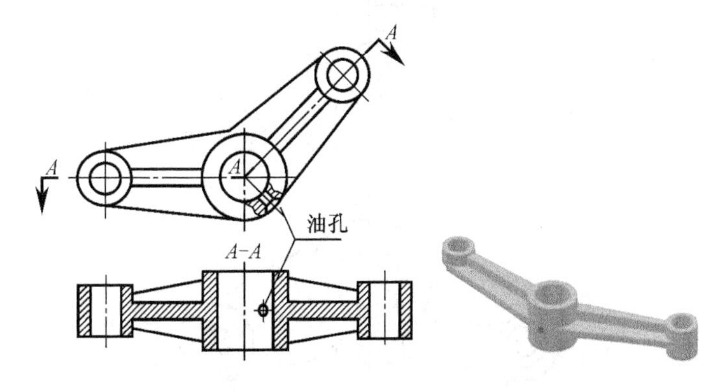

图6－35　剖切平面局部结构按原位置投射

④位于剖切平面后,但与被切结构有直接联系且密切相关的结构,或不一起旋转难以表达的结构(如图6-36中的螺孔),“应先旋转后投射”。

⑤当剖切后产生不完整要素时,该部分应按不剖绘制(图6-37)。

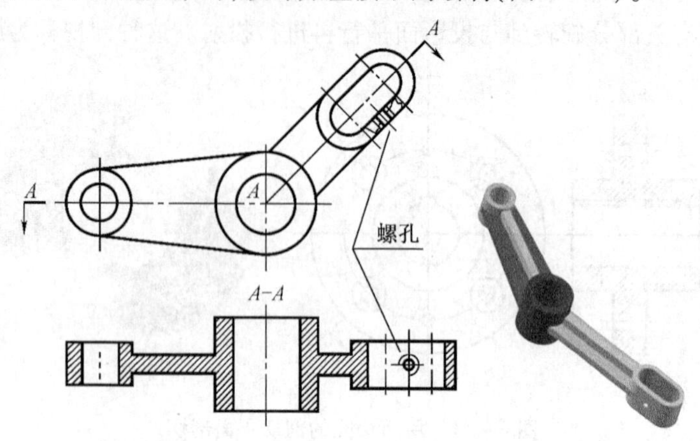

图6-36　剖切平面后的结构先旋转后投射

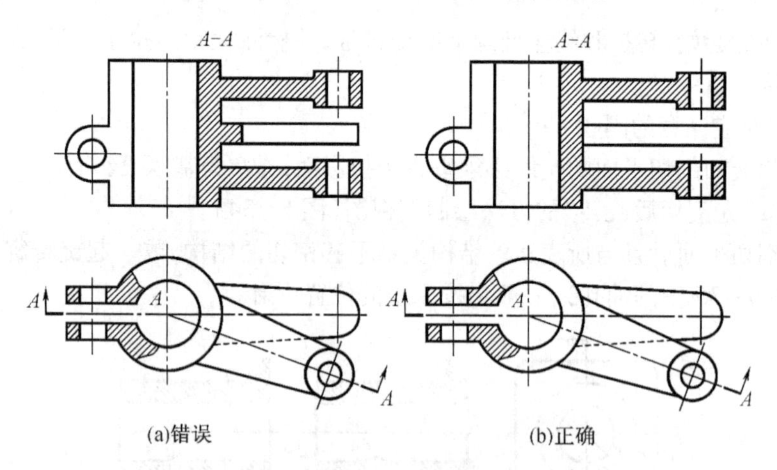

图6-37　剖切后产生不完整要素时的画法

(3)应用示例

图6-38是采用两个相交的剖切平面获得的半剖视图。

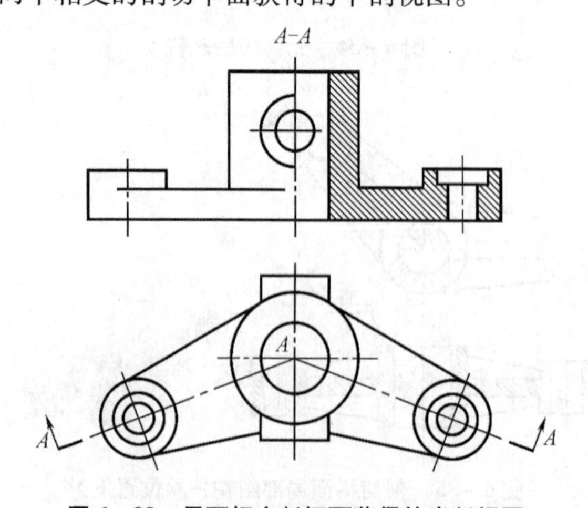

图6-38　用两相交剖切面获得的半剖视图

6.3　断　面　图

6.3.1　断面图的概念

假想用剖切平面将机件的某处切断,只画出剖切面与机件接触部分(剖面区域)的图形叫作断面图,如图6-39所示。

按断面图配置位置的不同,断面图分为移出断面图和重合断面图两种。

6.3.2　移出断面图

画在视图外面的断面图称为移出断面图。

1. 移出断面图的画法

移出断面图的轮廓线用粗实线绘制。一般只画出断面的形状,如图6-39所示。

画移出断面图时应注意以下几点:

(1)当剖切面通过回转面形成的孔或凹坑的轴线时,这些结构应按剖视图绘制,如图6-40、图6-41所示。

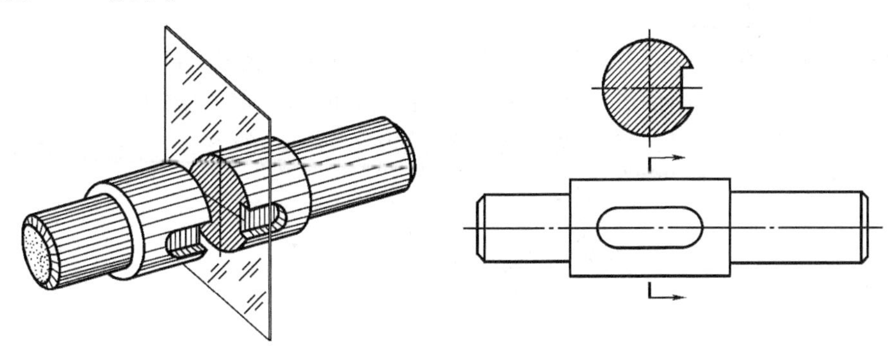

图6-39　断面图

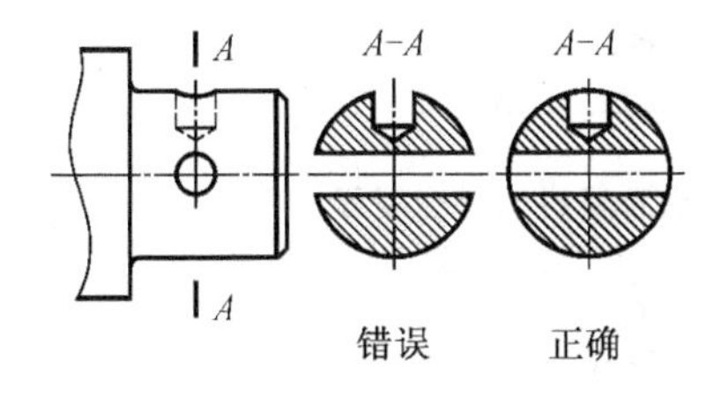

图6-40　移出断面画法

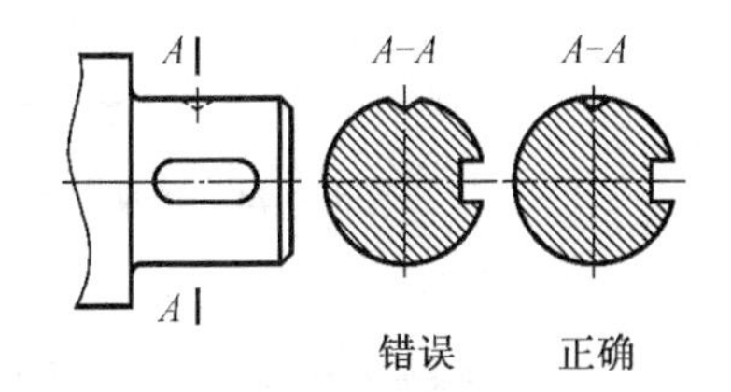

图6-41　移出断面画法

(2)当剖切面通过非圆孔会导致完全分离的两个断面时,这些结构应按剖视图绘制,如图6-42所示。

(3)当移出断面图画在视图中断处时,视图应用波浪线(或双折线)断开,如图6-43所示。

(4)用两个或多个相交的剖切平面剖切获得的移出断面图,中间一般应断开,如图6-44所示。

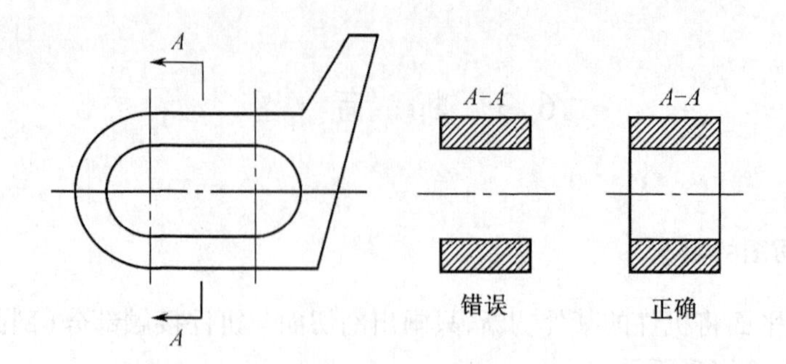

图 6 – 42　移出断面画法

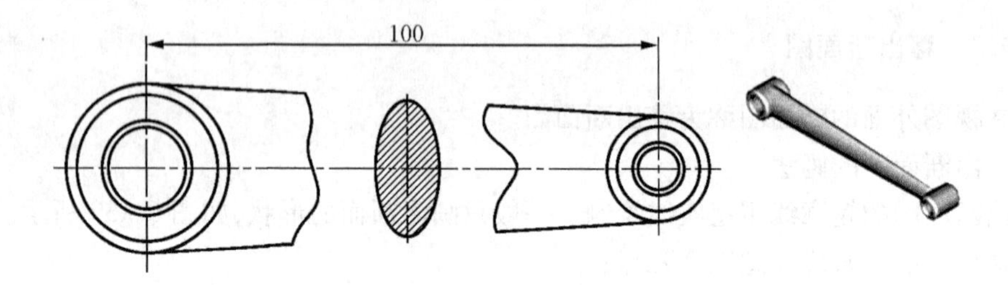

图 6 – 43　移出断面画法

2. 移出断面图的配置

(1)移出断面图可以配置在剖切线的延长线上(图 6 – 39、图 6 – 44)。

(1)必要时可将移出断面图配置在其他适当位置,如图 6 – 45 中的 $A-A$ 移出断面图。

(2)在不致引起误解时,允许将断面图旋转,如图 6 – 45 中的 $B-B$,$C-C$ 移出断面图。

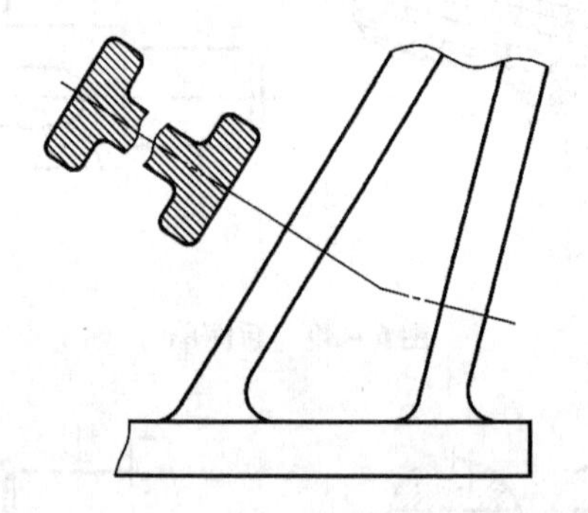

图 6 – 44　用两个相交的剖切平面获得的移出断面

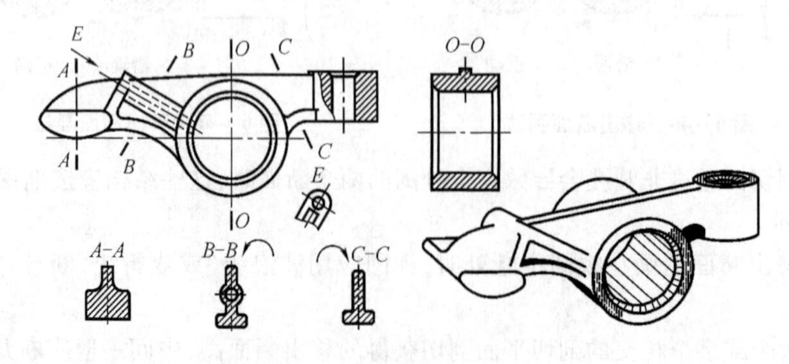

图 6 – 45　各种移出断面

3. 移出断面图的标注

一般应标注剖切线、剖切符号和字母(名称)。

(1)配置在剖切线延长线上的不对称的移出断面图,可省略字母(图 6－39)。按投影关系配置的不对称的移出断面图,可省略箭头(图 6－41)。

(2)配置在剖切线的延长线上的对称的移出断面图,可省略标注(图 6－44)。配置在其他位置的对称的移出断面图,可省略箭头(图 6－45 中的 *A*－*A* 断面图)。

6.3.3　重合断面图

画在视图内的断面图叫作重合断面图,如图 6－46 所示。

1. 重合断面图的轮廓线用细实线绘制。当视图中的轮廓线与重合断面图的图形重合时,视图中的轮廓线仍应连续画出,不可间断(见图 6－46、图 6－48)。

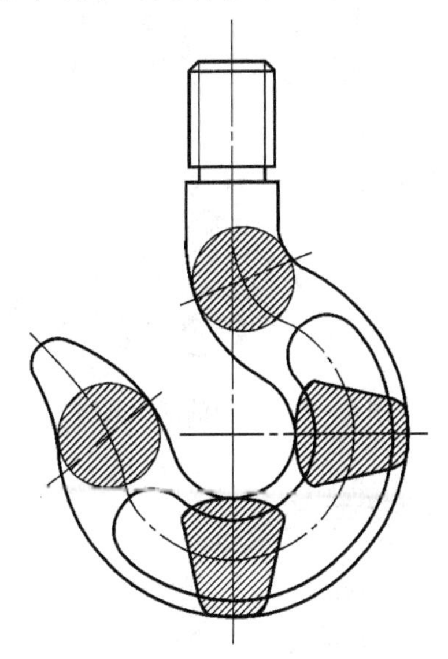

图 6－46　重合断面图

2. 重合断面图的标注

(1)对称的重合断面图可不标注(图 6－47)。

(2)不对称的重合断面图可省略字母(图 6－48)。

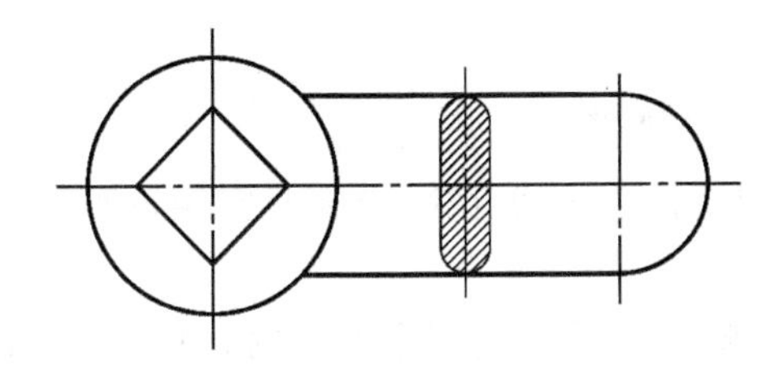

图 6－47　对称的重合断面图

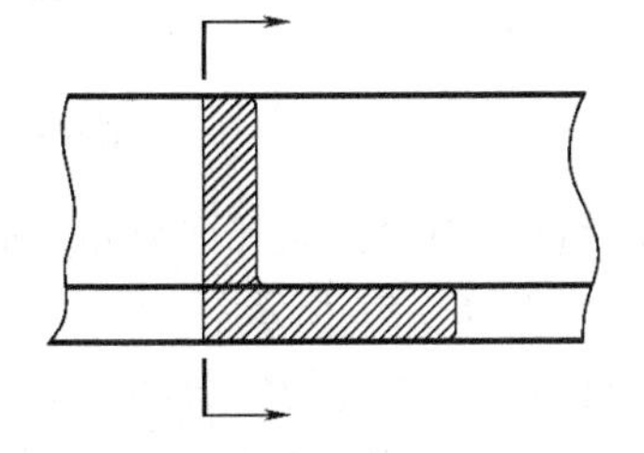

图 6－48　不对称的重合断面图

6.4 规定画法和简化画法

(1)对于机件上的肋、轮辐等,当剖切平面通过肋板厚度的对称平面或轮辐的轴线时,这些结构都不画剖面符号,而是用粗实线将它与其邻接部分分开,如图 6-49 和图 6-50 所示。

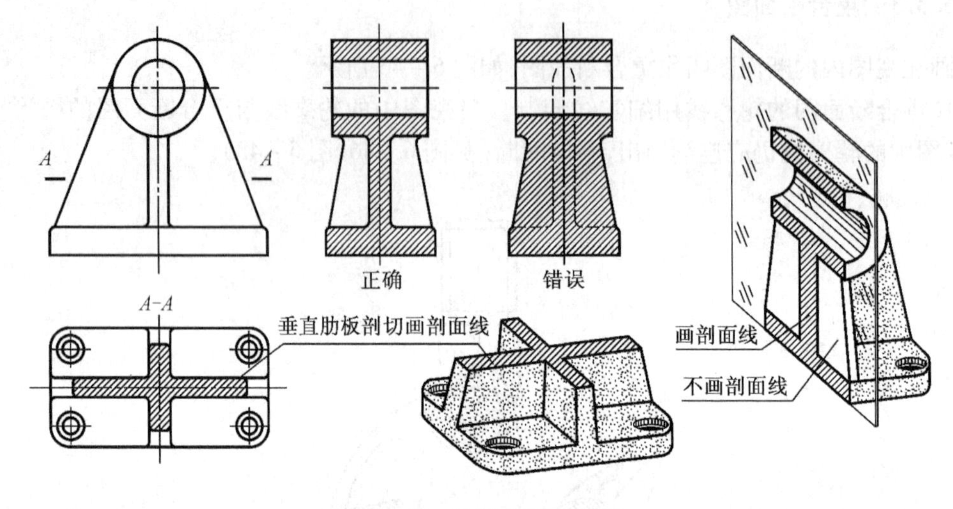

图 6-49 肋板的剖切画法

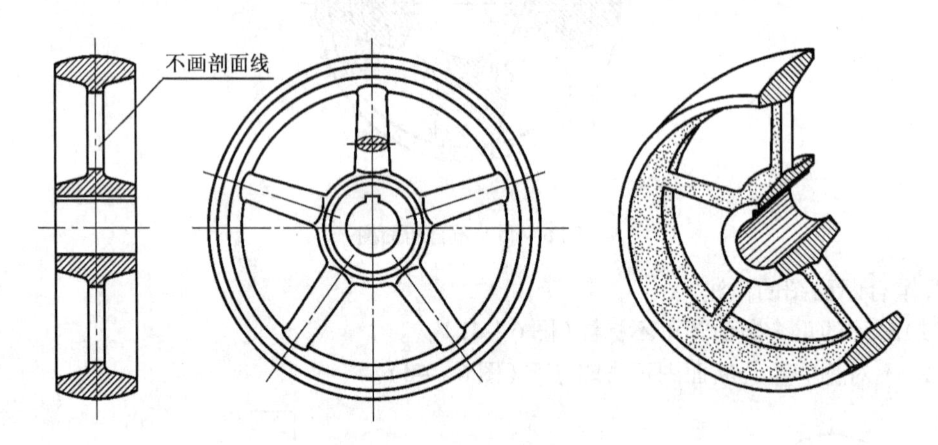

图 6-50 轮辐的剖切画法

(2)若干直径相同且成规律分布的孔,可以仅画出一个或几个,其余只需用点画线表示其中心位置,如图 6-51 所示。

(3)当回转体机件上均匀分布的孔、肋板、轮辐等不处于剖切平面上时,可将这些结构旋转到剖切平面上画出,如图 6-50、图 6-51 所示。

(4)在不致引起误解时,对称机件的视图可只画一半或四分之一,并在对称中心线的两端画出两条与其垂直的平行细实线,如图 6-52 所示。

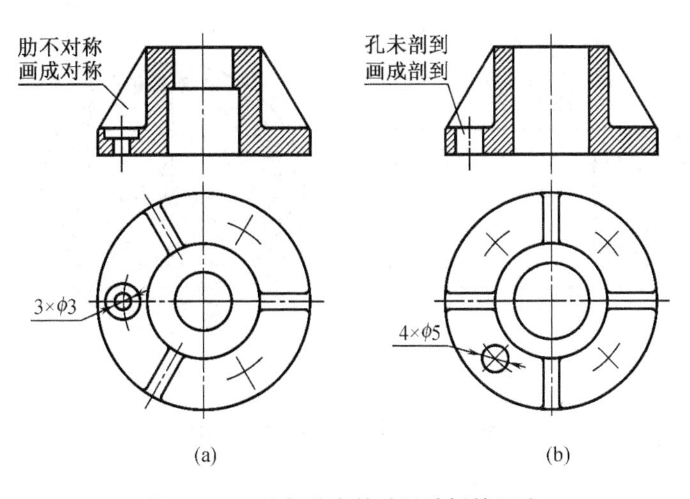

图 6－51　均匀分布的孔及肋板的画法

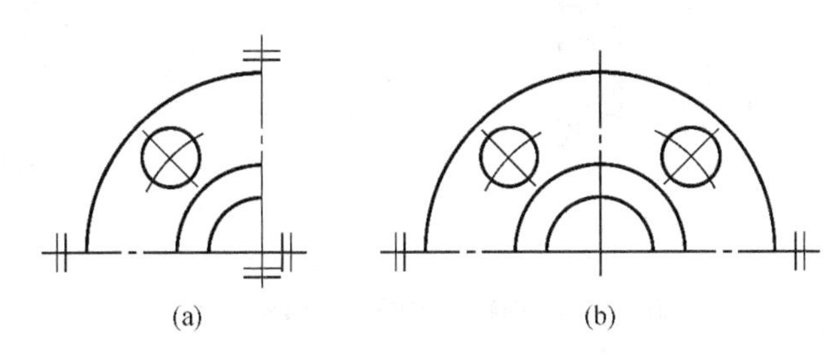

图 6－52　对称机件的画法

(5)对于一些较长的机件(轴、杆类),当沿其长度方向的形状相同且按一定规律变化时,允许断开画出,但标注尺寸时仍标注其实际长度,如图 6－53 所示。

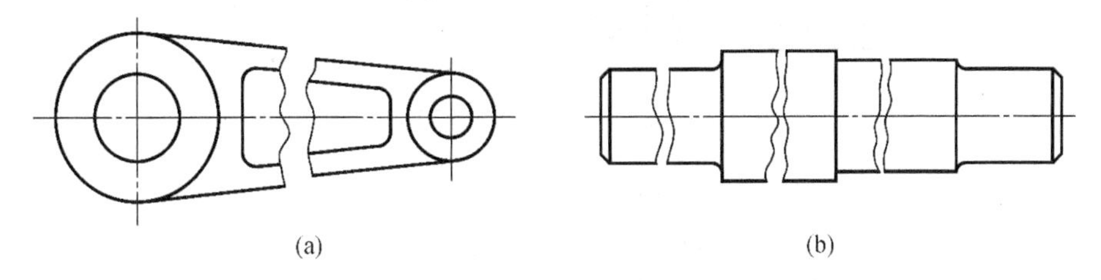

图 6－53　断开画法

(6)当机件上具有若干相同的结构要素(如孔、槽)并按一定规律分布时,只需画出几个完整的结构要素,其余的可用细实线连接或只画出它们的中心位置。但图中必须注明结构要素的总数,如图 6－54 所示。

(7)当回转体零件上的平面在图形中不能充分表达时,可用两条相交的细实线表示,如图 6－55 所示。

(8)圆柱体上因钻小孔、铣键槽等出现的交线允许省略,如图 6－56 所示。但必须有一个视图已清楚地表示了孔、槽的形状。

(9)当机件上的局部细小结构,用图样的比例表达不清楚或难于标注尺寸时,可以将这些结构用大于原图的比例画出,将这种图形称作局部放大图,如图 6－57 所示。

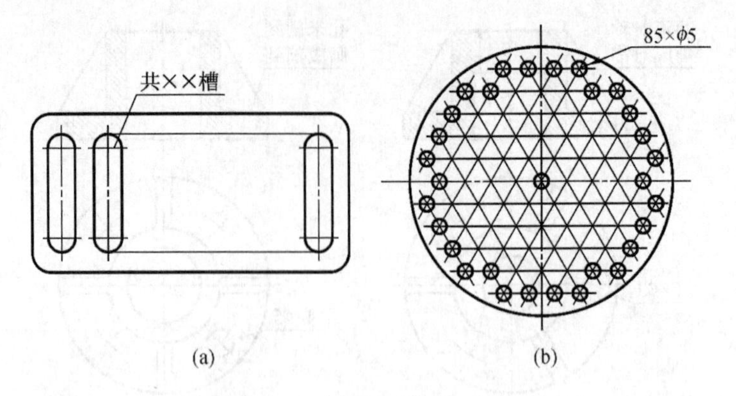

图6-54　相同结构要素的画法

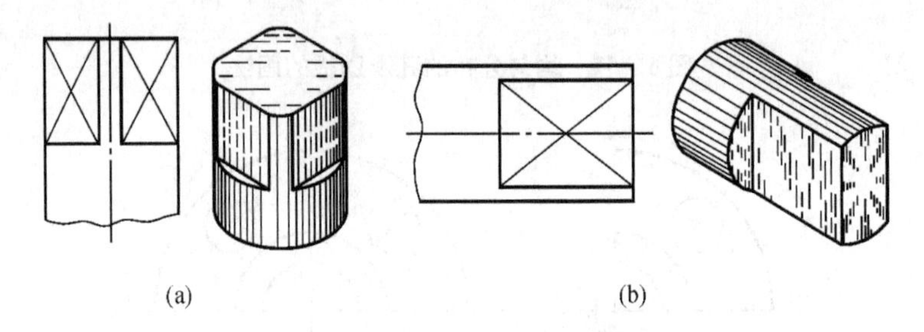

图6-55　回转体上的平面的表示法

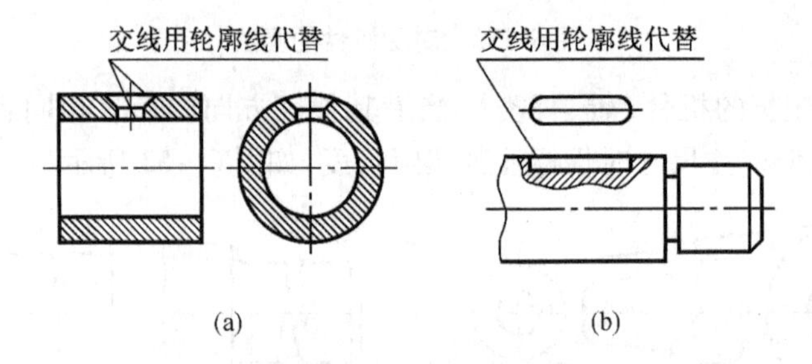

图6-56　省略交线

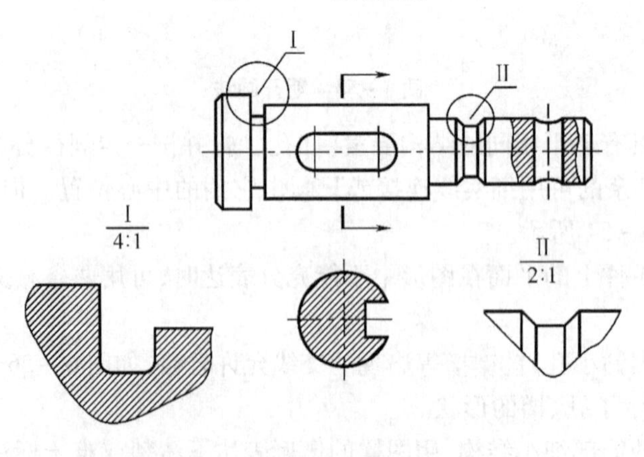

图6-57　局部放大画法

6.5　第三角投影法简介

6.5.1　第三角投影法

相互垂直的两个投影面 V 和 H 将空间分成四个分角，将物体置于第三分角内，并使投影面处于观察者与物体之间而得到正投影的方法叫作第三角投影法（图 6－58）。美国等其他一些国家采用这种方法。

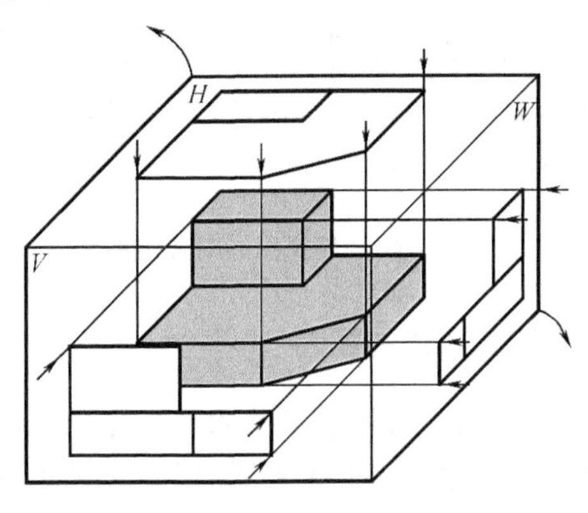

图 6－58　第三角投影法

6.5.2　三面视图的形成

如图 6－58 所示：由前向后投射，在 V 面上所得的视图叫作前视图；
由上向下投射，在 H 面上所得的视图叫作顶视图；
由右向左投射，在 W 面上所得的视图叫作右视图。

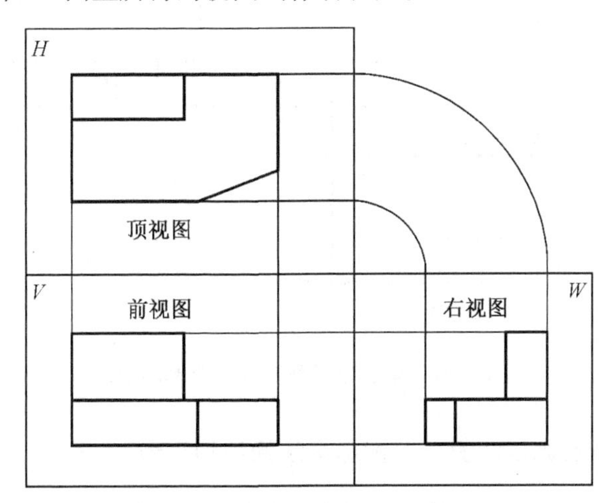

图 6－59　第三角投影法的三视图

使三个投影面展开成一个平面，规定 V 面不动，H 面绕它与 V 面的交线向上翻转 90°，W 面绕它与 V 面的交线向右翻转 90°，即得到图 6－59 所示的三面视图。三视图之间的度量及方位对应关系如图 6－60 所示。

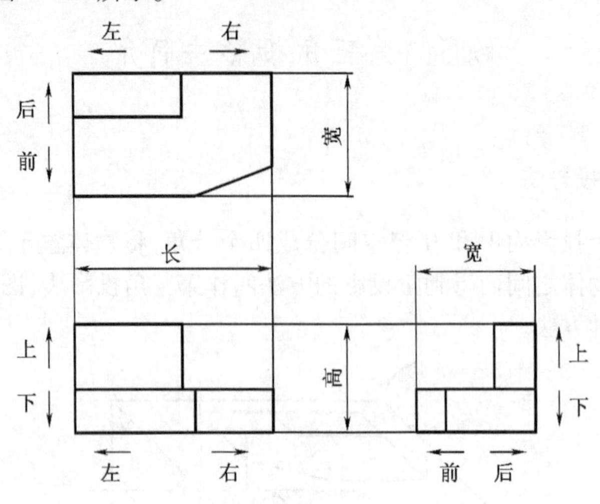

图 6－60 三视图的对应关系

6.5.3 第三角投影法中六面视图的配置

假设将物体置于透明的玻璃盒中，将盒子的六个面作为投影面，按第三角投影法向各个投影面作正投影，再把各投影面展开到与 V 面重合的一个平面上，即可得到如图 6－61 所示的六个基本视图。除上述三个视图外，新增加的三个视图为左视图、底视图和后视图。

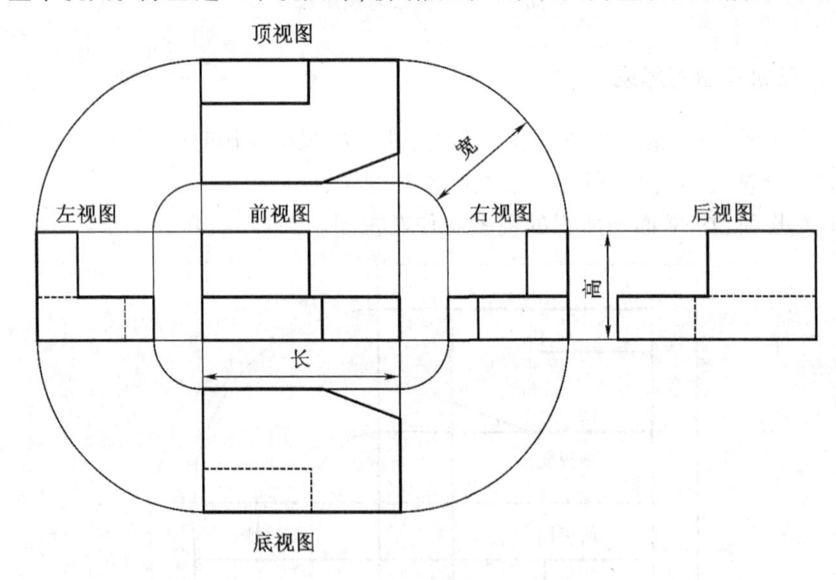

图 6－61 第三角投影法的六个基本视图

6.5.4 第三角投影画法和第一角投影画法的识别符号

为了区别第三角画法与第一角画法，国家标准规定了相应的识别符号，如图 6－62 所示。该符号一般标在图纸标题栏的上方或左方（采用第三角画法时，必须在图样上标出其识别符号；采用第一角画法时，必要时也应在图样上标出其识别符号）。

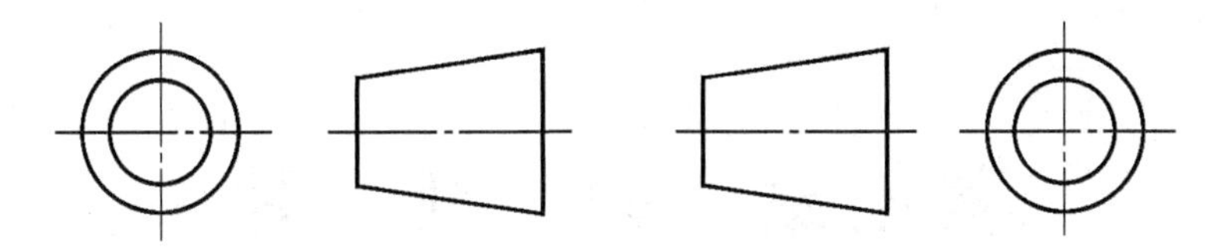

(a)第三角画法符号　　(b)第一角画法符号

图 6－62　第三角和第一角画法识别符号

第七章　轴　测　图

物体的正投影图能够完整、准确地表达物体的形状和大小，具有作图简便，度量性好等优点，因此在工程实践中得到广泛应用，但正投影图立体感较差，不易想象出特体的实际形状。轴测图是一种同时反映物体长、宽、高三个方向尺寸的单面投影图，这种图形富有立体感，直观性好，并可沿坐标轴方向按比例进行度量，但作图较复杂，因此在工程序中常被用做辅助图样。

7.1　轴测图的基本知识

7.1.1　轴测图的形成

轴测图是用平行投影法将物体连同确定其空间位置的直角坐标系沿不平行于任一坐标面的方向投射在单一投影面(轴测投影面)上所得到的具有立体感的图形。

用正投影法形成的轴测图形称为正轴测图，见图 7-1(a)。用斜投影法形成的轴测图称为斜轴测图，见图 7-1(b)。

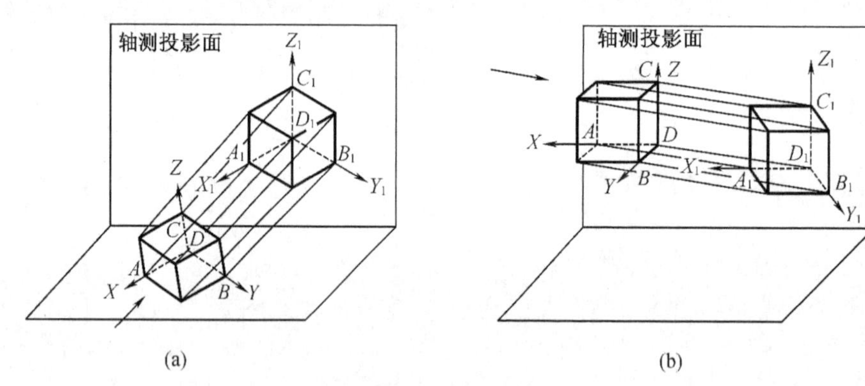

图 7-1　轴测图的形成

7.1.2　轴测轴、轴间角及轴向伸缩系数

1. 轴测轴

如果我们将空间直角坐标系的坐标轴 OX, OY, OZ 固定连接在物体上，那么在形成轴测图的过程中，三个坐标轴在轴测投影面上的投影 O_1X_1, O_1Y_1, O_1Z_1 则称为轴测轴。

2. 轴间角

每两个轴测轴间的夹角叫轴间角。

3. 轴向伸缩系数

与空间直角坐标轴平行的线段投射到轴测投影面上时，其投影长度往往会发生变化，

因此用轴向伸缩系数来衡量它们长度的变化情况。三个轴向伸缩系数的定义如下(参看图7－1):

OX 轴的轴向伸缩系数　　$p = O_1A_1/OA$

OY 轴的轴向伸缩系数　　$q = O_1B_1/OB$

OZ 轴的轴向伸缩系数　　$r = O_1C_1/OC$

4. 平行性规律

由于轴测图是用平行投影法形成的,因此物体上相互平行的线,在轴测图上也相互平行。

根据直线间的平行性规律,凡是物体上与坐标轴平行的线段,它们在轴测图上也一定与相应的轴测轴平行,并且其轴向伸缩系数也与相应轴的轴向伸缩系数相同。这样,画轴测图时,凡是与坐标轴平行的直线段,就可以沿着轴向进行作图和测量。所谓“轴测”就是指“沿轴测量”的意思。

7.1.3　轴测图的分类

按照投射方向与轴向伸缩系数的不同,轴测图可按图7－2所示分类。为了作图方便,常采用正等轴测图和斜二轴测图。

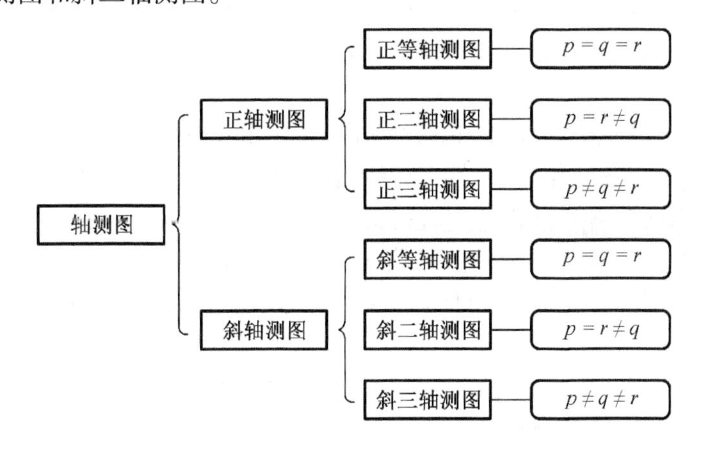

图7－2　轴测图的分类

7.2　正等轴测图

7.2.1　轴间角与轴向伸缩系数

正等轴测图的空间直角坐标系的三个投影轴与轴测投影面的倾角都是35°16′,三个轴间角同为120°。而三个轴测轴的轴向伸缩系数 $p_1 = q_1 = r_1 = \cos35°16' \approx 0.82$。为了作图方便,将轴向伸缩系数简化为1,即 $p = q = r = 1$,见图7－3。

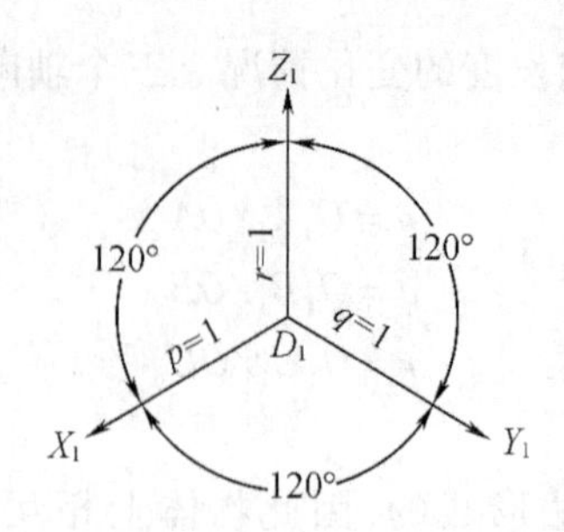

图 7-3　正等轴测图的轴间角和轴向伸缩系统

用简化轴向伸缩系数画出的轴测图比原轴测图沿轴向都放大了 1.22 倍。

7.2.2　正等轴测图的画法

绘制物体的轴测图常采用坐标法、切割法与组合法，其中坐标法是最基本的画法。

1. 坐标法

根据物体的特点，选定合适的坐标轴，然后按照物体上各顶点的坐标关系画出其轴测投影，并相连形成物体的轴测图的方法，称为坐标法。

[例 7-1]　已知六棱柱的两视图，用坐标法画六棱柱的正等轴测图。

解　(1)选定六棱柱顶面外接圆的圆心为坐标原点，建立如图 7-4(a)中所示的坐标轴方向。

(2)画轴测轴，并根据尺寸 D,S 在轴测轴上直接定出，Ⅰ$_1$，Ⅳ$_1$，A_1，B_1 四点。见图 7-4(b)。

(3)过 A_1，B_1 两点分别作 O_1X_1 的平行线，在线上定出 Ⅱ$_1$，Ⅲ$_1$ 和 Ⅴ$_1$，Ⅵ$_1$ 各点，依次连接各顶点即得顶面的轴测图，见图 7-4(c)。

(4)过顶点 Ⅵ$_1$，Ⅰ$_1$，Ⅱ$_1$，Ⅲ$_1$ 沿 Q_1 Z_1 轴的负方向向下画棱线，并在其上量取高度 H，依次连接得底面的轴测图，然后描深，见图 7-4(d)。在轴测图上，不可见的线一般不画出。

2. 切割法

切割式组合体，可以先画出它的完整形体的轴测图后，再按形体的形成过程逐一切去多余的部分而得到所求的轴测图。

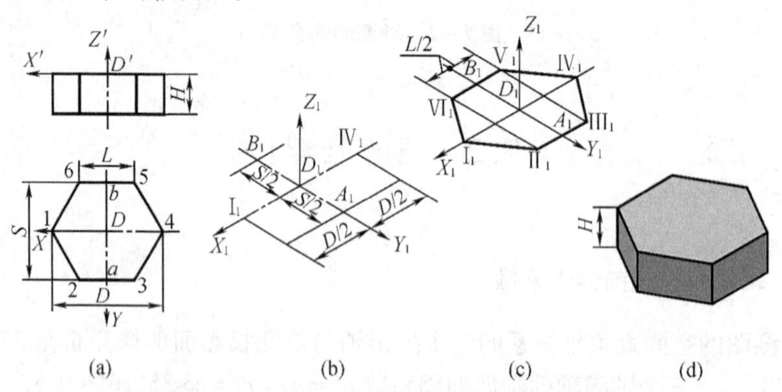

图 7-4　用坐标法作六棱柱的正等轴测图

[例 7-2]　用切割法作五棱柱的正等轴测图。

解　(1)将原形体补全成完整的长方体，并定出坐标原点与坐标轴，见图 7-5(a)。

(2)画轴测轴，并根据尺寸 L,B,H 画出长方体的轴测图，见图 7-5(b)。

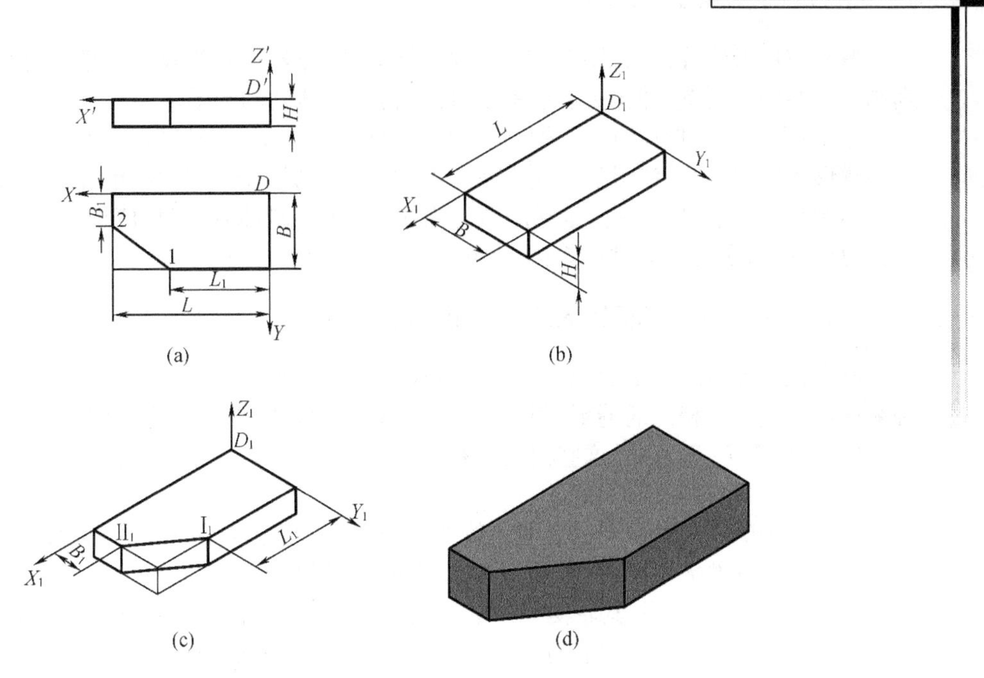

图 7－5　用切割法作五棱柱的正等轴测图

(3)在轴测图上定出 Ⅰ_1，Ⅱ_1 点，然后切去该角，见图 7－5(c)。

(4)擦去多余的线，并加深可见的部分，最后得到五棱柱的轴测图，见图 7－5(d)。

注意：在轴测图上作与轴测轴不平行的斜线时，应先定出其两个端点，再连接而成。

3. 组合法

组合法是运用形体分析的方法将物体分成几个简单的形体，然后按照各部分的位置关系分别画出它们的轴测图，并根据彼此表面的过渡关系组合起来而形成轴测图。

［**例** 7－3］　用组合法作图 7－6 所示物体的正等轴测图。

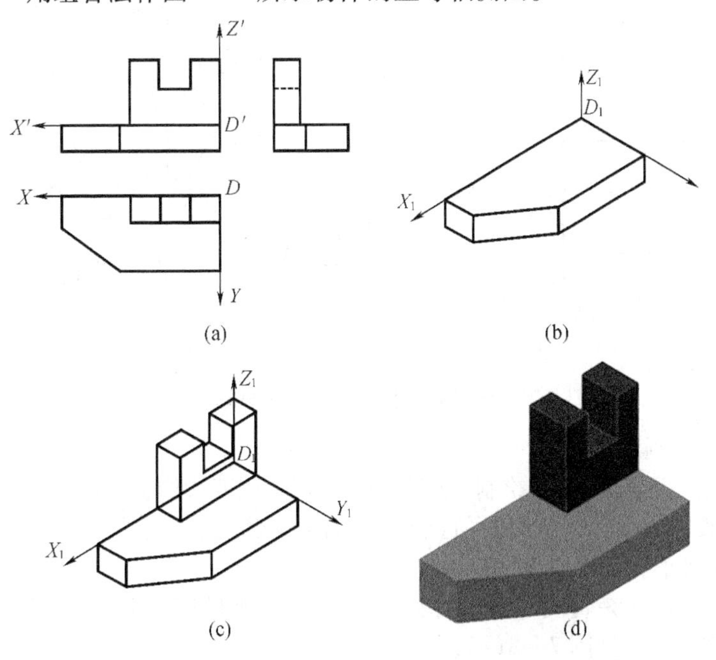

图 7－6　用组合法作物体的正等轴测图

解 按照形体分析法,图7-6所示的物体可以分解成两部分。按照它们的相对位置分别画出它们的轴测图,并擦去多余的线,即可得到物体的轴测图。

注意:在画一个形体时,必须以坐标法先定准其与前一个形体的相对位置。如在画上面的槽形板时,必须使该板后端面右下方的角点与下板上的角点 O_1 重合。

切割法与组合法都是从坐标法引伸出来的,在绘制轴测图时,应根据物体的形状特征选择使用,并力求使作图过程简化、准确。

7.2.3 平行于坐标面圆的正等轴测图的画法

假设在正方体的三个面上各有一个直径为 D 的内切圆,见图7-7(a),那么这三个面的轴测投影将是三个相同的菱形,而三个面上内切圆的正等轴测图应为内切于菱形的形状相同的椭圆,见图7-7(b)。这些椭圆具有以下特点:

1. 椭圆的长、短轴的方向

椭圆长轴的方向是菱形的长对角线的方向,短轴的方向是菱形的短对角线的方向。它们与轴测投影轴的关系是(此处保持 XOZ 平面与 V 面平行):

平行于 XOZ 面的圆:其轴测椭圆的长轴垂直于 O_1Y_1,轴,短轴平行于 O_1Y_1 轴。

平行于 YOZ 面的圆:其轴测椭圆的长轴垂直于 O_1X_1,轴,短轴平行于 O_1X_1 轴。

平行于 XOY 面的圆:其轴测椭圆的长轴垂直于 O_1Z_1,轴,短轴平行于 O_1Z_1,轴。

2. 椭圆长、短轴的大小

椭圆长轴的长度约为1.22D,短轴的长度约为0.7D。

3. 椭圆的共轭直径

在圆上过内切圆四个切点的直径,分别平行于相应的坐标轴,它们在轴测图中的投影仍然平行于相应的轴测轴,其长度仍然为 D,且为椭圆的一对共轭直径。

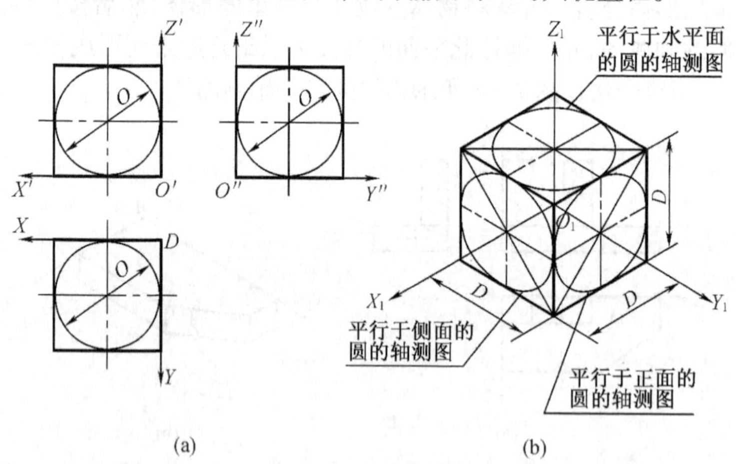

图7-7 平行于各坐标面的圆的正等轴测图的画法

4. 椭圆的近似画法

椭圆常采用“四心椭圆法”绘制,见图7-8。它是用四段圆弧光滑地连接起来近似地代替椭圆曲线。其画法步骤如下(以平行于 H 面的圆为例):

(1)画外切菱形,见图7-8(b)。

(2)连接 A_1 与 2_1,该直线与长轴的交点 D_1 为小圆弧的圆一心,连接 B_1 与 4_1 得到另一侧的小圆弧的圆心 C_1,见图7-8(c)。

(3)分别以 A_1,B_1 为圆心,以 A_12_1 为半径画圆弧;以 C_1,D_1,为圆心,以 C_11_1 为半径画圆

弧与大圆弧相切,见图 7 -8(d)。

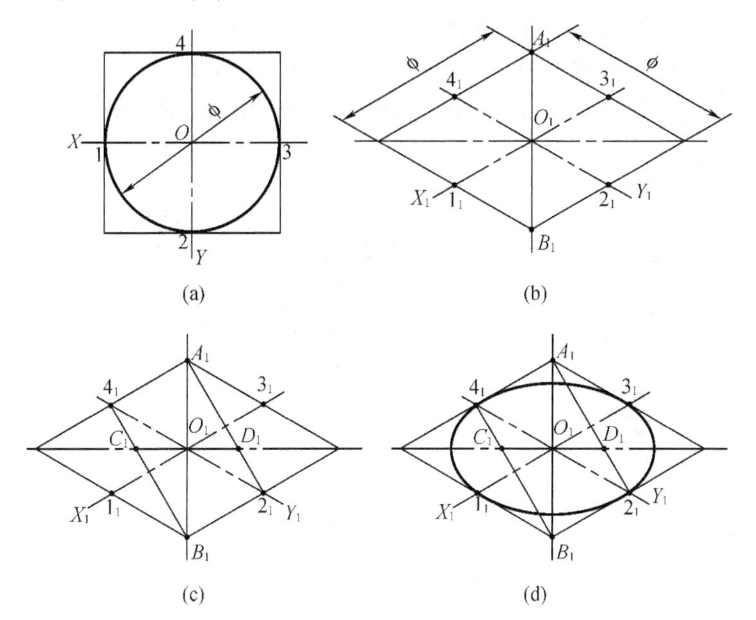

图 7 -8　四心椭圆法

[例 7 -4]　作圆柱的正等轴测图。

解　(1)选上底的圆心为坐标原点,如图 7 -9(a)画出坐标轴。

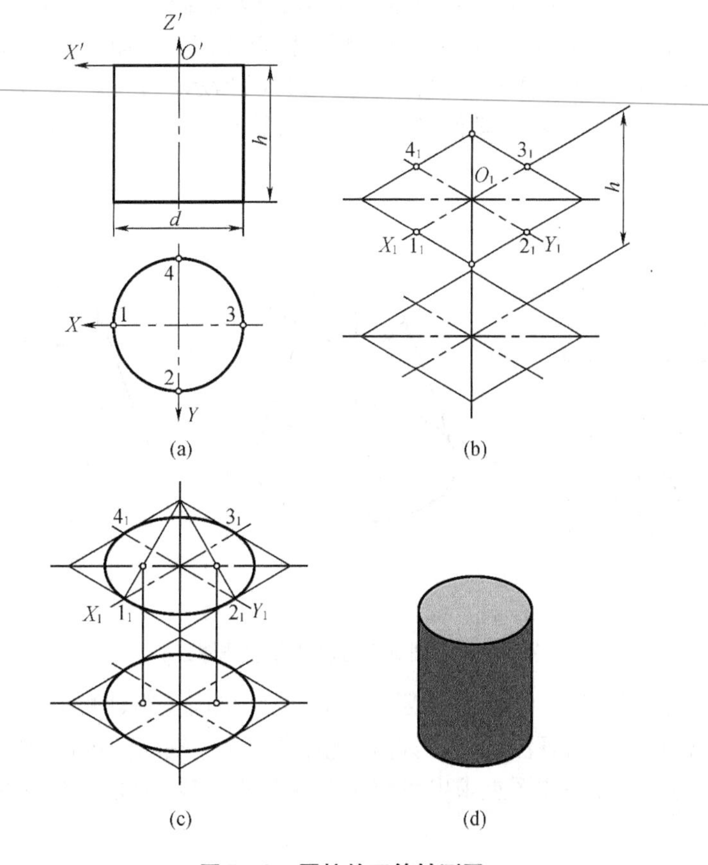

图 7 -9　圆柱的正等轴测图

(2)画出轴测投影轴及上下底的菱形,见图 7-9(b)。

(3)用"四心椭圆法"作出上、下底的椭圆,见图 7-9(c)。

(4)作两椭圆的公切线,并擦掉多余的作图线,见图 7-9(d)。

[例 7-5] 根据如图 7-10(a)所示,绘制出其相应的正等轴测图。

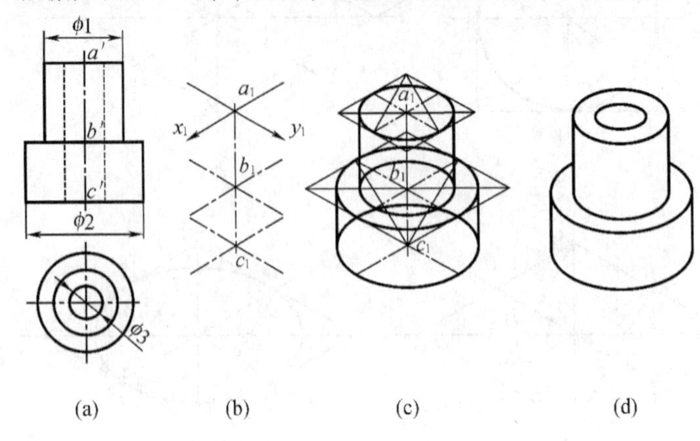

图 7-10 圆柱类立体正等轴测图作图步骤

解 (1)根据 7-10(a)所示的正投影图,画出轴测轴,并在 z_1 轴上依次定出三个圆平面的圆心 a_1,b_1 和 c_1 的位置,如图 7-10(b)所示。

(2)自 a_1,b_1 分别以 φ_1,φ_2 画出两水平圆的正等轴测图,并分别沿 z_1 方向下移相应的高度,然后作出等大椭圆的外公切线,即圆柱的投影转向轮廓线,如图 7-10(c)所示。

(3)同理在 a_1 以 φ_3 作出圆孔的正等轴测图,检查并擦去作图线和不可见线,然后加深可见轮廓线,即为该物体的正等轴测图,如图 7-10(d)所示。

圆锥体的作图方法与圆柱体类似,但圆锥体投影转向轮廓线为两个不相等的椭圆的外公切线,如图 7-11 所示。

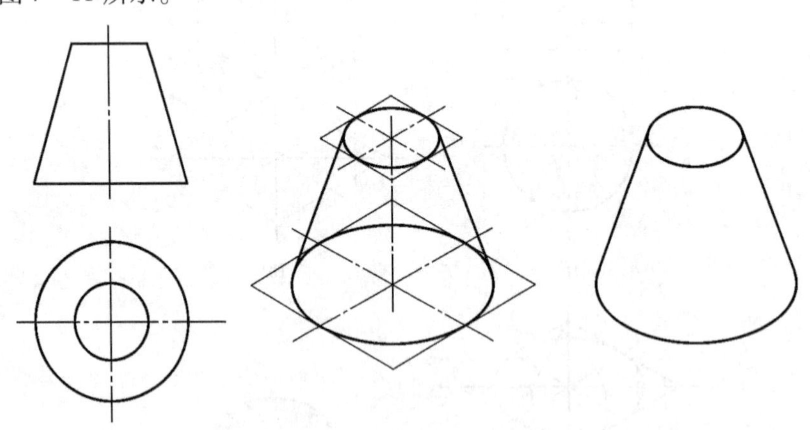

图 7-11 圆锥正等轴测图的作图过程

[例 7-6] 根据如图 7-12(a)所示,绘制出其相应的正等轴测图。

解:曲面立体截交线的画法,可以先将完整的曲面立体轴测图画出,然后运用表面取点法或辅助平面法原理,在轴测图上求出截交线上各点的投影,光滑地连接各点,即得截交线的轴测投影。

(1)根据图 7-12(a)所示的正投影,画出完整的圆柱体的正等轴测图,如图 7-12(b)

所示。

(2)根据辅助面法,用一组侧平面去截切该圆柱体,得出截交线上的一组点的投影A,B,C等点的两面投影(a,a'),(b,b'),…,如图7-12(a)所示。

(3)如选取截交线上点C,从图7-12(a)可知该点的坐标x_c,y_c,z_c。由此在轴测图上可找出C点的正等轴测投影c_1,如图7-12(b)。同理可求得其它截交线上各点的轴测投影。

(4)依次光滑连接截交线上各点的轴测投影,即为截交线的轴测投影。

(5)检查并擦去作图线和不可见线,然后加深可见轮廓线,既为截切后的圆柱体的正等轴测图,如图7-12(c)所示。

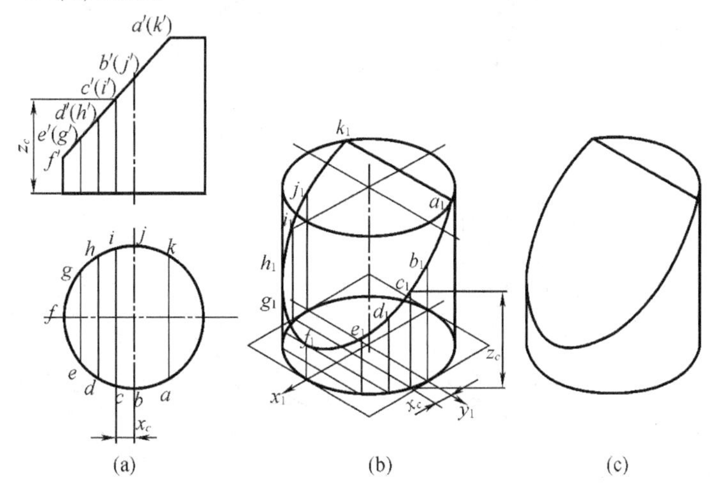

图7-12 圆柱截交线的画法

[**例**7-7] 根据如图7-13(a)所示,绘制出其相应的正等轴测图。

如图7-13(a)所示,已知一个组合体——支架的三面投影图,求作该支架的轴测图。画轴测图时,首先要分析支架的形体结构,确定坐标轴的位置,画好轴测轴,然后画主要形体的轴测图,再依次画出圆孔、圆角等结构。

(1)定坐标系。为了方便地定出前端面正平圆的位置,故坐标系取如图7-13(a)所示位置。

(2)画出长方体底板的轴测图,并在上述坐标系下定出前端面圆心的轴测位置a_1。如图7-13(b)所示。

(3)画出圆筒体的轴测图。作图时应先画前面的椭圆和椭圆弧,然后沿y_1方向平移,不可见的椭圆部分不画,如图7-13(c)所示。

(4)画出肋板的轴测图。在底板上定出b_1点后,过b_1作椭圆弧的切线,然后过c_1点作切线的平行线,最后画出肋板与圆筒和底板的交线,如图7-13(d)所示。

(5)画出底板上的两圆孔及前面的圆角。先画出上面的椭圆和椭圆弧,然后向下平移,距离为底板的厚度,如图7-13(e)所示。

(6)擦去全部作图线及不可见线,加深后即为所求结果,如图7-13(f)所示。

上述底板的圆角画法如图7-13(e)所示,在底板的投影图上,根据已知圆角半径在轴测图上找出切点1_1,2_1,3_1,4_1,过切点作边线的垂线,两垂线的交点即为圆心,以圆心到切点的距离为半径,画圆弧和底板顶面边线相切。这一画法为圆角的简化画法。垂直向下移动一块板的厚度,可以用同样的画法画出底面的圆角。必须注意,底板的右边,画上两圆弧的公切线作为圆弧面可见和不可见的转向轮廓线。

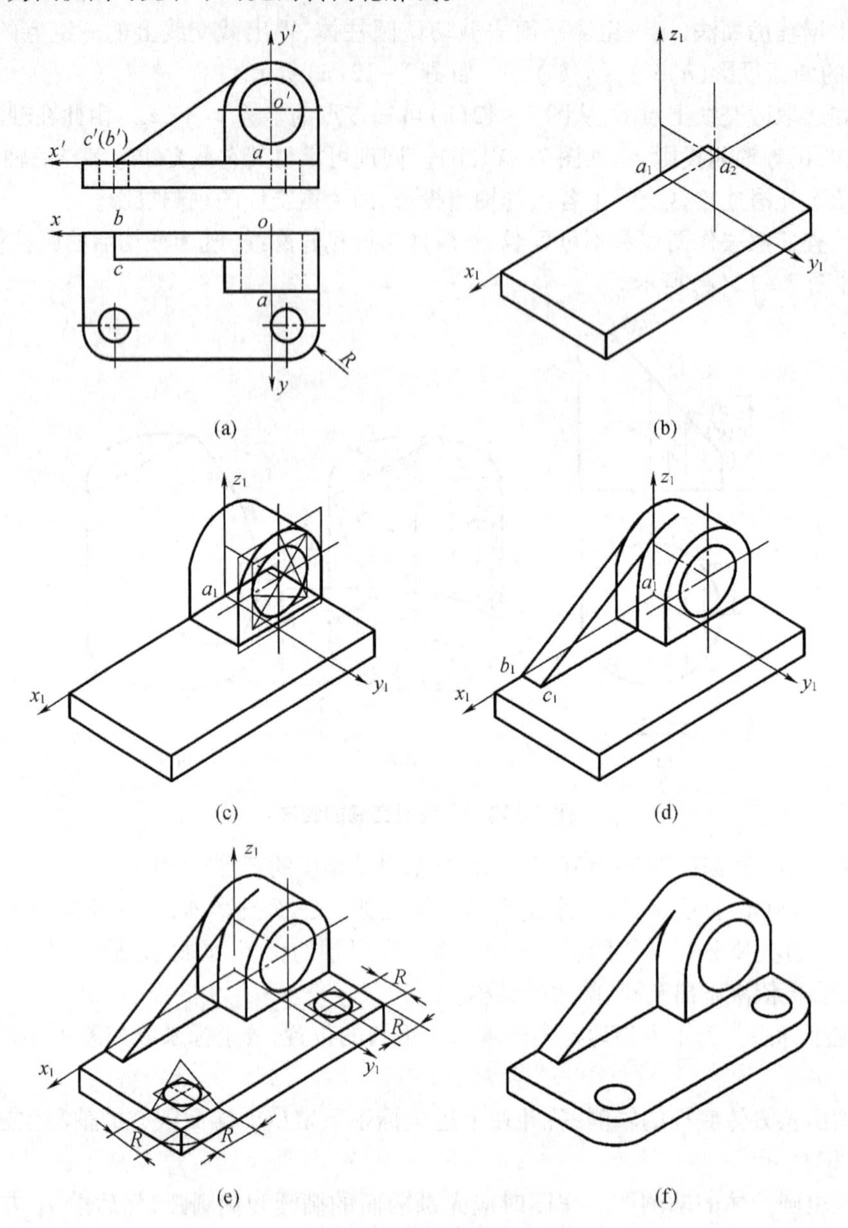

图 7-13　组合体的正等轴测图

7.2.4　圆角的正等轴测图的画法

如图 7-14 所示，物体上 1/4 圆弧组成的圆角轮廓（图 7-14（a）），在轴测图上为 1/4 椭圆弧。其简便画法见图 7-14。

（1）先画出直角板的轴测图，并根据半径 R，得到四个切点（图 7-14（b））。

（2）过切点作相应边的垂线，得到上表面的圆心（图 7-14（c））。

（3）过圆心作圆弧切于切点（图 7-14（d））。

（4）从圆心处向下量取板的厚度，得到下底面的圆心，同样方式作圆弧（见图 7-10（e））。

(5)作中心为 M,M_1 的两段圆弧的公切线,并擦掉多余的作图线。最后加深完成视图。

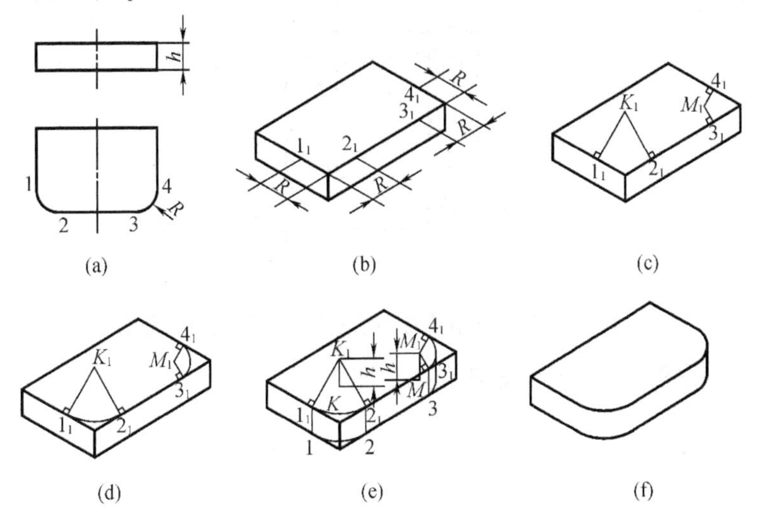

图 7-14 圆角的正等轴测图的画法

7.3 斜二轴测图

7.3.1 轴间角与轴向伸缩系数

工程上常用的斜二轴测图,其轴间角 X_1,O_1,Z_1 为 90°,并且 OX 轴与 OZ 轴的轴向伸缩系数都为 1。而 O_1Y_1 轴测轴的方向与 OY 轴的轴向伸缩系数将随着投影方向的改变而改变,一般取 $q=0.5$,O_1Y_1 与水平线的夹角为 45°,见图 7-15。这时物体上与 XOZ 坐标面平行的平面在轴测图上反映实形。

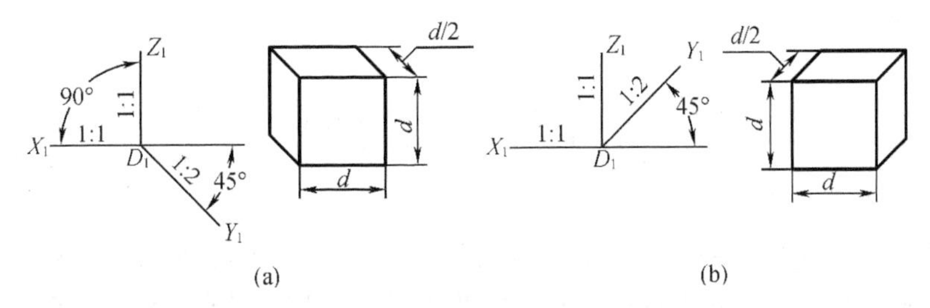

图 7-15 斜二轴测图的轴间角和轴向伸缩系数

7.3.2 平行于坐标面的圆的斜二轴测图的画法

在上述斜二轴测图中,平行于 XOZ 坐标面的圆反映实形,而平行于 XOY,YOZ 坐标面的圆则为形状相同的椭圆。顶面上的椭圆 1 的长轴对 O_1X_1。轴偏转 7°;侧面上椭圆 2 的长轴对 O_1Z_1 轴偏转 7°;它们的长轴约等于 $1.06d$,短轴约等于 $0.33d$。画起来较繁琐(见图 7-16)。因此当物体上只有一个方向有圆时,用斜二轴测图较简便。

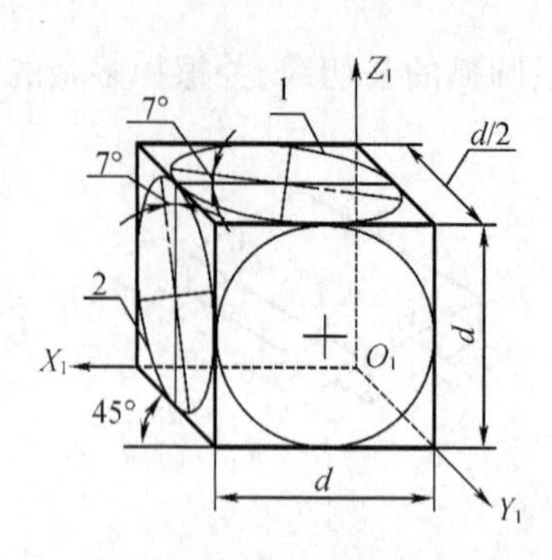

图 7-16　平行于各坐标面的圆的斜二轴测图的画法

［例 7-5］　作图 7-17 所示支架的斜二轴图。

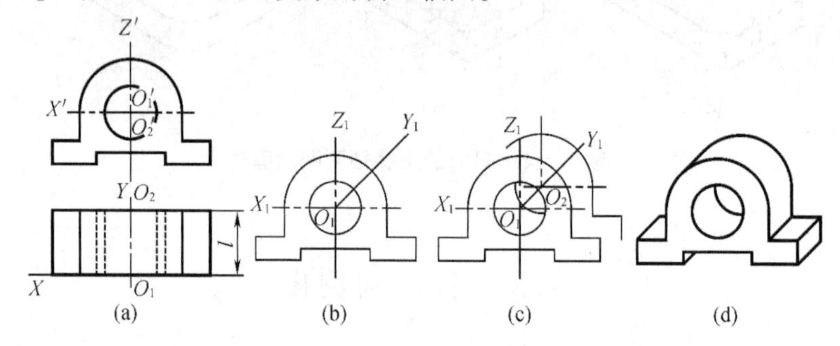

图 7-17　支架的斜二轴测图画法

解　(1)选择坐标轴,见图 7-17(a)。

(2)画轴测轴,并且画出前端面的图形,该图形与主视图完全一样,见图 7-17(b)。

(3)在 O_1Y_1 上,从 O_1 处向后移 $L/2$ 得到 O_2,以 O_2 为圆心画出后端面的图形,见图 7-17(c)。

(4)画出其他可见线及圆弧的公切线,并加深。

注意:不要漏画孔、槽中可见的实线。

7.4　轴测剖视图

为了表示零件的内部结构和形状,在轴测图上也可采用剖视画法。常采用两个剖切平面沿两个坐标面方向切掉零件的四分之一将机件剖开。轴测剖视图有两种画法:

1. 先画外形后剖切

其画法如下:

(1)确定坐标轴的位置(图 7-18(a))。

(2)画出圆筒的轴测图及剖切平面与圆筒内外表面、上下底面的交线(图 7-18(b))。

(3)画出剖切平面后面零件可见部分的投影(图 7-18(c))。

(4)擦掉多余的轮廓线及外形线,加深并画剖面线(图 7-18(d))。

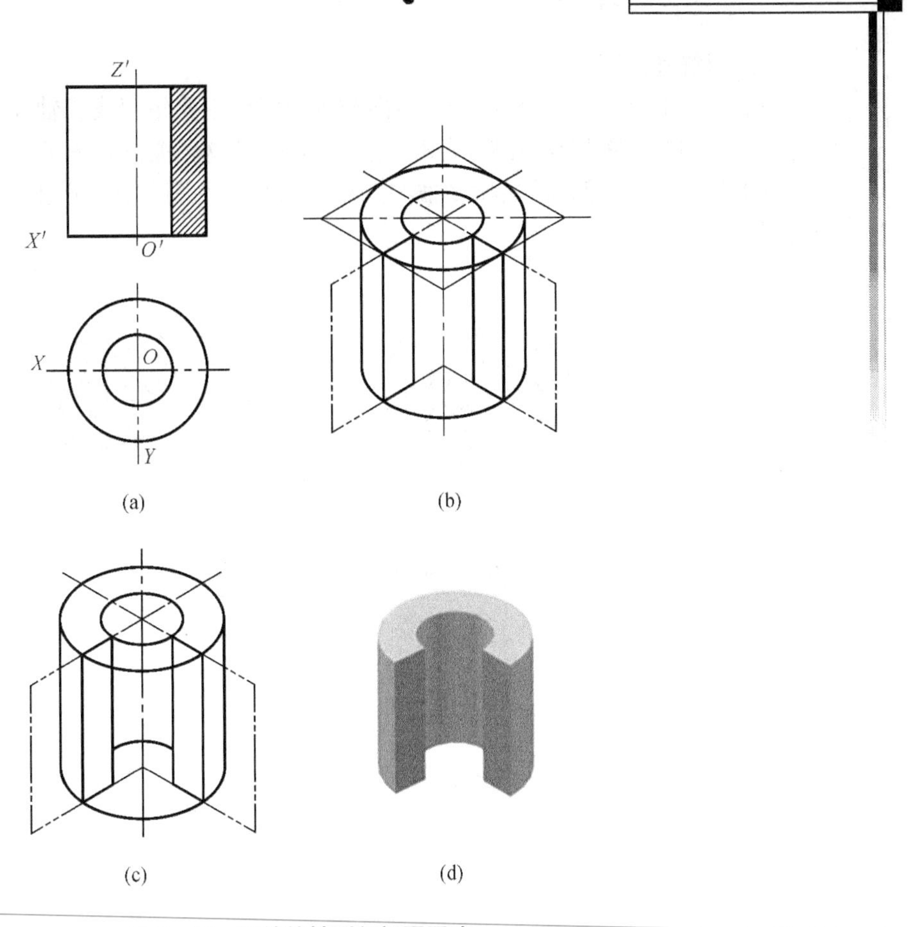

图 7－18　圆筒的轴测剖视图画法一

2. 先画断面后画外形

其画法如下：(1)确定坐标轴的位置(图 7－19(a))；(2)画出圆筒在 $X_1O_1Z_1$，$Y_1O_1Z_1$。坐标面上的断面形状与剖面线(图 7－19(b))；(3)画出剖切平面后面零件可见部分的投影(图 7－19(c))。

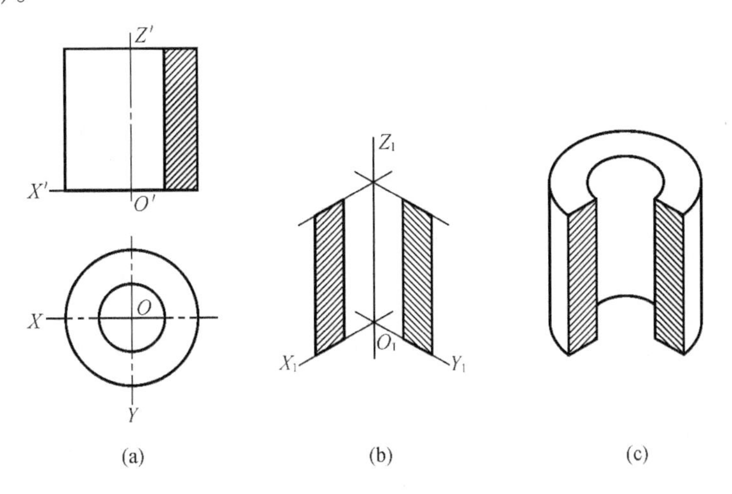

图 7－19　圆筒的轴测剖视图画法二

3. 剖面符号的画法

一般情况下，投影图上剖面线的方向与剖面区域主要轮廓线或轴线成45°夹角，即剖面线与两相关轴的截距相等，在轴测图上剖面线仍保持这种关系。图7－20(a)为正等轴测图上平行于各坐标平面剖面的剖面线画法；图7－20(b)为斜二轴测图上平行于各坐标平面剖面的剖面线画法。

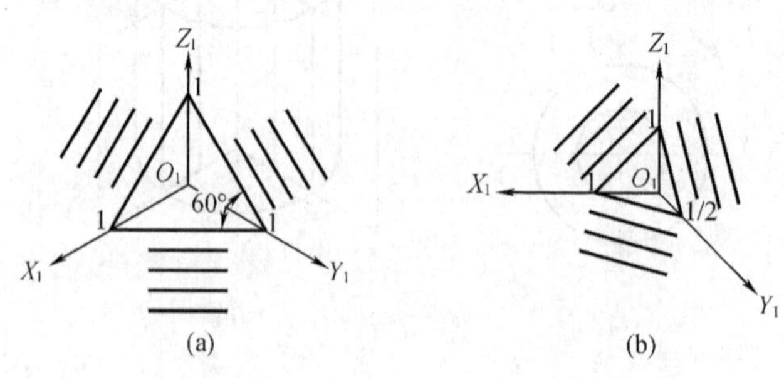

图7－20　常用轴测图上剖面线的方向

第八章　计算机绘图

本章主要介绍 AutoCAD 2010 的基础知识及其相关的基本概念和术语。CAD 是 Computer Aided Design（计算机辅助设计）的缩写。

AutoCAD 是由美国 Autodesk 公司于 20 世纪 80 年代初为微机上应用 CAD 技术而开发的绘图程序软件包，经过不断完善，现已经成为国际上广为流行的绘图工具。

AutoCAD 可以绘制任意二维和三维图形，并且与传统的手工绘图相比，用 AutoCAD 绘图速度更快、精度更高，而且便于个性化，它已经在航空航天、造船、建筑、机械、电子、化工、美工、轻纺等很多领域得到了广泛应用，并取得了丰硕的成果和巨大的经济效益。因此我们以 AutoCAD 2010 版为基础，介绍交互式计算机绘图的基本操作，以此作为本书绘图方法的一种补充，并希望读者能够通过学习逐步掌握计算机绘图软件的应用。

AutoCAD 是一个内容十分丰富的软件，因篇幅所限，本章只对 AutoCAD 2010 中一些最基本、最常用的绘图环境设置和绘图命令进行简明的介绍。如果想了解更加详细的内容，可以参考 AutoCAD 2010 使用手册。

8.1　AutoCAD 入门知识

8.1.1　AutoCAD 简介

AutoCAD 交互式图形软件是一种功能强大的、在微机上使用的绘图软件包。它可以根据使用者的操作迅速而准确地形成图形；它有强大的编辑功能，能够比较容易地对已画好的图形进行修改；它有许多辅助绘图功能可以使图形的绘制和修改变得灵活而方便。另外，它的编程功能可以使绘图工作程序化。

AutoCAD 的主要功能包括：

(1)绘图功能

①二维图形的绘制，如画线、圆、弧、多义线等；

②尺寸标注、画剖面线、绘制文本等；

③三维图形的构造，如三维曲面、三维实体模型的构造、模型的渲染等。

(2)编辑功能

包括对所绘制图形的修改，如移动、旋转、复制、擦除、裁剪、镜像、倒角等。

(3)辅助功能

包括分层控制、显示控制、实体捕捉等。

(4)输入输出功能

包括图形的导入和输出、对象链接等。

8.1.2　AutoCAD 2010 用户界面

启动 AutoCAD 2010 后，即可进入 AutoCAD 的绘图环境，屏幕上出现 AutoCAD 2010 的

主工作界面，如图 8 -1 所示。

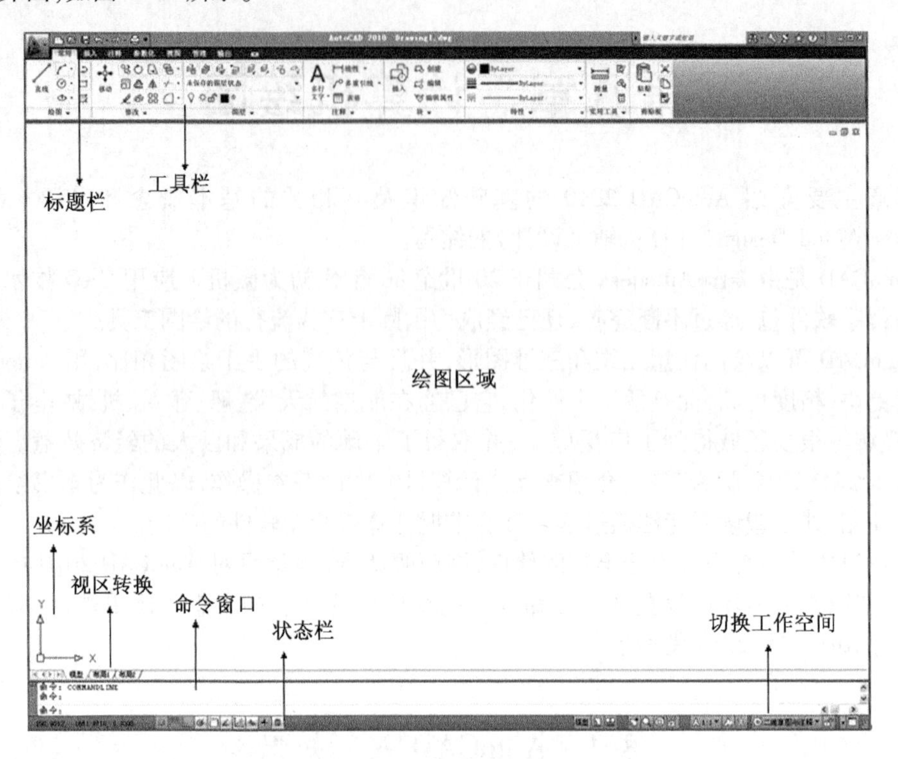

图 8 -1　AutoCAD 2010 用户界面

进入 AutoCAD 2010 用户界面时，AutoCAD 2010 默认的打开工具栏，即“标准”工具栏、“工作空间”工具栏、“绘图”工具栏、“绘图次序”工具栏、“特性”工具栏、“图层”工具栏、“修改”工具栏、“样式”工具栏。用户可以根据需要随时打开或关闭工具栏。

1. 工具栏打开/关闭的方式

(1)将鼠标移动到任一个工具栏的空白处，单击鼠标右键，弹出工具栏快捷菜单如图 8 -2所示。选择工具栏名称打开或关闭，一般用鼠标右键打开所需的工具栏。当绘图区域所有的工具栏都关闭时可采用下种方式将工具栏调入到绘图区域中。

(2)打开下拉菜单，视图→工具栏，出现如图 8 -3 所示的自定义用户界面对话框。选择传输选项，选中要在绘图区域打开的工具栏名称，然后按下鼠标左键将工具栏名称拖动到右边工具栏下，如图 8 -4 所示；然后保存新定义的工具栏，如图 8 -5 所示；保存完毕后，在右边工具栏选项上单击鼠标右键，即可选择加载局部文件。点击“应用”、“确定”，即可加载工具栏。

2. 创建和编辑工具栏按钮

创建工具栏之后，可以添加 Autodesk 提供的按钮，也可以编辑或创建按钮。Autodesk 为用于启动命令的按钮提供了标准按钮图像。用户可以创建自定义按钮图像以运行自定义宏。双击左窗口(如图 8 -6 所示)的工具栏命令图标，在右窗口点击编辑，即可出现按钮编辑器，图 8 -6 所示即可修改现有的按钮图像，也可以创建自己的按钮图像。按钮图像将被保存为 BMP 文件。BMP 文件必须与其引用的 CUI 文件保存在同一文件夹中。

可以使用用户定义的位图来代替按钮和弹出式命令中的小图像和大图像资源名称。

小图像应为 16 × 16 像素，大图像应为 32 × 32 像素。与这些尺寸不匹配的图像会被按比例缩放到适合的尺寸。

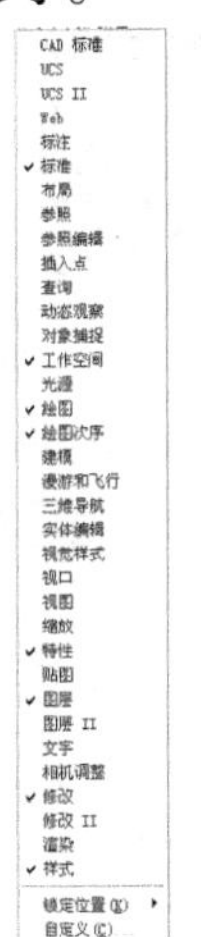

图 8-2　工具栏快捷菜单

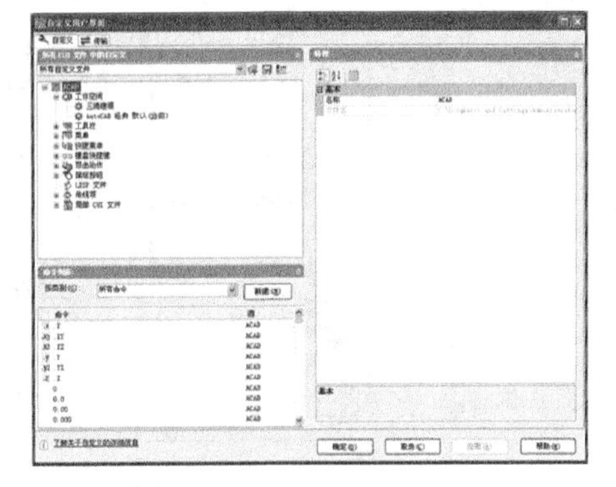

图 8-3　自定义用户界面

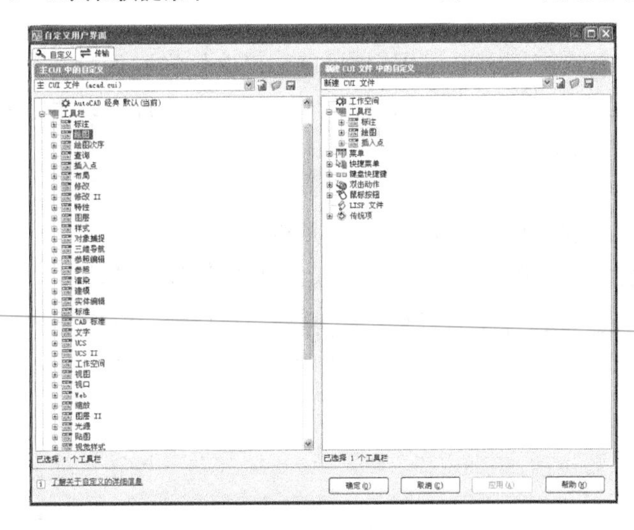

图 8-4　自定义打开工具栏

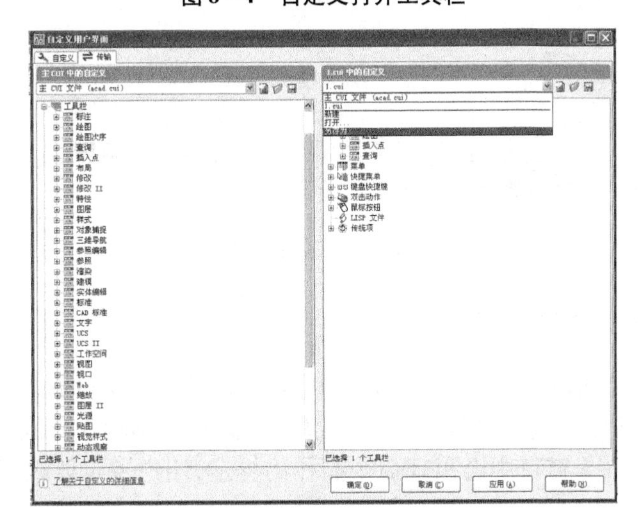

图 8-5　自定义工具栏

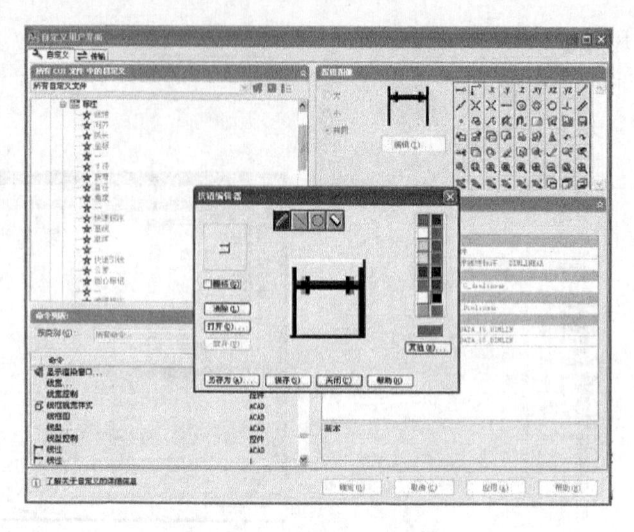

图 8－6　编辑工具栏按钮

3. 工具栏锁定

按照希望的方式排列工具栏和可固定窗口后，可以锁定它们的位置。无论它们是固定的还是浮动的，仍可以打开和关闭锁定的工具栏和窗口，并且可以添加和删除项目。要临时解锁工具栏和窗口，请按住 Ctrl 键。

命令：lockui

Lockui＝1 锁定工具栏；Lockui＝0 打开工具栏；

图 8－7 所示为用户界面上右击工具栏锁定出现的快捷菜单。

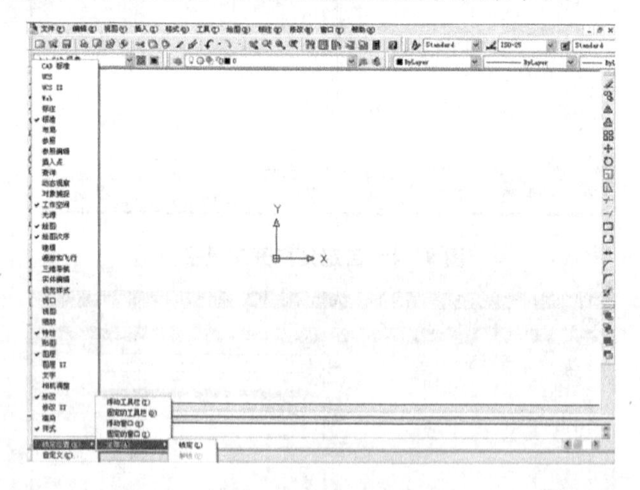

图 8－7　工具栏锁定

8.1.3　绘图命令的基本输入方式

AutoCAD 2010 绘图命令的基本输入方式共有四种，即命令窗口输入命令；下拉菜单；工具栏；屏幕菜单（一般不用）。在以后的介绍中主要讲述前三种输入方式。按以上几种输入方式调用命令后，在命令窗口中会出现命令操作的提示，用户一定要根据命令行的提示信息进行绘图操作。

8.1.4 透明命令

许多命令可以透明使用。也就是说,它们可以在用户使用另一个命令时在命令行输入。透明命令经常更改图形设置或显示选项,例如 GRID 或 ZOOM 命令。在命令参考中,透明命令通过在命令名的前面加一个单引号来表示。

使用透明命令时,请选择其工具栏按钮或在任何提示下输入命令之前输入单引号(')。在命令行中,双尖括号(> >)置于命令前,提示 AutoCAD 显示透明命令。完成透明命令后,将恢复执行原命令。在下面的例子中,在绘制直线时打开点栅格并将其设置为一个单位间隔,然后继续绘制直线。

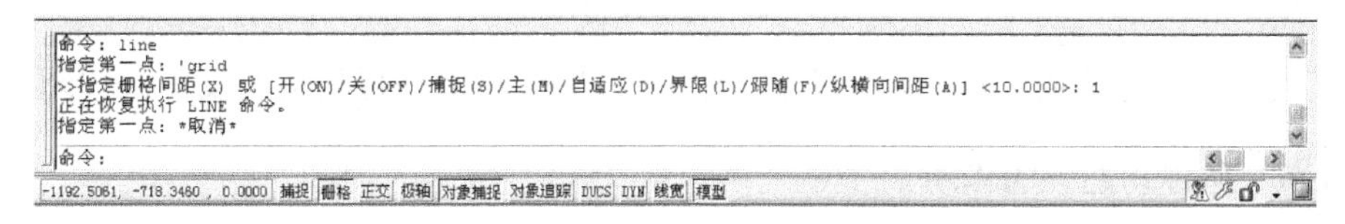

图 8-8 使用透明命令绘制直线

不选择对象、创建新对象或结束绘图任务的命令通常可以使用透明命令。透明打开的对话框中所做的修改,直到被中断的命令已经执行后才能生效。同样,透明重置系统变量时,新值在开始下一命令时才能生效。

8.1.5 绘图区域的设置

绘图区域是绘制与编辑图形的区域,可以根据需要重新设置绘图区域的颜色、十字光标的大小等等。

1. 设置窗口颜色的操作格式

命令:options

下拉菜单:工具→选项→显示→颜色

弹出如图 8-9 所示的对话框。

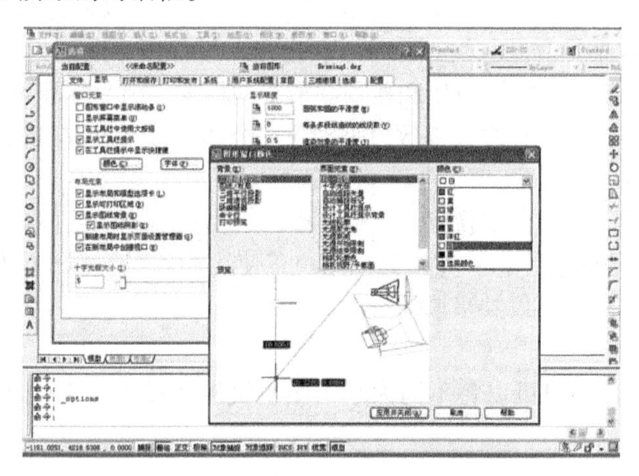

图 8-9 选项菜单中窗口颜色的设置

2. 十字光标大小的调整

下拉菜单:工具→选项→显示→十字光标大小。

3. 状态栏

包含着若干个功能按钮，它们是精确绘图的重要辅助工具。

操作格式：

(1)单击鼠标左键打开或关闭；

(2)使用相应的功能键打开或关闭；

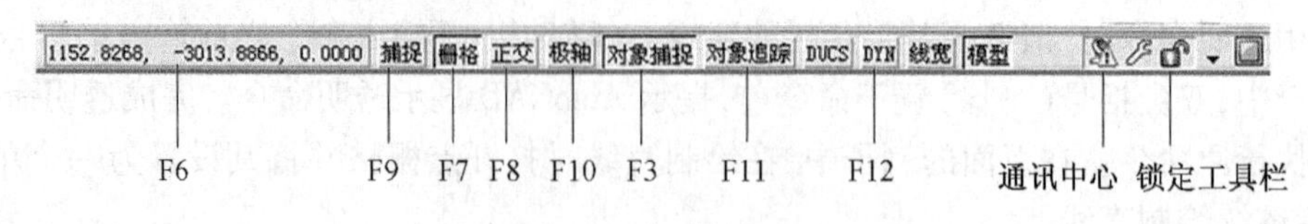

图 8-10 状态栏的使用

(3)在某个状态按钮上单击鼠标右键可以弹出快捷菜单进行状态的设置或关闭状态。

8.1.6 各种功能键的作用

F1——打开帮助菜单；

F2——打开文本窗口；

F3——对象捕捉开、关；

F4——数字化仪开、关；

F5——等轴测平面的转换；

F6——状态栏中的坐标显示与转换；

F7——栅格开、关；

F8——正交模式开、关；

F9——捕捉栅格开、关；

F10——极轴开、关；

F11——对象追踪开、关；

F12——DYN 动态输入开、关。

8.1.7 AutoCAD 2010 图形文件的管理

AutoCAD 2010 图形文件常用格式有以下几种：

1. *.dwg 格式

这是图形文件的基本格式，一般 CAD 图形都保存为此格式。

2. *.dws 格式

这是图形文件的标准格式，为维护图形文件的一致性，可以创建标准文件以定义常用属性。标准为命名对象(例如图层和文字样式)定义一组常用特性。为了增强一致性，用户或用户的 CAD 管理员可以创建、应用和核查图形中的标准。因为标准可使其他人容易对图形做出解释，在合作环境下，许多人都致力于创建一个图形，所以标准特别有用。

3. *.dxf 格式

这是图形输出为.dxf 图形交换格式文件，.dxf 文件是文本或二进制文件，其中包含可由其他 CAD 程序读取的图形信息。如果其他用户正使用能够识别.dxf 文件的 CAD 程序，那么以.dxf 文件保存图形就可以共享该图形。

4. *.dwt 格式

这是样板图文件，用户可以将不同大小的图幅设置为样板图文件，画图时可以从新建中直接调用。

5. *.dwf 格式

这是电子文档格式，可以发布到 Intranet 上，.dwf 格式不会压缩图形文件。完成图形后选择下拉菜单：文件→打印→打印机、绘图仪，然后点击确定保存。保存后的图形即可发布到 Intranet 上。

8.1.8 AutoCAD 2010 坐标的概念

在 AutoCAD 2010 中要想精确的绘制图形，利用坐标对图形精确定位是非常重要的。在 AutoCAD 中，有两种坐标系：一种称为世界坐标系（WCS）的固定坐标系，另一种称为用户坐标系（UCS）的可移动坐标系。在 WCS 中，X 轴是水平的，Y 轴是垂直的，Z 轴垂直于 XY 平面。原点是图形左下角 X 轴和 Y 轴的交点(0,0)。可以依据 WCS 定义 UCS。实际上所有的坐标输入都使用当前 UCS。移动 UCS 可以使处理图形的特定部分变得更加容易。旋转 UCS 可以帮助用户在三维或旋转视图中指定点。“捕捉”“栅格”和“正交”模式都将旋转以适应新的 UCS。

AutoCAD 在窗口底部的状态栏中以坐标形式显示当前光标的位置。有三种坐标显示类型：(1)在绘图区域移动光标时，动态显示会更新 X,Y 坐标位置；(2)在绘图区域移动光标时，距离和角度显示会更新相对距离(距离 < 角度)。此选项只有在绘制需要输入多个点的直线或其他对象时才可用；(3)仅在指定点时，静态显示才会更新 X,Y 坐标位置。

1. 坐标的分类

坐标分为绝对坐标和相对坐标两大类：

绝对坐标：相对于当前坐标系原点的坐标。

相对坐标：相对于前一个点的坐标。

2. 绝对坐标

(1)绝对直角坐标——表示方法 X,Y，如图 8-11 所示。

(2)绝对极坐标——表示方法为“距离 < 角度(100 < 45°或 100 < -45°)”，角度是指相对于 0°水平线的夹角，默认逆时针旋转为正。在以后凡是与角度有关的旋转方向都是逆时针为正。如图 8-12 所示。

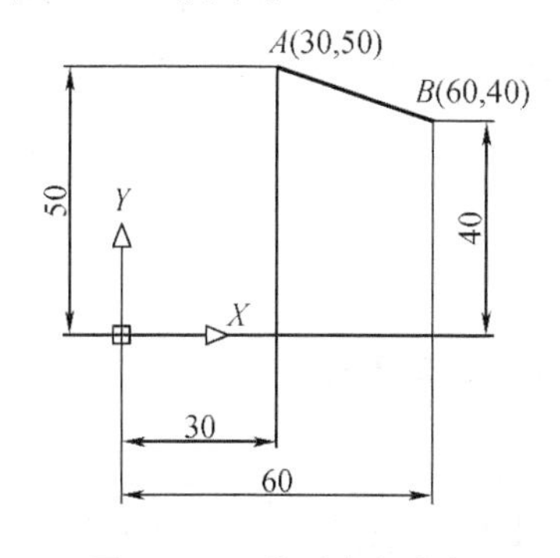

图 8-11 绝对直角坐标

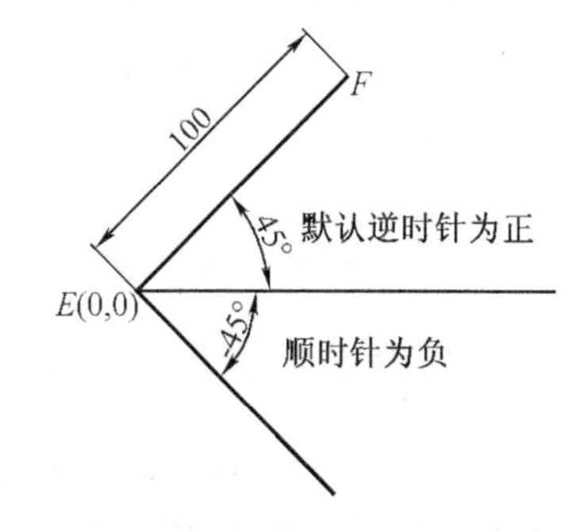

图 8-12 绝对极坐标

3. 相对坐标

(1)相对直角坐标——表示方法@ X,Y。

如图 8-11 所示，在确定了 A 点后，确定 B 点可用相对直角坐标，即@ 30, -20。

(2)相对极坐标——表示方法 @ 距离 < 角度(@ 100 < 30)

如图 8-12 所示，在确定了 E 点坐标后，画出 F 点可用相对极坐标，即@ 100 < 45。

8.1.9 AutoCAD 2010 对象的概念

1. 对象

对象也可以叫实体，在 AutoCAD 2010 中，点、线、圆、圆弧、多边形、文字、剖面线、尺寸等都是对象,编辑图形是以对象为单位来操作的。当对象被选中时,会出现若干个蓝色小方框,称为平点。如图 8-13 所示。

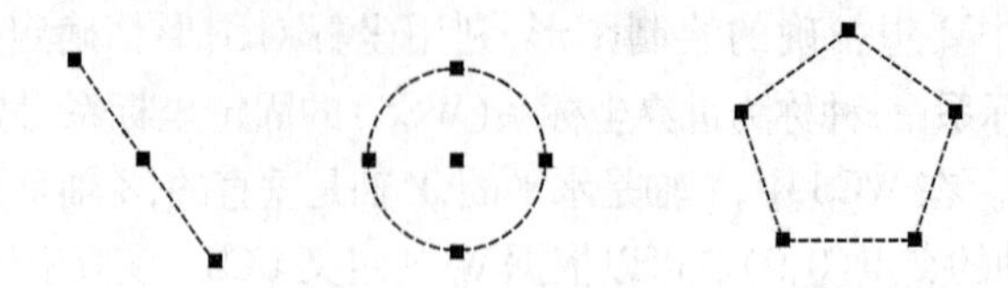

图 8-13 选择对象

2. 对象的选择方式

选择对象的方式有 15 种,下面只介绍最常用的三种方式。

(1)点选

这是最基本的选择方式,当要执行某一编辑命令时,命令行中会出现选择对象的提示并且光标也变成了拾取框,用户可以用拾取框直接点击对象,选择完后继续提示选择对象,如果不选回车结束。

(2)窗口选择方式(Window)——W 窗口方式

这种方式必须将图形全部放到矩形窗口中才能被选中。选择方式按下鼠标左键,不要松开然后从左向右拖动光标即可出现选择窗口。从左上→右下或左下→右上。当所选的物体都在窗口内时,即点击鼠标左键确认。或在"选择对象"提示下输入 W 后回车,此时选择方向可以任意。

(3)交叉窗口选择方式(Crossing)——C 窗口方式

这种方式只要图形与矩形窗口交叉就能被选中。选择方式按下鼠标左键,不要松开然后从左向右拖动光标即可出现选择窗口。当所选的物体只要和窗口交叉时,即点击鼠标左键确认。选择方式从右上→左下或右下→左上。或在"选择对象"提示下输入 C 后回车,此时选择方向可以任意。

(4)放弃选择的对象

要放弃选中的对象,可按 Esc 键。

8.1.10 AutoCAD 2010 绘图环境的设置及图形显示操作

启动 AutoCAD 2010 后,可以看到状态栏中坐标显示单位为小数后 4 位,用户默认的绘图单位是 A3 图幅的尺寸(420×297),但用户看到坐标显示的是 A0 图纸尺寸,这就是一个绘图环境及图形显示的问题。国家标准的图纸基本幅面及周边尺寸前面已经讲过。对于初学者来说,刚开始画图的时候,经常会碰到一个疑惑,为什么同样一个尺寸的直线在屏幕上显示有长有短,这就是屏幕单位的概念。

1. 屏幕单位

在前面介绍过系统默认的公制绘图单位是 420×297,这样在计算机屏幕上每个单位的长度就是 1/420,这时若在屏幕上画一条 200 单位长的直线,在屏幕上显示的范围占了屏幕的近 1/2,若改变绘图单位的范围为 4 200×2 970,每个屏幕单位为 1/4 200,那么在屏幕上画一条近 200 单位长的直线,这时我们看见在屏幕上显示的直线明显的短了。一个单位的距离可能代表实际单位的 1 cm 或 1 mm。开始绘图之前,需要决定一个单位代表多大距离,然后创建图形。这就需要设置单位的显示格式。

2. 单位的设置

创建的所有对象都是根据图形单位进行测量的。开始绘图前,必须基于要绘制的图形确定一个图形单位代表的实际大小。然后据此惯例创建实际大小的图形。例如,一个图形单位的距离通常表示实际单位的1 mm、1 cm、1 in 寸或1 ft。可以指定单位的显示格式,根据指定的格式,可以按十进制格式、分数格式、角度或其他标记法输入坐标。如果输入的数值是建筑单位制的英尺和英寸格式,英尺要用单引号(')表示,(")表示英寸。例如,要输入六英尺三英寸,可直接输入6'3 英寸。不需要输入双引号(")。

(1)命令调用

命令:Units

下拉菜单:格式→单位

(2)操作步骤

调用命令后出现如图8-14 所示的对话框。可以根据需要分别设置长度型和角度型的单位类型及小数点的精度。

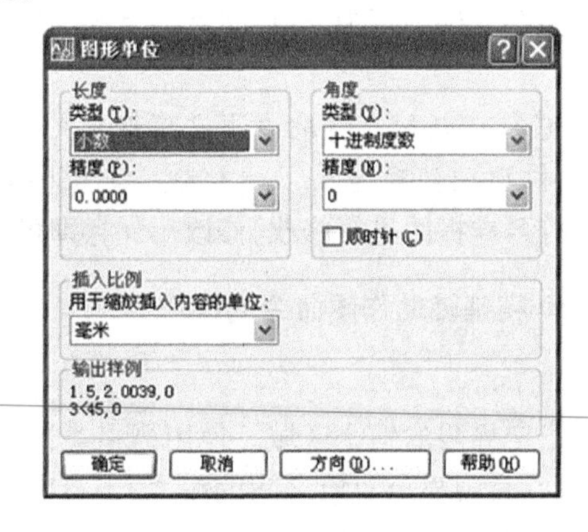

图8-14 图形单位设置

8.1.11 绘图界限的设置

1. 命令调用

命令:Limits

下拉菜单:格式→图形界限

2. 操作步骤

以设置A2 图幅的绘图界限为例。

命令:Limits

指定左下角点或[开(ON)/关(OFF)]<0.0000,0.0000>:一般默认为0,0

指定右上角点<420.0000,297.0000>:594,420(设A2 图纸大小)

设置完后,在绘图区域移动鼠标,看见绘图单位的大小并没有改变,这时必须用ZOOM(图形缩放)命令全屏缩放,显示绘图区域。

命令:ZOOM

[全部(A)/中心(C)/动态(D)/范围(E)/上一个(P)/比例(S)/窗口(W)/对象(O)]<实时>:a

8.1.12　AutoCAD 2010 样板图文件的设置

前面介绍的单位、图形绘图环境的设置，还有以后将要介绍的图层、文字、尺寸等设置，如果每次新建文件，都要进行一系列的设置工作非常的繁琐。为了解决这些问题，可以将一些基本的设置及图纸大小按照国家标准定义为样板（模板）图，这样需要画新图时，可以根据图形的尺寸直接调用合适的样板图，不需要再重新设置绘图环境了。

以 A2 图纸为例介绍建立样板图的过程。

1. 设置单位和绘图界限

按照上面所介绍的设置单位和绘图界限的操作格式将小数精度保留 2 位，绘图界限设置为 594 ×420。然后用 ZOOM 命令全屏缩放。

2. 绘制图幅线与图框线

选择直线命令按照国家标准绘制 A2 图纸的大小。

3. 保存为 *. dwt 格式的文件

各项设置完成后，选择保存文件类型为. dwt，文件名 A2，即完成 A2 图纸的样板图文件的创建。

在调用样板图文件时，必须在新建文件命令下选择样板图文件上，即可打开已定制好的样板图。打开的样板图文件自动转换为 *. dwg 格式。如果要对某一个样板图文件进行修改，选择打开文件的格式打开样板图进行修改，修改后保存即可。

8.1.13　AutoCAD 2010 精确辅助作图命令的操作

1. 栅格（F7）与栅格捕捉（F9）

栅格是点的矩阵，遍布指定界限的整个区域。使用栅格类似于在图形下放置一张坐标纸。利用栅格可以对齐对象并直观显示对象之间的距离，不打印栅格。如果放大或缩小图形，可能需要调整栅格间距，使其更适合新的比例。

命令：Grid

状态栏：栅格

在状态栏栅格按钮上单击鼠标右键可以弹出如图 8 - 15 所示的对话框进行设置。

下拉菜单：工具→草图设置

这种方式是 CAD 最早推出的一种辅助作图命令，打开如图 8 - 15 所示的栅格和捕捉，在屏幕上就会出现一些小点即为栅格，同时光标出现跳动式的移动，说明光标在捕捉栅格，栅格之间的距离可以设置，用户就像在一张标有距离的网格纸上绘制图形。

捕捉模式用于限制十字光标，使其按照用户定义的间距移动。当“捕捉”模式打开时，光标或许捕捉到不可见的栅格。捕捉模式有助于使用箭头键或定点设备来精确地定位。

命令：Snap

状态栏：捕捉

在状态栏捕捉按钮上单击鼠标右键可以弹出如图 8 - 15 的对话框进行设置。

下拉菜单：工具→草图设置

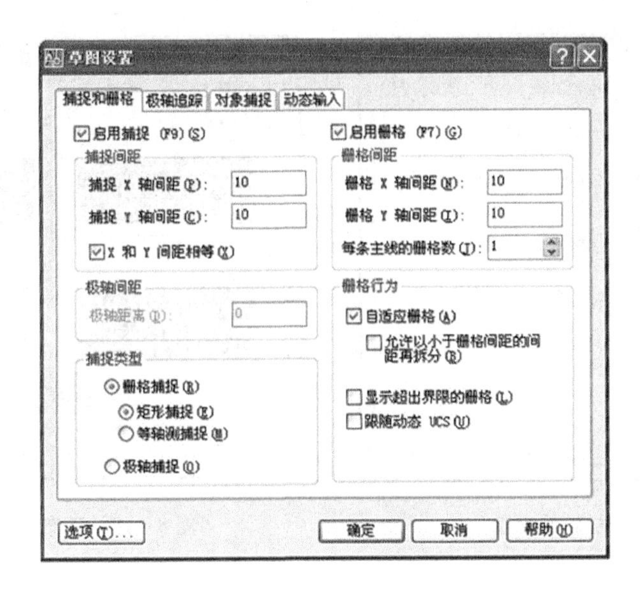

图 8 – 15　栅格的设置

2. 极轴(F10)

创建或修改对象时,可以使用“极轴追踪”以显示由指定的极轴角度所定义的临时对齐路径。极轴追踪是光标跟随着临时的对齐路径去定位关键点的方法。使用极轴追踪,光标将按指定角度进行移动。使用“极轴捕捉”,光标将沿极轴角度按指定增量进行移动。下面是有关极轴追踪的基本定义。

对齐路径:临时的虚线,光标能够沿着该线追踪。如图 8 – 16 所示。

追踪点:对齐路径上通过的临时点,当光标在点上稍停然后移动鼠标不用单击,就出现“ + ”号,如图 8 – 16 所示。利用极轴追踪时,需要追踪的点必须设置为自动捕捉模式。

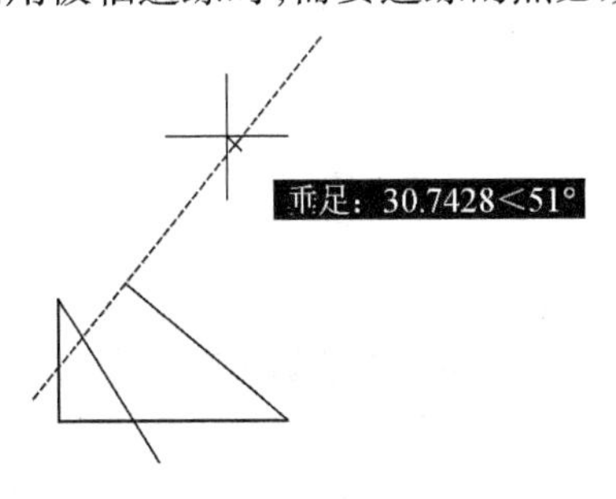

图 8 – 16　极轴追踪

在状态栏极轴按钮上单击鼠标右键可以弹出如图 8 – 17 所示的对话框进行设置。极轴追踪在绘图中是一种重要的辅助绘图方式。用户可以根据图形设置各种不同的极轴角度。

增量角,设置用来显示极轴追踪对齐路径的极轴角增量。可以输入任何角度,也可以从列表中选择。如果设置为 30°,那么每增加 30°,在绘图屏幕上就将显示极轴对齐路径和角度的提示。

3. 动态输入(F12)——DYN

在状态栏动态输入上单击鼠标右键可以弹出图 8 – 18 所示的对话框进行设置。它可以动态的控制指针输入、标注输入、动态提示以及绘图工具栏提示。

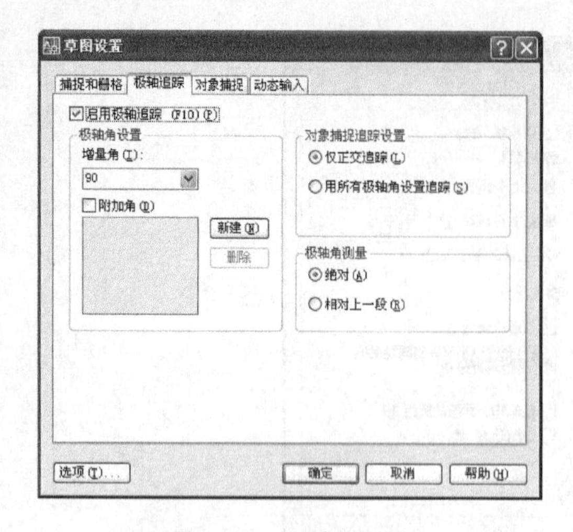

图 8-17　极轴的设置

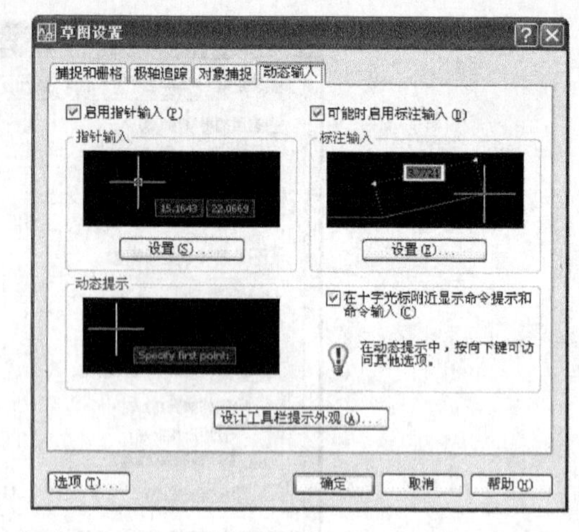

图 8-18　动态输入的设置

4. 对象捕捉(F11)

对象捕捉将指定点限制在现有对象的确切位置上，例如中点或交点。使用对象捕捉可以迅速定位对象上的精确位置，而不必知道坐标或绘制构造线。在状态栏中右键单击对象捕捉，即出现如图 8-19 所示对话框。这种方式是将常用的一些对象捕捉方式设为自动，在绘图时将自动显示和提示捕捉点。如果打开了几个执行对象捕捉，指定点时需要检查哪一个对象捕捉有效。如果在指定位置有多个对象捕捉符合条件，在指定点之前，按 Tab 键可以提示所有可能的捕捉点。

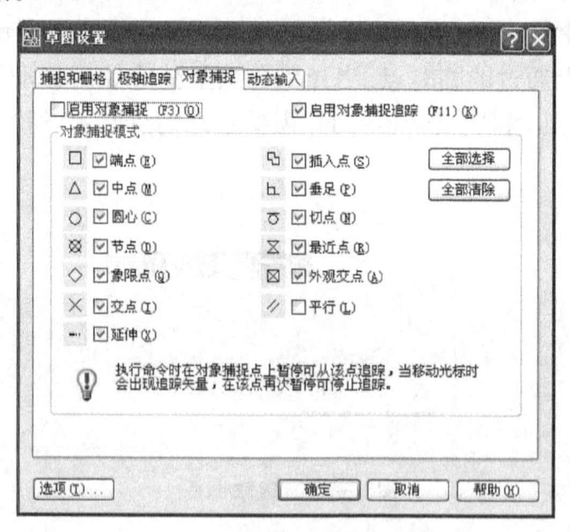

图 8-19　对象捕捉的自动设置

8.2　图　　层

图层就像透明的覆盖层，用户可以在上面组织和编组各种不同的图形信息。图层是图形中使用的主要组织工具，可以使用图层将信息按功能编组，以及执行线型、颜色及其他标准。

8.2.1　图层的基本概念和特性

绘制一个图形，除了要确定它的几何数据以外，还要确定图形的颜色、线型类型、线型宽度、线型比例等非几何数据，例如绘制中心线需要用红色，画粗实线需要用绿色，为了区分这些不同作用的线型，AutoCAD 提出了图层的概念，用户要把图层想象成为没有厚度的透明片，各层之间完全对齐，根据图形的特点在各自的层上画图，然后叠加在一起。引入图层，用户就可以给每个图层指定绘图所用的线型、颜色和状态。并将具有相同线型和颜色的对象放到相应的图层上，通过创建图层，可以将类型相似的对象指定给同一图层使其相关联。例如，可以将构造线、文字、标注和标题栏置于不同的图层上，然后可以控制：图层上的对象是否在任何视口中都可见；是否打印对象以及如何打印对象；为图层上的所有对象指定何种颜色；为图层上的所有对象指定何种默认线型和线宽；图层上的对象是否可以修改。

图层具有以下特性：

(1)用户可以在一幅图中指定任意数量的图层。系统对图层数没有限制，对每一图层上的实体数也没有任何限制；

(2)每一个图层都应有一个名字加以区别，当开始绘一幅新图时，CAD 自动生成层名为“0”层，这是 CAD 的缺省图层，其余图层需要由用户自己定义；

(3)一般情况下，一个图层上的实体只能是一种线型、一种颜色、一种线宽，用户可以改变各图层的线型、颜色和状态；

(4)虽然 CAD 允许用户建立多个图层，但只能在当前层上绘图。可以通过图层操作命令改变当前图层；

(5)各图层具有相同的坐标系、绘图界限、缩放倍数。用户可以对位于不同图层上的对象同时进行编辑操作。

8.2.2　图层的颜色

每一个图层应具有一定的颜色，可以通过图层指定对象的颜色，也可以不依赖图层而明确地指定颜色。通过图层指定颜色可以在图形中轻易识别每个图层。明确地指定颜色会在同一图层的对象之间产生其他的差别。颜色也可用作一种颜色相关打印指示线宽的方式。

8.2.3　图层的线型

绘图时，经常要使用不同的线型，如虚线、中心线、细实线、粗实线等等。AutoCAD 提供了丰富的线型，这些线型存放在文本文件 ACAD. LIN 中，用户可根据需要从中选择需要的线型，除些之外，用户还可以定义自己的线型(自定义线型可参考有关的 AutoCAD 定制)，以满足特殊的需要。

图层的线型是指在图层上绘图时所用的线型，每一层都应有一个相应的线型，不同的图层可以设置成不同的线型，也可以设置成相同的线型。

8.2.4　线型的比例

在用各种线型绘图时，除了 CONTINUOUS 线型外，每一种线型都是由实线段、空白段、点或文本、图形所组成。默认的线型总比例是 1,是以 A3 图纸作为基准的。当图形界限缩小或放大时,中心线或虚线线型显示的结果有可能成一条实线,这就必须改变线型比例来调整线型的显示结果。

改变线型比例命令的调用:

命令:Ltscale

下拉菜单:格式→线型

调用命令后出现如图 8 – 20 所示的线型管理器对话框。

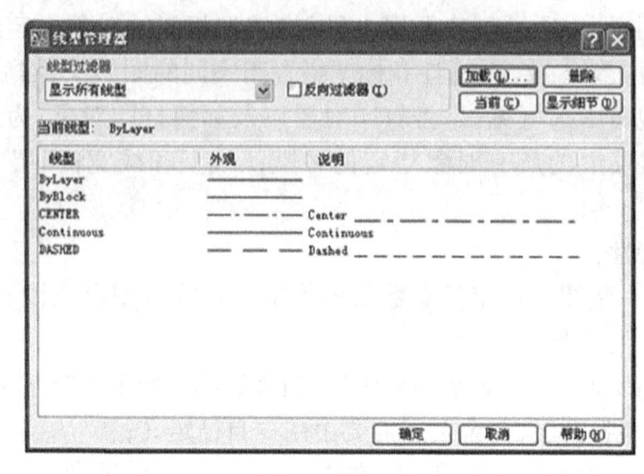

图 8 – 20 线型管理

线型比例 =“全局比例因子”×“当前对象缩放比例”

“全局比例因子”——该系统变量可以全局修改新建和现有对象的线型比例。即对屏幕上存在的对象和新输入对象的线型均起作用,且会持续到下一个线型比例命令为止。

“当前对象缩放比例”——该系统变量可设置新建对象的线型比例。设置该比例后,只会对新画的线型起作用,不影响已经画完的线型。

8.2.5 线型的宽度

AutoCAD 为用户提供了线宽的功能,可以用粗线和细线清楚地表现出截面的剖切方式、标高的深度、尺寸线和小标记,以及细节上的不同。例如,通过为不同图层指定不同的线宽,可以很方便地区分新建的、现有的和被破坏的结构。注意:除非选择了状态栏上的“线宽”按钮,否则不显示线宽。

除了 TrueType 字体、光栅图像、点和实体填充(二维实体)以外的所有对象都可以显示线宽。在平面视图中,多段线宽忽略所有用线宽设置的宽度值。仅当在视图而不是在“平面”中查看多段线宽时,多段线宽才显示线宽。可以将图形输出到其他应用程序,或者将对象剪切到剪贴板上并保留线宽信息。

在模型空间中,线宽以像素显示,并且在缩放时不发生变化。因此,在模型空间中精确表示对象的宽度时不应该使用线宽。例如,如果要绘制一个实际宽度为 0.5 mm 的对象,就不能使用线宽而应该用宽度为 0.5 mm 的多段线表现对象。

具有线宽的对象将以指定的线宽值打印。这些值的标准设置包括“随层”“随块”和“默认”。它们的单位可以是英寸或毫米,默认单位是毫米。所有图层的初始设置均由 Lwdefault 系统变量控制,其值为 0.25 mm。也可以使用自定义线宽值打印图形中的对象。

使用打印样式表编辑器调整固定线宽值,以使用新值打印。线宽值为 0.25 mm 或更小时,在模型空间显示为 1 个像素宽,并将以指定打印设备允许的最细宽度打印。在命令行所输入的线宽值将舍入到最接近的预定义值。

请在"线宽设置"对话框中设置线宽单位和默认值。通过以下几种方法可以访问"线宽设置"对话框:使用 lweight 命令;在状态栏上的"线宽"按钮上单击鼠标右键,然后选择"设置";在"选项"对话框的"显示"选项卡上选择"线宽设置"。

8.3 图层的设置

每个图层都具有该图层上所有对象都采用的关联特性(例如颜色和线型)。下面我们介绍一下如何设置图层。

8.3.1 创建新图层

命令:layer

下拉菜单:格式→图层

图层工具栏:

执行上述操作后,出现如图 8-21 所示对话框。

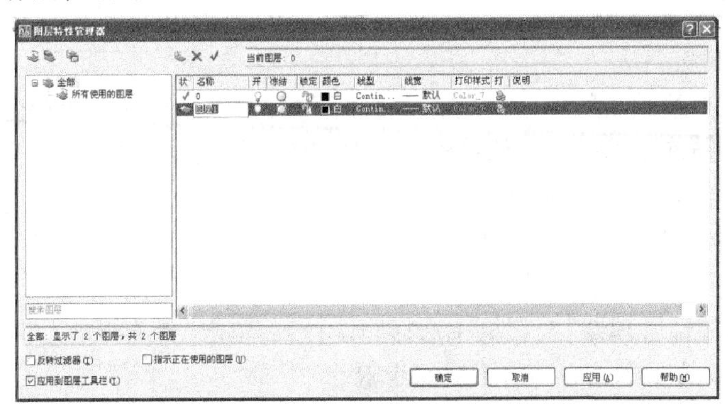

图 8-21 图层特性管理器

1. 图层名

AutoCAD 默认的图层是 0 层,点击新建图层的图标,图层名(例如 图层 1)将自动添加到图层列表中。用户可以根据情况自己设定图层名。图层名最多可以包括 255 个字符:字母、数字和特殊字符,如美元符号(MYM)、连字符(—)和下划线(_)。在其他特殊字符前使用反向引号(`),使字符不被当作通配符,图层名不能包含空格。

2. 重命名

如果要对图层重新命名,在图层特性管理器中选择一个图层。单击其名称或按下 F2 键,输入新的名称,然后单击"应用"保存修改,或者单击"确定"保存并关闭。

8.3.2 控制图层特性的状态

在图层特性管理器对话框中可以控制图层特性的状态。例如,图层的打开(关闭)、解冻(冻结)、解锁(锁定)等。

1. 打开(关闭)图层

打开和关闭图层。当图层打开时,绘制的图形是可见的,并且可以打印。当图层关闭时,绘制的图形是不可见的,并且不能打印,即使"打印"选项是打开的。

2. 解冻(冻结)图层

在所有视口中冻结选定的图层。冻结图层可以加快 Zoom、Pan 和许多其他操作的运行速度,增强对象选择的性能并减少复杂图形的重生成时间。AutoCAD 不在冻结图层上显示、打印、隐藏、渲染或重生成对象。冻结长时间不用看到图层。解冻冻结图层时,AutoCAD 将重生成并显示该图层上的对象。如果打算在可见和不可见状态之间频繁切换,请使用"开、关"设置。可以在创建时冻结所有视口、当前图层视口或新图层视口中的图层。

3. 解锁(锁定)图层

锁定和解锁图层。不能编辑锁定图层中的对象,如果只想查看图层信息而不需要编辑图层中的对象,则将图层锁定是有益的。

4. 打印样式

修改与选定图层相关联的打印样式。如果正在使用颜色相关打印样式(PSTYLEPOLICY 系统变量设为 1),则不能修改与图层关联的打印样式。单击任意打印样式均可以显示"选择打印样式"对话框。

8.3.3 当前层

1. 当前层的概念

图层设置,用户绘制图形总是在当前层上进行的,如想在某一个图层上绘图,必须将该层设置为当前层,被冻结的图层或依赖外部参照的图层不能设为当前层。

将图层设为当前层的方法有两种:

(1)图层工具栏的图层控制框中点取图层名,会显示出已建立的图层名,在图层名上选择需要的图层,该图层即可设为当前层。

(2)在"图层特性管理器"对话框中选择图层,然后单击"置为当前"即可。

2. 使选定对象的图层成为当前图层的步骤

先选择对象,在"图层"工具栏上,单击"将对象的图层置为当前" ,所选对象的图层将变为当前图层。

8.3.4 随层

图层设置好后,一般情况下,颜色、线型、线宽等特性都要随层。如图 8-22 所示。也可以根据情况重新选择颜色、线型、线宽,如果颜色等特性不随层,那么画出的图形将与图层设置的特性就不一致了,所以一般情况下,各种对象的特性最好是随层。这样也便于编辑。

图 8-22 对象特性

8.4　基本绘图命令与基本编辑方法

AutoCAD 提供了丰富的绘图命令和图形编辑命令，在本节中将以实例分别介绍各种绘图命令及编辑命令的使用。

8.4.1　圆(Circle)

1. 命令调用

命令：Circle

下拉菜单：绘图→圆

绘图工具栏：⊘

2. 操作步骤

画圆共有 6 种方式，以下将通过实例详细地介绍各种方式的画法，在绘制过程中还要用到捕捉对象、编辑命令等操作。

[**例** 8－1]　画出如图 8－23 所示的图形。

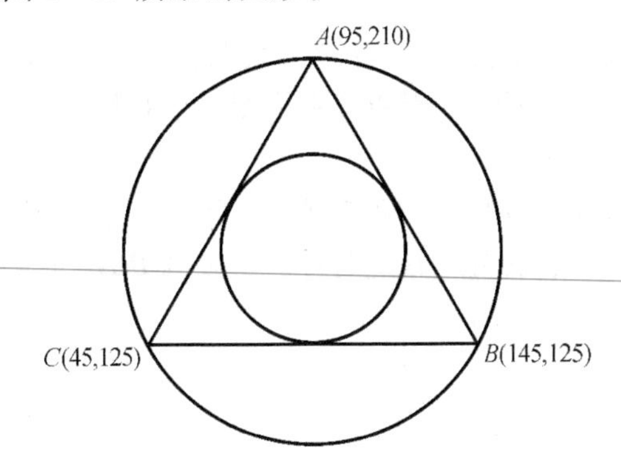

图 8－23　三点画圆方式

作图步骤：

(1)调用直线命令，各点采用绝对坐标的输入方式画出三角形；

(2)选用 3 点画圆方式画出大圆；

(3)选用相切画圆方式画出小圆。

[**例** 8－2]　画出如图 8－24 所示的图形。

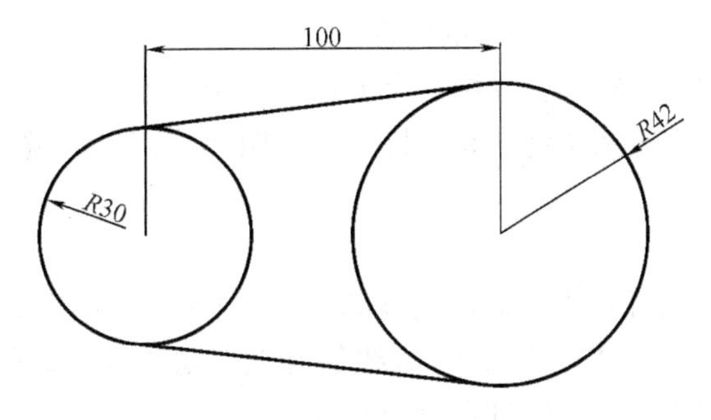

图 8－24　切线的画法

作图步骤:

(1)分别画出大圆和小圆;

(2)调用直线命令后先选择捕捉对象切点模式,将光标移动到大圆的圆周上找到切点的大体位置,点击鼠标左键确定后,第二次选择捕捉对象切点,在小圆的圆周上点击确定切点的位置,即可画出切线。

8.4.2 圆弧(Arc)

1. 命令调用

命令:Arc

下拉菜单:绘图→圆弧

绘图工具栏:

2. 操作步骤

画弧共有11种方式,在以下通过实例详细地介绍画弧的方法。

[例8-3] 画出如图8-25所示的图形。

作图步骤:

(1)调用直线命令画 *AB* 线段;

(2)画 *CD* 线段时,调用直线命令后,移动鼠标找到 *B* 点,然后利用对象追踪功能沿着水平方向移动鼠标,就会出现极轴线,在直线命令提示下直接输入60,即可确定 *C* 点。

(3)依次画出其余直线段;

(4)画 *BC*、*GF* 圆弧时可采用圆弧(起点、端点、半径)的方式绘出圆弧,但要注意在选择起点时要考虑到圆弧默认的旋转方向是逆时针。所以画 *BC* 弧时圆弧起点应选在 *C* 点。

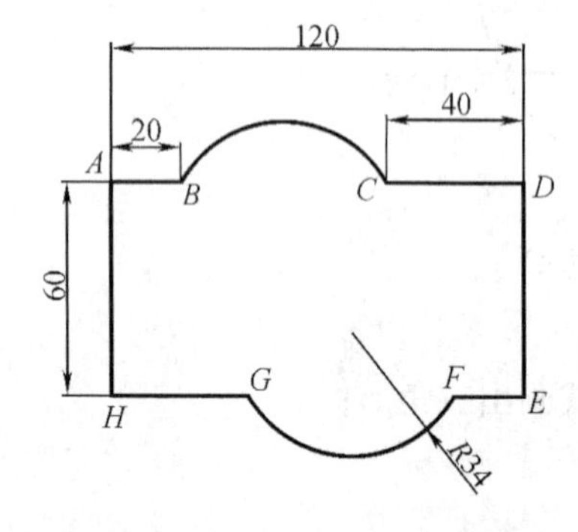

图8-25 圆弧命令的操作积

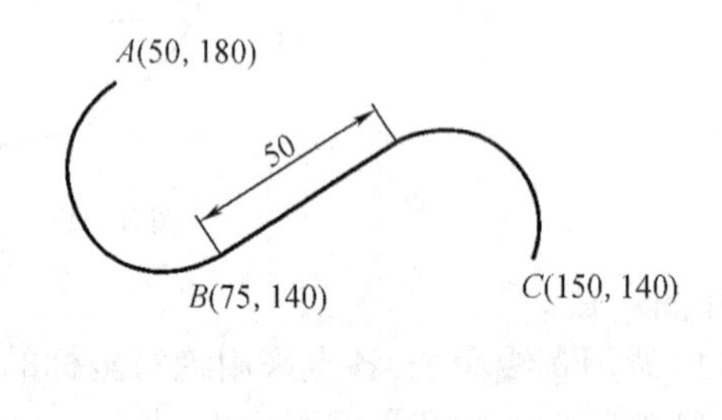

图8-26 例8-4题图

[例8-4] 画出如图8-26所示的图形。

分析:当调用某个绘图命令后,系统都会提示输入第一点的值,这时如果不输入任何数值,而是直接选择回车,那么系统将自动捕捉上一次图形结束点的端点,方向是端点的切线方向。

作图步骤:

(1)调用圆弧命令,选择起点、端点、角度的方式,输入 *A*,*B* 的绝对坐标值,角度为180°;

(2)调用直线命令后,直接回车,这是直线的起点自动捕捉圆弧的 *B* 点,直线的方向是 *B* 点的切线方向,可以直接输入50,即可画出直线段;

(3)同理,调用圆弧命令后,直接回车,圆弧的起点自动捕捉到直线的端点,然后再输入

C 点的绝对坐标值,即可完成图形。

8.4.3　椭圆(Ellipse)

1. 命令调用

命令:Ellipse

下拉菜单:绘图→椭圆

绘图工具栏:

2. 操作步骤:以[例 8 -5]为例讲解如何操作。

[**例** 8 -5]　画出如图 8 -27 所示的图形。

作图步骤:

命令:ellipse(先画 A 椭圆)

指定椭圆的轴端点或[圆弧(A)/中心点(C)]:任意指定椭圆的左端点

指定轴的另一个端点:120

指定另一条半轴长度或[旋转(R)]:20(画出 A 椭圆)

命令:ellipse(画 B 椭圆)

指定椭圆的轴端点或[圆弧(A)/中心点(C)]:(捕捉 A 椭圆的圆心)

指定轴的另一个端点:80

指定轴的另一个端点指定另一条半轴长度或[旋转(R)]:20(画出 B 椭圆)

命令:ellipse(画 C 椭圆)

指定椭圆的轴端点或[圆弧(A)/中心点(C)]:20(利用极轴追踪的方式相对于 A 椭圆的圆心往左偏移 20)

指定轴的另一个端点:@ -60,60

指定另一条半轴长度或[旋转(R)]:(选择捕捉基点方式)_from 基点:(基点选在 B 椭圆的圆心) <偏移>:@ -40,0(画出 C 椭圆)D 椭圆可采用镜像的方式画出。

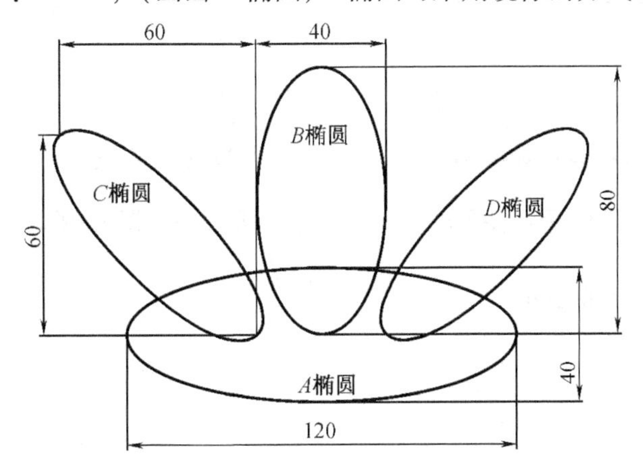

图 8 -27　椭圆的画法

8.4.4　矩形(Rectangle)

1. 命令调用

命令:Rectangle

下拉菜单:绘图→矩形

绘图工具:▭

2. 操作步骤:

以[例8-6]为例讲解如何操作。

[例8-6] 画出如图8-28所示的图形。

作图步骤:

调用矩形命令后,可出现以下提示:

指定第一个角点或[倒角(C)/标高(E)/圆角(F)/厚度(T)/宽度(W)]:

指定第一个角点——如果矩形有宽度,第一个角点的位置如图8-28(a)所示。

标高(E)/厚度(T)是在三维绘图中用的。

倒角(C)——如图8-29所示。

圆角(F)——当矩形有宽度时,圆角的尺寸是指线型宽度的中间尺寸,如图8-30所示。

宽度(W)——矩形命令默认的宽度为0,可以根据需要设置宽度,画出矩形后默认的方式矩形填充,如果不填充选择Fill命令进行设置,如图8-28所示。设置完后一定要选择下拉菜单视图→重生成,这样Fill命令才能生效。

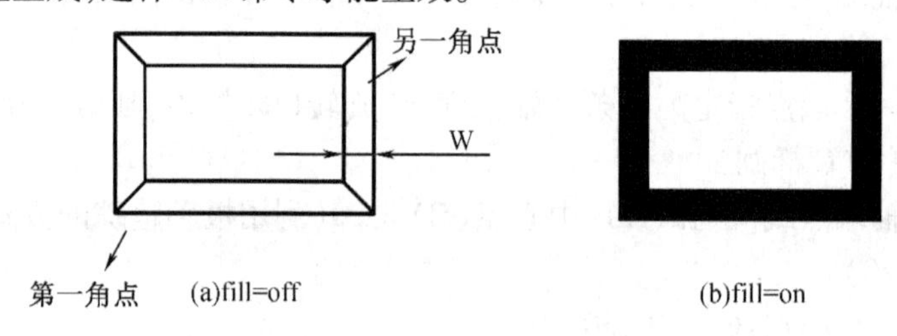

图8-28 矩形的画法

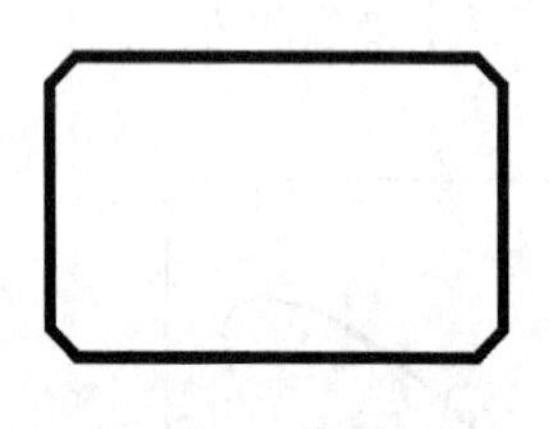

图8-29 倒角的概念

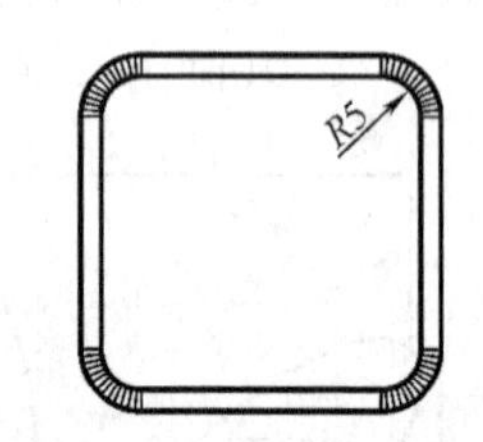

图8-30 圆角的概念

8.4.5 多边形(Polygon)

1. 命令调用

命令:Polygon

绘图工具栏:⬠

2. 操作步骤

调用多边形命令后,命令栏中出现输入边的数目,系统默认的边数是4,输入所需要绘制的多边形数目即可。

绘制多边形边数的范围为3~1 024,绘制多边形可以采用两种方式绘制。第一种方式知道圆的半径,然后选择内接或外切的方式绘制;第二种方式知道多边形的边长进行绘制,选用边长绘制多边形要注意多边形默认的绘制方向是逆时针。

8.4.6 点(Point)、定数等分(Divide)、定距等分(Measure)

一、点样式显示方式

作为节点或参照几何图形的点对象对于对象捕捉和相对偏移非常有用。可以相对于屏幕或使用绝对单位设置点的样式和大小,修改点的样式,如图 8-31 所示。

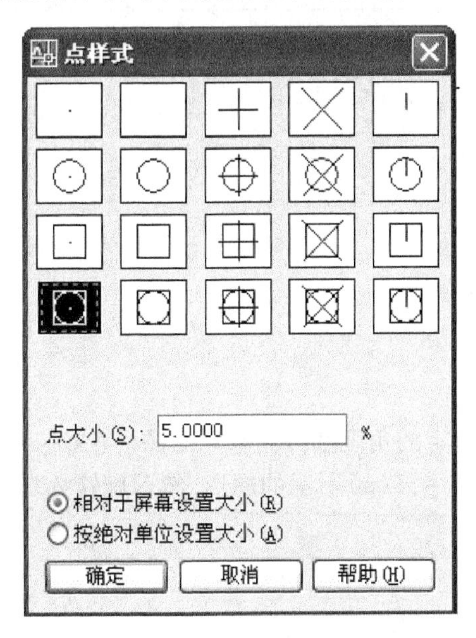

图 8-31 点样式的选择

1. 点样式设置

命令:Ddptype(或'Ddptype,供透明使用)

下拉菜单:格式→点样式

2. 操作步骤

设置好所需要的点样式后,即可从下拉菜单或工具栏下调用点命令绘制点即可。

二、定数等分(Divide)

1. 命令调用

命令:Divide

下拉菜单:绘图→点→定数等分

2. 操作步骤

功能是将一个对象分割成相等长度的几部分,它自动计算对象的长度按相等的间隔放置等分标记,等分标记可以是点或者图块。如图 8-32 所示。

三、定距等分(Measure)

1. 命令调用

命令:Measure

下拉菜单:绘图→点→定距等分

2. 操作步骤

功能是在指定的对象上按指定的长度用点或块作标记插入对象中。如图 8-32 所示。

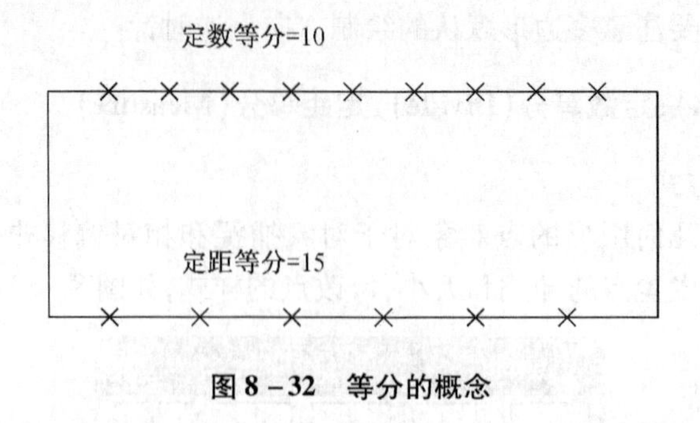

图 8-32 等分的概念

8.4.7 移动(Move)

1. 命令调用

命令:Move

下拉菜单:修改→移动

修改工具栏:

2. 操作步骤

移动命令从原对象以指定的角度和方向移动对象。

[例 8-7] 画出如图 8-33(a)所示的图形,然后旋转 *AB* 直线,使 *AB* 直线与 *AC* 直线的夹角为 20°。

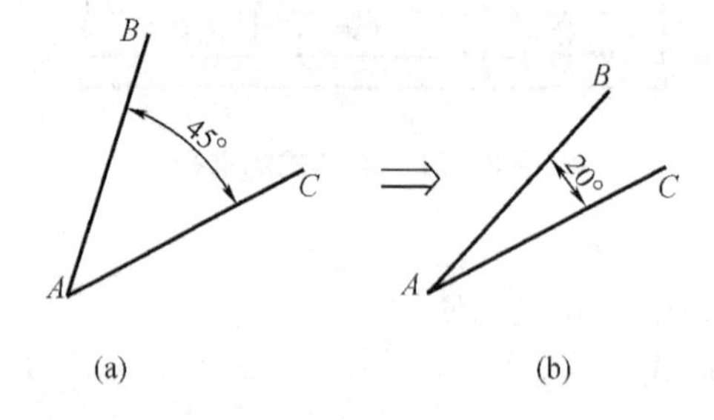

图 8-33 旋转命令的操作

分析:旋转一定是绕着基点旋转,绘制出图 8-33(a)图后,调用旋转命令,选择要旋转的对象 *AB* 直线,选择旋转基点为 *A* 点,然后选择参考方式旋转对象。

作图步骤:

命令:Rotate

UCS 当前的正角方向:ANGDIR = 逆时针 ANGBASE = 0

选择对象:(选取 AB 直线)

选择对象:回车

指定基点:选取 A 点

指定旋转角度,或[复制(C)/参照(R)] <0>:R

指定参照角 <0>:45.28

指定新角度或[点(P)] <0>:20

以参考方式旋转对象,可以避免用户去进行较为繁琐的计算。

8.4.8　旋转(Rotate)、拉长(Lengthen)

1. 旋转命令调用

命令:Rotate

下拉菜单:修改→旋转

修改工具栏:

2. 拉长命令调用

命令:Lengthen

下拉菜单:修改→拉长

修改工具栏:

3. 操作步骤

旋转命令是绕指定基点旋转图形中的对象;拉长命令是调整对象大小使其在一个方向上或是按比例增大或缩小。

[**例** 8－8]　画出如图 8－34 所示的图形。

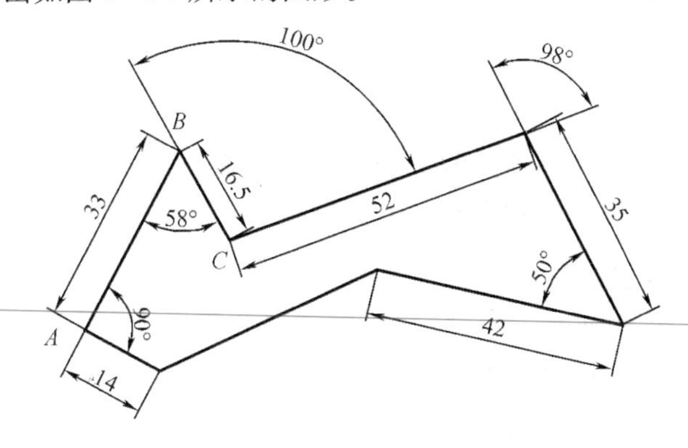

图 8－34　旋转、拉长命令的应用

分析:图 8－34 的图形与水平线的夹角没有具体的要求,可以调用直线命令从 *A* 点开始作图,先画出长度为 33 的直线(方向大致定一下即可),然后调用旋转命令,旋转基点选在 *B* 点,旋转角度为 58°(逆时针)。在调用拉长命令调整直线的长度。

作图步骤:

1. 绘 *AB* 直线

Line 指定第一点:A 点(任意在屏幕上指定一点)

指定下一点或[放弃(U)]:33(方向大致确定一下)

指定下一点或[放弃(U)]:回车结束直线命令

2. 绘 *BC* 直线

Rotate

UCS 当前的正角方向:ANGDIR＝逆时针　ANGBASE＝0

选择对象:选择 AB 直线

选择对象:回车

指定基点:选 B 点为基点

指定旋转角度,或[复制(C)/参照(R)]<335>:C

指定旋转角度,或[复制(C)/参照(R)]<335>:58

3. 修改 BC 直线的长度

Lengthen

选择对象或[增量(DE)/百分数(P)/全部(T)/动态(DY)]:

当前长度:33.0000

选择对象或[增量(DE)/百分数(P)/全部(T)/动态(DY)]:T

指定总长度或[角度(A)]<1.0000>:16.5

选择要修改的对象或[放弃(U)]:选择 BC 直线。

……

按照此方式依次画出其余线段。

8.4.9 镜像(Mirror)

1. 命令调用

命令:Mirror

下拉菜单:修改→镜像

修改工具栏:⊿⊾

2. 操作步骤

镜像命令是绕指定轴翻转对象创建对称的镜像图像。

[例 8-9] 画出如图 8-35 所示的图形。

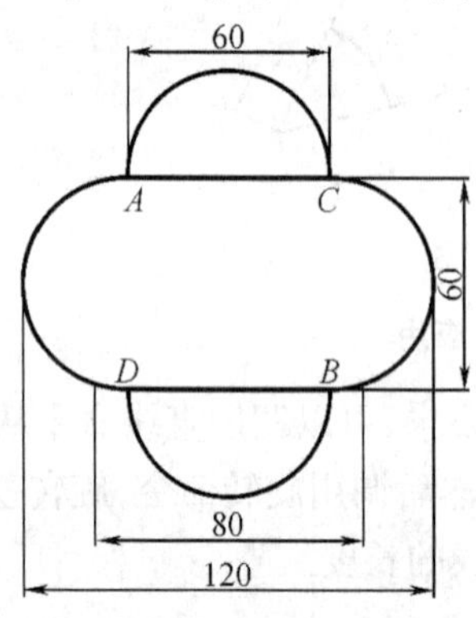

图 8-35 镜像命令应用

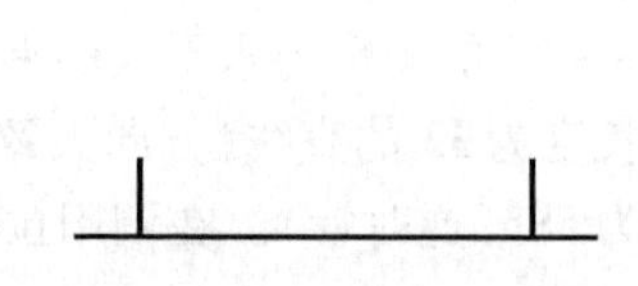

图 8-36 [例 8-9]作图步骤 1

分析:首先调用直线、椭圆弧命令画出 A,C 下部分,然后选择镜像命令,镜像线选择 A,D 两点,即可完成图形。

作图步骤:

(1)调用直线命令画出图 8-36 所示的图形。

(2)调用镜像命令,镜像线可以利用对象追踪确定。作图过程如图 8-37 所示。

Mirror

选择对象:全选图 8-36 的图形;

选择对象:回车

指定镜像线的第一点:选择水平线的端点作为对象追踪点,出现极轴路径,然后输入 30。如图 8-37(a)所示。(打开自动捕捉模式)

指定镜像线的第二点:在水平方向上任意确定一点。如图如图 8 - 37(b)所示。

要删除源对象吗? [是(Y)/否(N)] <N>:回车完成图形,如图 8 - 37(c)所示。

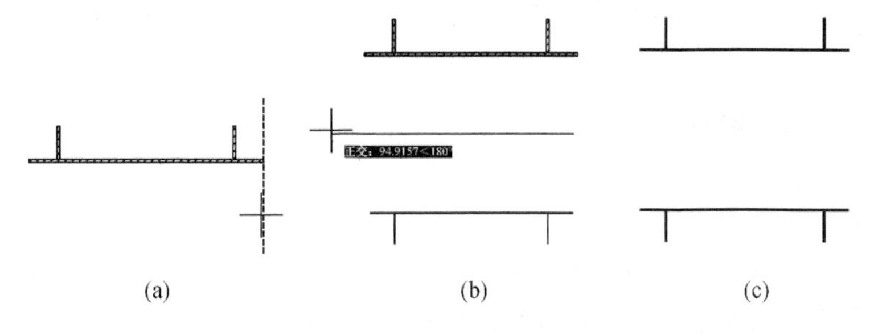

图 8 - 37　例 8 - 9 作图步骤 2

(3)画椭圆弧,如图 8 - 38 所示。

Ellipse

指定椭圆的轴端点或[圆弧(A)/中心点(C)]:a

指定椭圆弧的轴端点或[中心点(C)]:c

指定椭圆弧的中心点:利用对象追踪确定中心点的位置,选择中心点作为对象追踪点,出现极轴路径,输入 30。如图 8 - 38(a)所示。

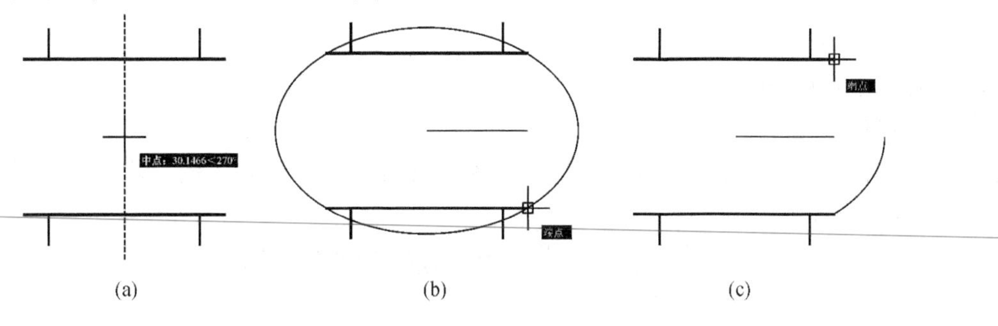

图 8 - 38　例 8 - 9 作图步骤 3

指定轴的端点:60(输入长轴的一个端点)。

指定另一条半轴长度或[旋转(R)]:40

指定起始角度或[参数(P)]:捕捉起始角度,如图 8 - 38(b)所示。

指定终止角度或[参数(P)/包含角度(I)]:捕捉终止角度,如图 8 - 38(c)所示。

(4)调用镜像命令,选择圆弧对象,镜像线为 C,D 端点。如图 8 - 39(a)所示。

(5)调用镜像命令,选择右边、上边圆弧对象,镜像线为 A,B 端点。完成图形。如图 8 - 39(b)所示。

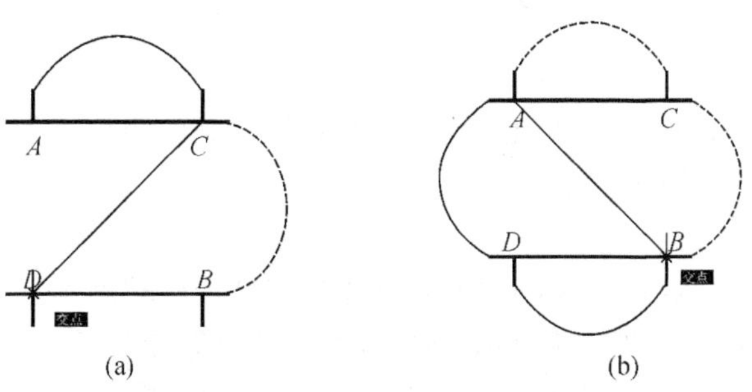

图 8 - 39　例 8 - 9 作图步骤 4

8.4.10　偏移(Offset)

1. 命令调用
命令:offset
下拉菜单:修改→偏移
修改工具栏:
2. 操作步骤
偏移命令用于创建造型与选定对象造型平行的新对象。偏移圆或圆弧可以创建更大或更小的圆或圆弧,取决于向哪一侧偏移。偏移的对象必须是一个实体。
可以偏移的对象有:
直线;圆弧;圆;椭圆和椭圆弧(形成椭圆形样条曲线);二维多段线;构造线(参照线)和射线;样条曲线。

8.4.11　阵列(Array)

1. 命令调用
命令:Array
下拉菜单:修改→阵列
修改工具栏:
2. 操作步骤
阵列命令可以在矩形或环形(圆形)阵列中创建对象的副本。调用阵列命令后出现如图8-40所示的对话框。

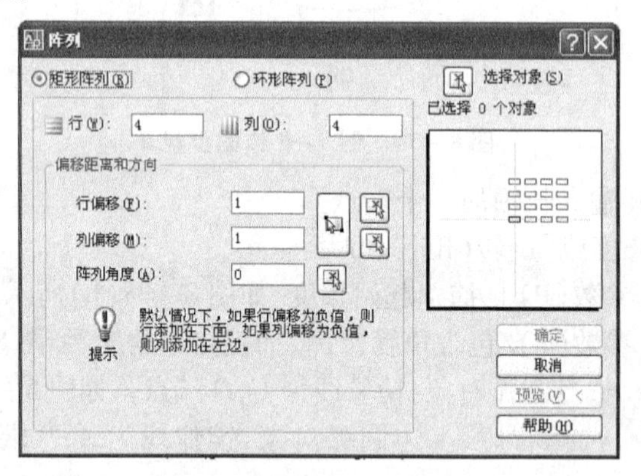

图8-40　“阵列”对话框

(1)矩形阵列
对于矩形阵列,可以控制行和列的数目以及它们之间的距离。如图8-41所示,行、列间距正负值可以决定阵列的方向。
(2)环形阵列
对于环形阵列,可以控制对象副本的数目并决定是否旋转副本。对于创建多个定间距的对象,排列比复制要快。创建环形阵列时,阵列按逆时针或顺时针方向绘制,这取决于设置填充角度时输入的是正值还是负值。阵列的半径由指定中心点与参照点或与最后一个选定对象的基点之间的距离决定。可以使用默认参照点(通常是与捕捉点重后的任意点),

或指定一个要用作参照点的新基点。如图 8 -42 所示。

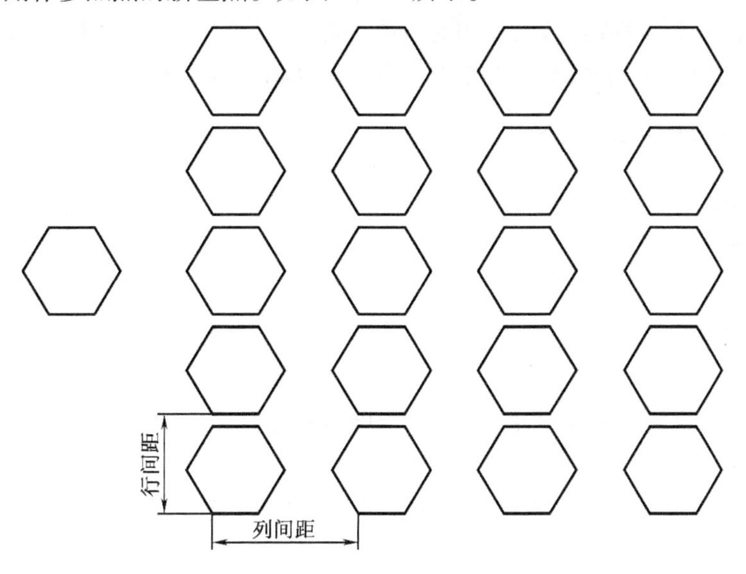

图 8 -41　矩形阵列

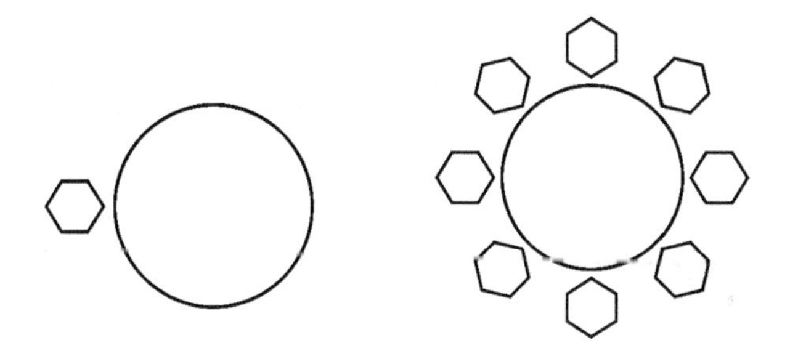

图 8 -42　环形阵列

8.4.12　缩放(Scale)

1. 命令调用

命令:Scale

下拉菜单:修改→缩放

修改工具栏:

2. 操作步骤

可以将对象按统一比例放大或缩小。

(1)按比例因子缩放对象

选择缩放对象,指定基点和比例因子。另外,根据当前图形单位,还可以指定要用作比例因子的长度。比例因子大于 1 时将放大对象。比例因子介于 0 和 1 之间时将缩小对象。缩放可以更改选定对象的所有标注尺寸。比例因子大于 1 时将放大对象。比例因子小于 1 时将缩小对象。按比例因子缩放对象操作较为简单。

(2)按图形参照缩放对象

可以利用参照进行缩放。使用参照进行缩放将现在距离作为新尺寸的基础。要使用参照进行缩放,请指定当前距离和新的所需尺寸。可以使用“参照”选项缩放整个图形。例如,可以在原图形单位需要修改时使用此选项。选择图形中的所有对象。然后使用“参照”选择两个点并指定所需的距离,图形中的所有对象被相应地缩放。

8.4.13 修剪(Trim)

1.命令调用

命令:Scale

下拉菜单:修改→修剪

修改工具栏:-/--

2.操作步骤

修剪对象,使它们精确地终止于由其他对象定义的边界。对象既可以作为剪切边,也可以是被修剪的对象。

建议在执行修剪命令时,将所有的对象都选择为剪切边,这样可以很方便的修剪每一个对象。

特别提示:在修剪过程中,剪切边是可以延长的,被修剪的对象是不能延长的。

修剪对象的步骤:

(1)选择修剪命令;

(2)选择作为剪切边的对象。要选择所有显示的对象作为潜在剪切边,请按 Enter 键而不选择任何对象;

(3)选择要修剪的对象。

8.4.14 打断(Break)

1.命令调用

命令:Scale

下拉菜单:修改→打断

修改工具栏:[ ]

2.操作步骤

可以将一个对象打断为两个对象,对象之间可以具有间隙,也可以没有间隙。当中心线过长时可以采用打断命令。可以在多数几何对象上创建打断,但不包括以下对象:块、标注、多线、面域。

打断对象有以下几种方式:

(1)在选择打断对象的同时,第一个打断点即确定,然后确定第二个打断点,即可打断对象;

(2)在选择打断对象的同时,第一个打断点确定,如果不合适则输入 F,重新确定第一个打断点的位置;

(3)要将对象一分为二,即打断对象而不创建间隙,请在相同的位置指定两个打断点。完成此操作的最快方法是在提示输入第二点时输入@0,0;

(4)AutoCAD 按逆时针方向打断圆弧或圆弧上第一个打断点到第二个打断点之间的部分;

(5)若第 2 点选取到图形外部,则在第 1 点和第 2 点之间的图形全部被打断。

8.4.15　合并(Join)

1. 命令调用

命令:Scale

下拉菜单:修改→合并

修改工具栏:➔✦

2. 操作步骤

将相似的对象合并为一个对象。用户也可以使用圆弧和椭圆弧创建完整的圆和椭圆。用户可以合并:

(1)圆弧——圆弧对象必须位于同一假想的圆上,但是它们之间可以有间隙。“闭合”选项可以将圆弧转换成圆;

(2)椭圆弧——椭圆弧必须位于同一椭圆上,但是它们之间可以有间隙。“闭合”选项可将椭圆弧闭合成完整的椭圆;

(3)直线——直线对象必须共线(位于同一无限长的直线上),但是它们之间可以有间隙;

(4)多段线——对象可以是直线、多段线或圆弧。对象之间不能有间隙,并且必须位于与 UCS 的 XY 平面平行的同一平面上。

(5)样条曲线——样条曲线对象必须位于同一平面内,并且必须首尾相邻(端点到端点放置)。

8.4.16　拉伸(Stretch)

1. 命令调用

命令:Stretch

下拉菜单:修改→拉伸

修改工具栏:⊡◺

2. 操作步骤

调整对象大小使其在一个方向上或是按比例增大或缩小。可以重定位穿过或在交叉选择窗口内对象的端点。

拉伸必须以交叉窗口或交叉多边形选择要拉伸的对象。与窗口交叉的对象将被拉伸,完全在窗口内的对象将作移动。如图 8－43 所示的三角形全部在窗口内,在拉伸过程中将作移动,其余三条线作拉伸。

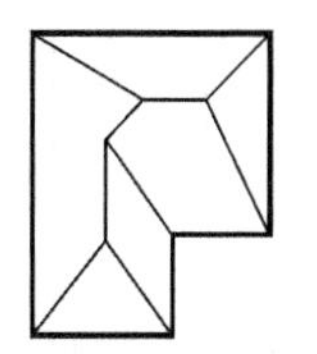

交叉窗口选择对象

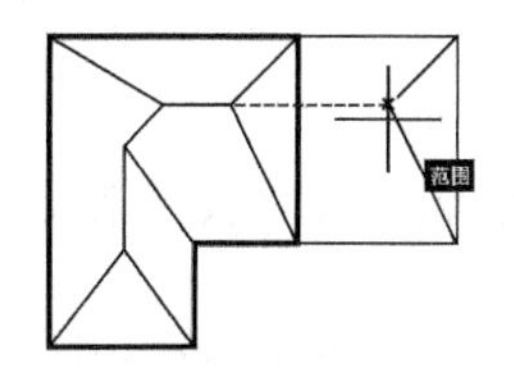

确定拉伸基点

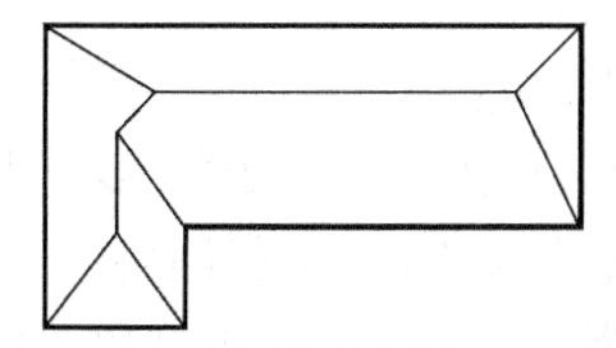

拉伸后的结果

图 8－43　拉伸操作

拉伸操作的几点说明：

在选取对象时，对于由 LINE，ARC，TRACE，SOLID，PLINE 等命令绘制的直线段或圆弧段，若其整个均在选取窗口内，则执行的结果是对其进行移动，若其一端在选取窗口内，另一端在选取窗口外，则有以下拉伸规则：

(1)直线(LINE)：窗口外的端点不动，窗口内的端点移动，直线拉长或缩短；

(2)圆弧(ARC)：与直线类似，在圆弧改变过程中，圆弧的弦高保持不变，由此来调整圆心的位置和圆弧起始角、终止角的值。当圆弧的圆心位于选择窗口内时执行的结果是进行圆弧移动；

(3)等宽线(TRACE)、区域填充(SOLID)：窗口外的端点不动，窗口内的端点移动，由此来改变图形；

(4)多义线(PLINE)：与直线或圆弧相似，但多义线的两端宽度、切线方向以及曲线拟合信息都不改变；

(5)圆(CIRCLE)：圆不能被拉伸，当圆的圆心位于选择窗口内时执行的结果是进行圆移动；

(6)文本和属性：当文本的基点在窗口内时作移动；

(7)形与块：当插入点在窗口内时作移动。

8.4.17 延伸(Extend)

1. 命令调用

命令：Stretch

下拉菜单：修改→延伸

修改工具栏：--/

2. 操作步骤

通过缩短或拉长，使对象与其他对象的边相接。延伸对象，使它们精确地延伸至由其他对象定义的边界边。

8.4.18 倒角(Chamfer)

倒角使成角的直线连接两个对象，它通常用于表示角点上的倒角边。

1. 命令调用

命令：Chamfer

下拉菜单：修改→倒角

修改工具栏：

2. 操作步骤

可以倒角的对象有：直线、多段线、射线、构造线、三维实体。

(1)通过指定距离进行倒角

倒角距离是每个对象与倒角线相接或与其他对象相交而进行修剪或延伸的长度。如果两个倒角距离都为0，则倒角操作将修剪或延伸这两个对象直至它们相交，但不创建倒角线。选择对象时，可以按住 Shift 键，以便使用值 0 替代当前倒角距离。

(2)按指定长度和角度进行倒角

可以通过指定第一个选定对象的倒角线起点及倒角线与该对象形成的角度来为两个对象倒角。

(3)为多段线和多段线线段倒角

如果选择的两个倒角对象是一条多段线的两个线段,则它们必须相邻或仅隔一个弧线段,如果它们被弧线段间隔,倒角将删除此弧并用倒角线替换它。

对整条多段线倒角时,只对那些长度足够适合倒角距离的线段进行倒角。如果图中有某些多段线线段太短则不能进行倒角。

图8-44　倒角实例

8.4.19　圆角(Fillet)

圆角使用与对象相切并且具有指定半径的圆弧连接两个对象。

1. 命令调用

命令:Chamfer

下拉菜单:修改→圆角

修改工具栏:

2. 操作步骤

可以倒圆角的对象有:圆弧、圆、椭圆和椭圆弧、直线、多段线、射线、样条曲线、构造线、三维实体。

(1)设置圆角半径

圆角半径是连接被圆角对象的圆弧半径。修改圆角半径将影响后续的圆角操作。如果设置圆角半径为0,则被圆角的对象将被修剪或延伸直到它们相交,并不创建圆弧。

圆角半径一旦被定义,输入的值将成为后续 FILLET 命令的当前半径。修改此值并不影响现有的圆角弧。

(2)平行直线倒圆角

可以为平行直线、参照线和射线圆角。临时调整当前圆角半径以创建与两个对象相切且位于两个对象的共有平面上的圆弧。第一个选定对象必须是直线或射线,但第二个对象可以是直线、构造线或射线。

8.4.20　分解(Fillet)

1. 命令调用

命令:Chamfer

下拉菜单:修改→分解

修改工具栏:

2. 操作步骤

如果需要在一个块、尺寸中单独修改一个或多个对象，可以将块、尺寸定义分解为它的组成对象。修改之后，可以重新创建新的块定义、重定义现有的块定义、保留组成对象不组合。

8.4.21 多段线(Pline)

多段线是作为单个对象创建的相互连接的序列线段。可以创建直线段、弧线段或两者的组合线段。可以由等宽或不等宽的直线以及圆弧组成。

1. 命令调用

命令:Pline

下拉菜单:绘图→多段线

绘图工具栏:

2. 操作步骤

[例8-10] 绘制如图8-45所示的图形。

作图步骤:

命令:Pline

指定起点:任意指定一点A;

当前线宽为0.0000

指定下一个点或[圆弧(A)/半宽(H)/长度(L)/放弃(U)/宽度(W)]:20(沿水平方向)

指定下一点或[圆弧(A)/闭合(C)/半宽(H)/长度(L)/放弃(U)/宽度(W)]:W

指定起点宽度<0.0000>:10

指定端点宽度<10.0000>:0

指定下一点或[圆弧(A)/闭合(C)/半宽(H)/长度(L)/放弃(U)/宽度(W)]:30

图8-45 箭头　　图8-46 多段线圆弧的画法

[例8-11] 绘制如图8-46所示的图形。

分析:多段线绘制圆弧半径是指圆心到线宽的一半处。由于圆弧的半径为25，所以此图的线宽应设为50。当调用多段线命令时，起点的位置可以设在A点(或B点)，如图8-47(a)所示。起点到圆心的角度202.5°，如图8-47(b)所示。

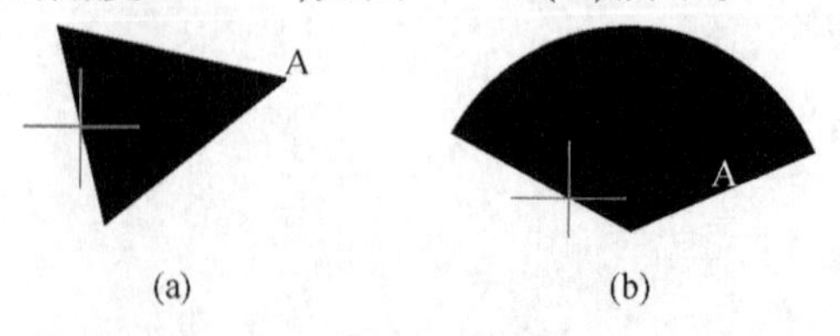

图8-47 多段线圆弧画法分解

作图步骤:

命令:Pline

指定起点:选定 A 点

当前线宽为 0

指定下一个点或[圆弧(A)/半宽(H)/长度(L)/放弃(U)/宽度(W)]:W

指定起点宽度 <50.0000 >:50

指定端点宽度 <50.0000 >:50

指定下一个点或[圆弧(A)/半宽(H)/长度(L)/放弃(U)/宽度(W)]:A

指定圆弧的端点或[角度(A)/圆心(CE)/方向(D)/半宽(H)/直线(L)/半径(R)/第二个点(S)/放弃(U)/宽度(W)]:CE

指定圆弧的圆心:@25 <202.5

指定圆弧的端点或[角度(A)/长度(L)]:A

指定包含角:315 完成图形。

多段线编辑可以通过闭合和打开多段线,以及移动、添加或删除单个顶点来编辑多段线。可以在任何两个顶点之间拉直多段线,也可以切换线型以便在每个顶点前或后显示虚线。可以为整个多段线设置统一的宽度,也可以分别控制各个线段的宽度。还可以通过多段线的创建线性近似样条曲线。

1. 命令调用

命令:Pedit

下拉菜单:修改→对象→多段线

修改Ⅱ工具栏:

2. 操作步骤

(1)合并多段线线段

如果直线、圆弧或另一条多段线的端点相互连接或接近,则可以将它们合并到打开的多段线。如果端点不重合,而是相距一段可设定的距离(称为模糊距离),则通过修剪、延伸或将新的线段连接起来的方式来合并端点。

(2)修改的多段线的特性

如果被合并到多段线的若干对象的特性不相同,则得到的多段线将继承所选择的第一个对象的特性。如果两条直线与一条多段线相接构成 Y 型,将选择其中一条直线并将其合并到多段线。合并将导致隐含非曲线化,程序将放弃原多段线和与之合并的所有多段线的样条曲线信息。一旦完成了合并,就可以拟合新的样条曲线生成多段线。

(3)多段线的其他编辑操作

闭合:创建多段线的闭合线段,连接最后一条线段与第一条线段。除非使用"闭合"选项闭合多段线,否则将会认为多段线是开放的。

合并:将直线、圆弧或多段线添加到开放多段线的端点,并从曲线拟合多段线中删除曲线拟合。要将对象合并至多段线,其端点必须接触。

宽度:为整个多段线指定新的统一宽度。使用"编辑顶点"选项中的"宽度"选项修改线段的起点宽度和端点宽度。

编辑顶点:通过在屏幕上绘制 X 来标记多段线的第一个顶点。如果已指定此顶点的切线方向,则在此方向上绘制箭头。

拟合:创建连接每一对顶点的平滑圆弧曲线。曲线经过多段线的所有顶点并使用任何指定的切线方向。

样条曲线:将选定多段线的顶点用作样条曲线拟合多段线的控制点或边框。除非原始多段线闭合,否则曲线经过第一个和最后一个控制点。

非曲线化:删除圆弧拟合或样条曲线拟合多段线插入的其他顶点并拉直多段线的所有线段。

线型生成:生成通过多段线顶点的连续图案的线型。此选项关闭时,将生成始末顶点处为虚线的线型。

8.4.22　多线(Mline)

多线样式创建、修改、保存和加载多线样式。多线样式控制元素的数目和每个元素的特性。Mlstyle 命令还控制背景颜色和每条多线的端点封口。

1. 命令调用

命令:Mlstyle

下拉菜单:格式→多线样式

调用命令后出现如图 8－48 所示的对话框。

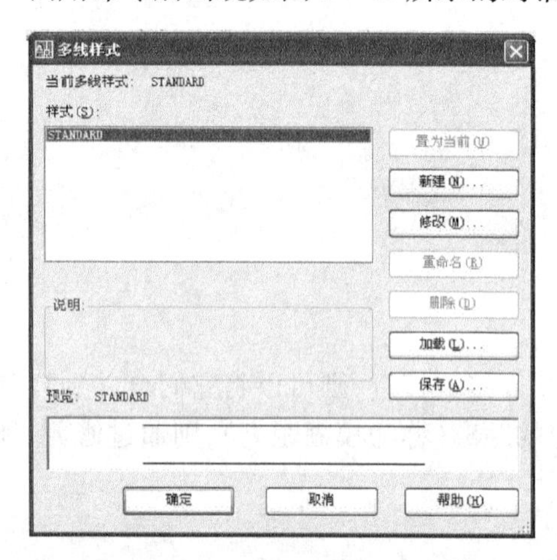

图 8－48　创建多线样式对话框

图 8－49　创建新的多线样式

2. 操作步骤

(1)新建

可以创建新的多线样式。如图 8－49 所示的对话框,设置新样式名后,点击继续出现如图 8－50 所示的对话框。可以根据需要设置新的线型。

(2)修改

从中可以修改选定的多线样式。但不能修改默认的 STANDARD 多线样式和已经使用的多线样式。

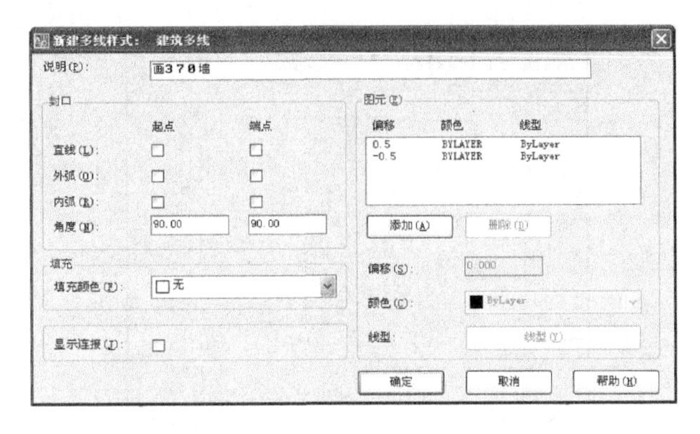

图 8－50　新的多线样式的设置

(3)绘制

1. 命令调用

命令:Mline

下拉菜单:绘图→多线

2. 操作步骤

调用多线命令后出现提示:

指定起点或[对正(J)/比例(S)/样式(ST)]:J

输入对正类型[上(T)/无(Z)/下(B)]<上>:

对正(J)——确定如何在指定的点之间绘制多线。

上(T):在光标下方绘制多线,因此在指定点处将会出现具有最大正偏移值的直线。

无(Z):将光标作为原点绘制多线,因此 MLSTYLE 命令中“元素特性”的偏移 0.0 将在指定点处。

下(B):在光标上方绘制多线,因此在指定点处将出现最大负偏移值的直线。

比例(S)——控制多线的全局宽度。该比例不影响线型比例。

(4)编辑

Mlidit 命令中可用的特殊多线编辑功能有:

(1)添加或删除顶点;

(2)控制角点结合的可见性;

(3)控制与其他多线的相交样式;

(4)打开或闭合多线对象中的间隔。

1. 命令调用

命令:Mline

下拉菜单:修改→对象→多线

2. 操作步骤

调用命令后出现如图 8－50 所示对话框。

修改多线对象。图 8－51 对话框以四列显示样例图像。第一列控制交叉的多线;第二列控制 T 形相交的多线;第三列控制角点结合的顶点;第四列控制多线中的打断。

在修改多线时,会提示选择第一条多线、第二条多线。第一条是被修改的多线。

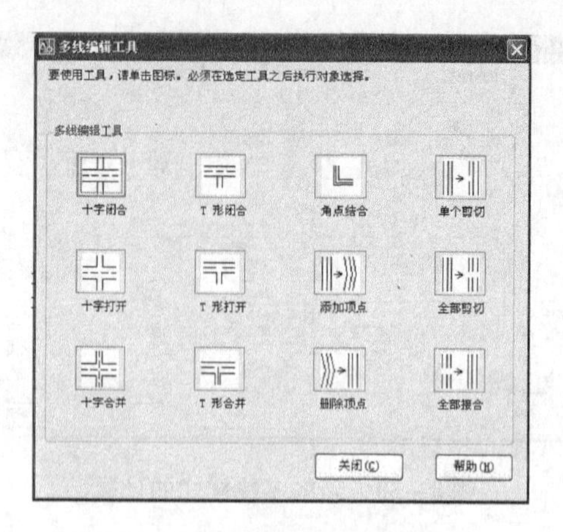

图 8－51　多线编辑对话框

8.4.23　样条曲线(Spline)与样条曲线编辑(Splinedit)

样条曲线是经过或接近一系列给定点的光滑曲线。可以控制曲线与点的拟合程度。可以通过指定点来创建样条曲线。也可以封闭样条曲线,使起点和端点重合。

(1)样条曲线(Spline)

公差表示样条曲线拟合所指定的拟合点集时的拟合精度。公差越小,样条曲线与拟合点越接近。公差为0,样条曲线将通过该点。在绘制样条曲线时,可以改变样条曲线拟合公差以查看效果。

1. 命令调用

命令:Spline

下拉菜单:绘图→样条曲线

绘图工具栏:

2. 操作步骤

现以例 8－12 为例讲解样条曲线如何操作。

[例 8－12]　利用样条曲线绘制图 8－52。

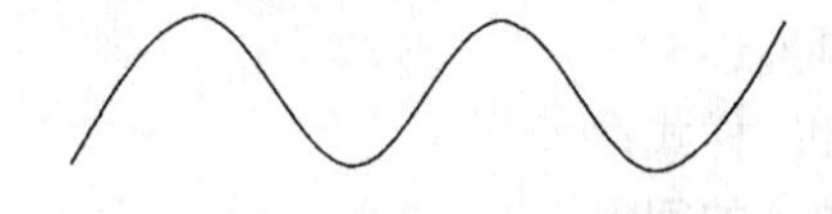

图 8－52　样条曲线的应用

作图步骤:

命令:Spline

指定第一个点或[对象(O)]:任意确定左下角一点

指定下一点:@10,10

指定下一点或[闭合(C)/拟合公差(F)]<起点切向>:@10,－10

指定下一点或[闭合(C)/拟合公差(F)]<起点切向>:@10,10

指定下一点或[闭合(C)/拟合公差(F)]<起点切向>:@10,－10

指定下一点或[闭合(C)/拟合公差(F)]<起点切向>:回车结束命令

(2)样条曲线编辑(Splinedit)

用于修改样条曲线对象的形状。

1. 命令调用

命令:Splinedit

下拉菜单:修改→对象→样条曲线

修改Ⅱ工具栏:

2. 操作步骤

(1)样条曲线编辑的操作

选择样条曲线:

输入选项[拟合数据(F)/闭合(C)/移动顶点(M)/精度(R)/反转(E)/放弃(U)]:

拟合数据(F):编辑定义样条曲线的拟合点数据,包括修改公差。

闭合(C):将开放样条曲线修改为连续闭合的环。

移动顶点(M):将拟合点移动到新位置。

精度(R):通过添加、权值控制点及提高样条曲线阶数来修改样条曲线定义。

反转(E):修改样条曲线方向。

(2)使用夹点编辑样条曲线

选择样条曲线时,夹点显示在其拟合点上(GRIPS 系统变量必须设置为 1)。可以使用夹点修改样条曲线的形状和位置。

执行完某些操作后,拟合点被放弃,夹点显示在控制点上。这些操作包括修剪样条曲线、移动控制点和清理拟合数据。如果样条曲线的控制框架打开(SPLFRAME 系统变量设置为 1),夹点同时在样条曲线控制点和其拟合点上显示。

(3)细化样条曲线的形状

可以在一段样条曲线中增加控制点的数目或改变指定控制点的权值来控制样条曲线的精度。增加控制点的权值将把样条曲线进一步拉向该点。也可以通过改变它的阶数来控制样条曲线的精度。样条曲线的阶数是样条曲线多项式的次数加一。

8.4.24　徒手作图(Sketch)

徒手绘制主要应用于创建不规则边界。徒手绘图时,定点设备就像画笔一样。单击“画笔”,这时可以在绘图区进行绘图,再次单击时停止绘图。徒手画由许多条线段组成。每条线段都可以是独立的对象或多段线。可以设置线段的最小长度或增量。使用较小的线段可以提高精度,但会明显增加图形文件的大小。因此,要尽量少使用此工具。

1. 命令调用

命令:Sketch

2. 操作步骤

徒手画。画笔(P)退出(X)结束(Q)记录(R)删除(E)连接(C)。输入选项或按指针按钮。

画笔(P):(拾取按钮):提笔和落笔。在用定点设备选取菜单项前必须提笔。

退出(X):-ENTER(按钮 3):记录及报告临时徒手画线段数并结束命令。

结束(Q):放弃从开始调用 Sketch 命令或上一次使用“记录”选项时所有临时徒手画线段,并结束命令。

记录(R):永久保存临时线段且不改变画笔的位置。用下面的提示报告线段的数量,已记录 n 条直线。

删除(E):删除临时线段的所有部分,如果画笔已落下则提起画笔选择删除端点。

连接(C):落笔,继续从上次所画的线段端点或上次删除的线段的端点开始画线。

连接:移动到直线端点。

落笔,从上次所画的线段的端点到画笔的当前位置画线,然后提笔。

注意:AutoCAD 将徒手画线段捕捉为一系列独立的线段。当 Skpoly 系统变量设置为一个非零值时,将为每个连续的徒手画线段(而不是为多个线性对象)生成一个多段线。记录的增量值定义直线段的长度。定点设备移动的距离必须大于记录增量才能生成线段。

8.4.25 圆环(Donut)、填充命令(Fill)

(1) 圆环(Donut)

1. 命令调用

命令:Donut

下拉菜单:绘图→圆环

2. 操作步骤

圆环是填充环或实体填充圆,即带有宽度的闭合多段线。要创建圆环,请指定它的内外直径和圆心。通过指定不同的中心点,可以继续创建具有相同直径的多个副本。要创建实体填充圆,则内径值指定为 0。圆环的起始点在线型宽度的中点上,如图 8 - 53 所示。圆环内部的填充方式取决于 FILL 命令的当前设置。

(2)填充命令(Fill)

1. 命令调用

命令:Fill

2. 操作步骤

控制诸如图案填充、二维实体和宽多段线等对象的填充。

当 ON 时为填充,OFF 时为非填充,选择填充模式后要选择重新生成命令才能生效,如图8 - 54所示。

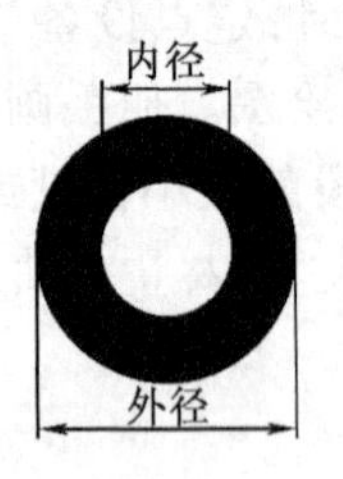

图 8 - 53 圆环命令的应用

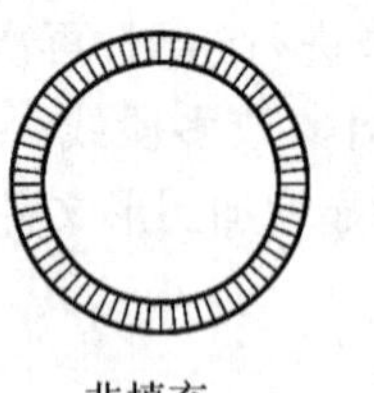

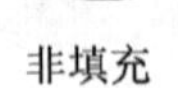

图 8 - 54 填充命令应用

8.4.26 夹点操作(Grips)

利用 AutoCAD 的夹点功能,可以很方便地对实体进行拉伸、移动、旋转、缩放、镜像等编辑操作。当 Grips = 1 时,夹点功能有效。

1. 命令调用

命令：Ddgrips

下拉菜单：工具→选项→选择

2. 操作步骤

首先点取欲编辑的对象（可以同时点取多个对象）。那么被点取的对象就会出现若干个小方格，我们把这些小方格称为夹点，如图 8－55 所示。

选中对象后，再点击夹点，确定夹点基点，若要确定多个夹点基点，同时按 Shift 键选择。选择好夹点基点后，就可以进行各种编辑操作或选中对象后直接单击鼠标右键出现快捷菜单，也可以进行各种编辑操作，若取消夹点按 Esc 键即可。

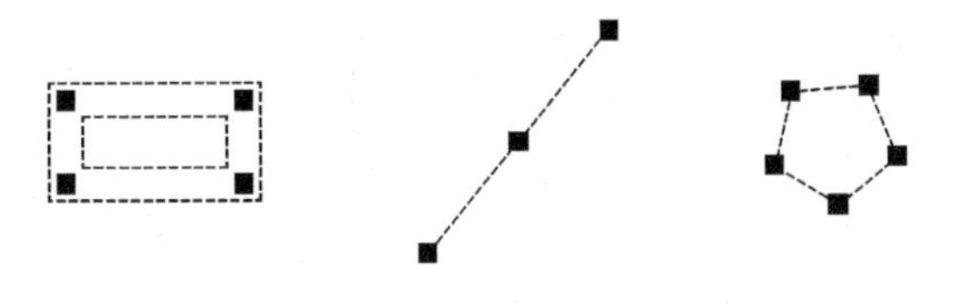

图 8－55　夹点位置示例

8.4.27　特性（Ddmodify、Properties）

“特性”选项板如图 8－56 所示，用于列出选定对象或对象集特性的当前设置。修改任何可以通过指定新值进行修改的特性。

1. 命令调用

命令：Ddmodify、Properties

下拉菜单：修改→特性

2. 操作步骤

调用命令后出现如图 8－56 所示的对话框，这是可选择要编辑的对象，在图 8－56 所示的对话框中即可出现所编辑对象的各种特性，可根据新的要求修改对象的特性。

点击要修改的对象，然后在修改特性对话框中修改选中对象的基本特性。

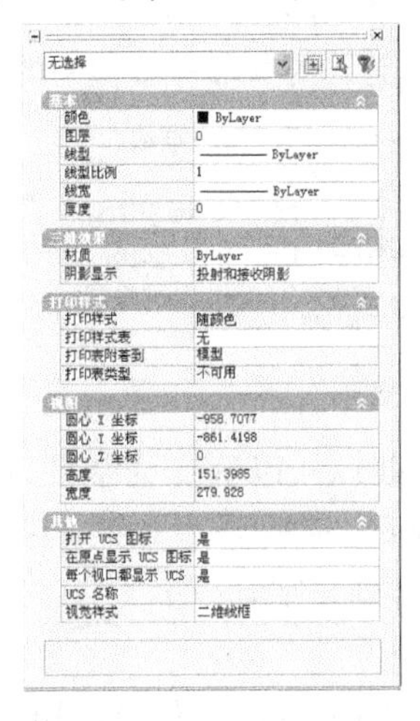

图 8－56　特性修改对话框

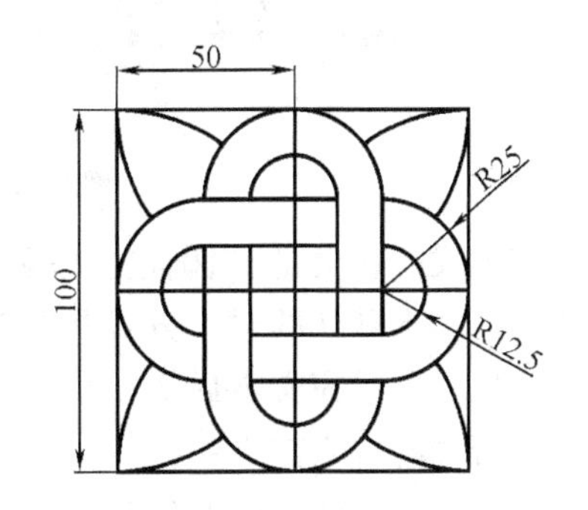

图 8－57　例 13 题图 1

8.4.28 综合举例

［例 8－13］ 绘制如图 8－57 所示的图形。

作图步骤，如图 8－58 所示。

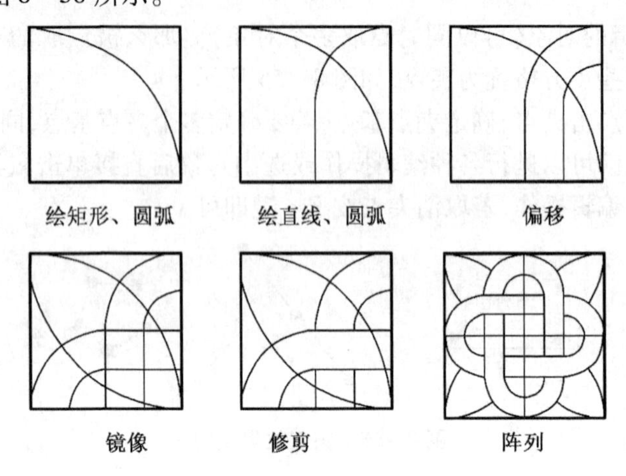

图 8－58 例 8－13 题图 2

8.5 文本标注与表格绘制

工程图中不仅有图形，还要标注一些文本，如技术要求、建筑施工说明等，AutoCAD 提供了较强的文本标注与文本编辑功能。在工程图中还需要表格，如机械装配图中的明细表、建筑施工图中的门窗表等。本节将介绍在 CAD 中的文本标注与编辑功能及表格的绘制。

8.5.1 文本的基本定义

文本在书写的过程中，无论是汉字还是英文或数字，都是有一定高度的，在文本高度范围内定义了文本基线的概念，如图 8－59 所示。并规定了文本书写过程中的对齐方式。

图 8－59 文本基线

文本对齐方式的含义是，当确定文本的基点（起点）后，以基点为基准以选定的对齐方式来排列文本。文本默认的对齐方式是左对正（LEFT），因此要左对齐文字不必在“对正”提示下输入选项。书写完文本后从左基点向右上方排列文字。

对齐各种符号的含义如下：

左上（TL）、中上（TC）、右上（TR）、左中（ML）、正中（MC）、右中（MR）、右（R）、左下（BL）、中下（BC）、右下（BR）、中心（C）、中间（M）。

8.5.2　文本样式的设置

图形中的所有文字都具有与之相关联的文字样式。输入文字时,程序使用当前的文字样式,该样式设置字体、字号、倾斜角度、方向和其他文字特征。默认的文字样式是 Standard 样式。使用时应根据需要设置相应的文本样式,如尺寸文本样式、汉字文本样式等。

(一)文本样式命令的调用

命令:Style

下拉菜单:格式→文字样式

调用命令后会出现如图 8 - 60 所示的对话框。

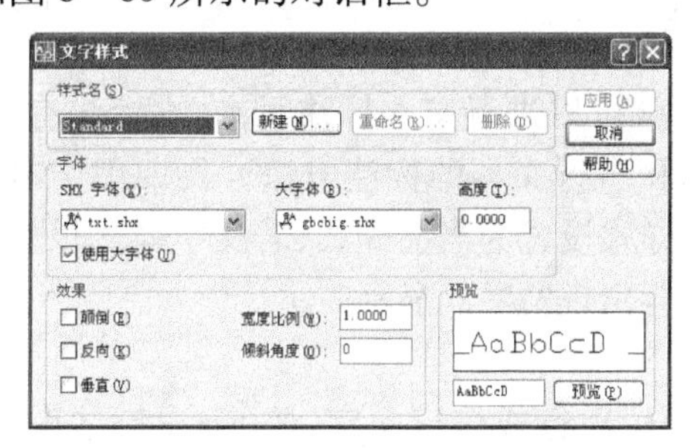

图 8 - 60　"文字样式"对话框

(二)文本样式的建立

系统默认的文本样式为 Standard 文字样式。根据需要可重新设置新的文本样式,点击新建出现如图 8 - 61 所示的对话框。

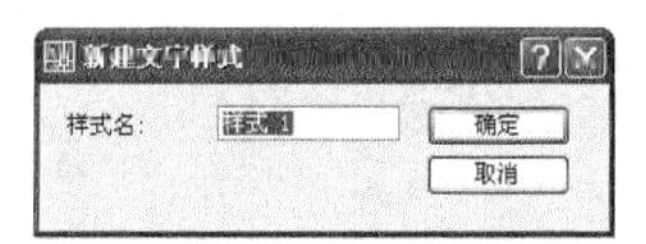

图 8 - 61　新建文字样式

1. 样式名

文字样式名称最长可达 255 个字符。名称中可包含字母、数字和特殊字符,如美元符号(MYM)、下划线(_)和连字符(-)。如果不输入文字样式名,将自动把文字样式命名为样式 *n*,其中 *n* 是从 1 开始的数字。

2. 字体

指定字体格式,比如斜体、粗体或者常规字体。选定"使用大字体"后,该选项变为"大字体",用于选择大字体文件。

大字体:指定亚洲语言的大字体文件。只有在"字体名"中指定 SHX 文件上,才能使用。只有 SHX 文件可以创建"大字体"。用于非 ACSⅡ字符集(例如日语汉字)的特殊形式定义文件,中文大字体是 gbcbig > shx。

不选用大字体,可以自己设定字体,汉字可选用仿宋 - GB2312,尺寸标注选用 ISOCP. SHX。

注:当所选的字体前面带"@"符号时,标注的文本将出现翻转。

3. 高度

根据输入的值设置文字高度。如果输入 0 每次用该样式输入文字时,系统都将提示输入文字高度。输入大于0的高度值则为该样式设置固定的文字高度。在相同的高度设置下，TrueType字体显示的高度要小于SHX字体，建议在高度栏中将高度设为0。

A0、A1图纸汉字、尺寸数字高度设为5，A2、A3、A4图纸汉字、尺寸数字高度设为3.5。

4. 效果

修改字体的特性，例如高度、宽度比例、倾斜角以及是否颠倒显示、反向或垂直对齐。

设置文字的倾斜角。输入一个 -85 ~ 85 之间的值将使文字倾斜。

宽度比例：仿宋体为0.75，其余根据需要设置。

设置好后点击文字样式对话框右上角的确定，即可完成对某个文字样式的设定。

8.5.3 文本的输入方式

文字样式设置完成后，就可以进行文本标注了，文本标注有单行文本和多行文本标注两种，本节将介绍单行文本和多行文本的标注方法。要调用文本标注命令之前，一定要先设置好文字样式，并将文字样式设置为当前样式，若文字样式设置的不合适如输入汉字，但文本样式不是汉字字体，就会出现??? 的显示。

(一)单行文本标注

使用单行文字(Text)创建单行或多行文字，按Enter键结束每行。每行文字都是独立的对象，可以重新定位、调整格式或进行其他修改。

1. 单行文本命令的调用

命令：Text 、Dtext

下拉菜单：绘图→文字→单行文字

文字工具栏：AI

2. 单行文本命令的操作

调用命令后出现提示：

指定文字的起点或[对正(J)/样式(S)]：默认文字的起点为左对齐，也可以选择对正(J)重新确定文字的对齐方式。

3. 特殊符号的输入

实际绘图时，有时需要标注一些特殊的字符，如上划线、下划线等，由于这些特殊的字符不能从键盘上直接输入，为此，CAD提供了各种控制码，用来实现这些要求。常用的特殊符号如表8-1所示。其中%%O和%%U分别是上划线与下划线的开关，即当第一次出现此符号时，表示打开上划线或下划线，而当第二次出现此符号时，则会关掉上划线或下划线。

表8-1 常用特殊符号的控制码

符号	控制码	示例	显示结果
ϕ	%%C	%%C35	φ35
±	%%P	%%P0.025	±0.025
°	%%D	45%%D	45°
上划线	%%O	%%OAutoCAD%%O2009	$\overline{\text{AutoCAD}}$2009
下划线	%%U	%%UAutoCAD%%U2009	$\underline{\text{AutoCAD}}$2009

（二）多行文本标注

利用文字编辑器（或其他文字编辑器）或使用命令行上的提示创建一个或多个多行文字段落。

1. 设置文字编辑器

在 CAD 中有时调用多行文本命令提示无法找到 Shell 程序，这时需要用户对系统进行以下设置。

（1）通过命令行设置

命令：Mtexted

输入 Mtexted 的新值，或输入　.　表示 <“内部”>：输入　.　即可。

提示：设置应用程序的名称用于编辑多行文字对象。可以为 Mtext 命令指定不同的文本编辑器。如果 Mtexted 设置为“内部”或“.”，将显示文字编辑器。通过输入句点（.）可将 Mtexted 设置为空。如果为另一个文字编辑器或字处理器指字可执行文件的路径和名称，将改为显示该路径和文件名。

（2）通过下拉菜单设置

下拉菜单：工具→选项→文件

将文本编辑器应用程序改为内部即可，如图 8－62 所示。

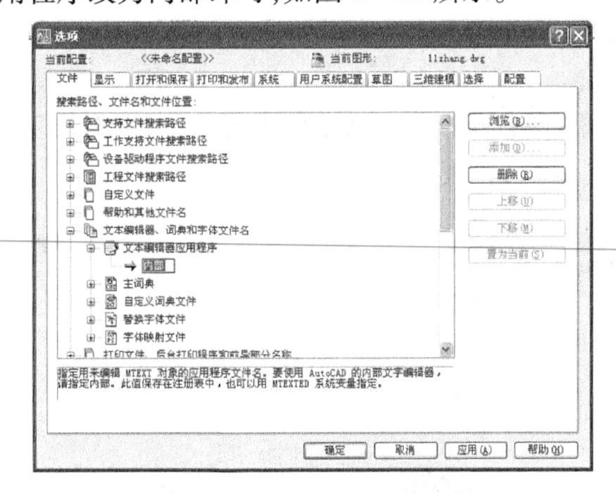

图 8－62　设置在位文字编辑器

［**例** 8－14］　标注上标、下标的方式。

$\varphi 32^{+0.03}_{-0.01}$

标注步骤：在文本编辑器下输入%%C32＋0.03^－0.01，然后选中＋0.03^－0.01，这时文本编辑器中的堆叠 a/b 被激活，然后点击堆叠，＋0.03^－0.01 将变为 $^{+0.03}_{-0.01}$。

上标、下标的字体高度是其他文本的 0.7 倍。如 $\varphi 32$ 高度为 5，则上标下标的数字高度为 3.5。

［**例** 8－15］　写出下列的数学表达式。

$(X-Y^4+2X_{(X-2)})=16$

标注步骤：在文本编辑器下输入（X－Y4^　＋2X^　（X－2））＝16，然后选中 4^ 和　^（X－2），注：在 4^后面有一空格，^（X－2）前面有一空格，必须要选中，这时文本编辑器中的堆叠 a/b 被激活，然后点击堆叠，Y4^将变为 Y^4，X^　（X－2））将变为 $X_{(X-2)}$。

8.5.4 文本的输入方式

命令:Qtext

控制文字和属性对象的显示和打印。

如果在包含使用了复杂字体的大量文字的图形中打开“快速文字”模式,将仅显示或打印定义文字的矩形框。打开 Qtext 模式可以减少程序重画和重生成图形的时间。

8.5.5 文本的编辑

文本编辑一般包含两个方面的内容,即修改文本内容和文本特性。无论是使用 Text、Mtext、Leader 还是 Qleader 创建的文字,都可以像其他对象一样修改。可以移动、旋转、删除和复制它。

(一)修改文字

修改文字内容的几种操作方式。

(1)命令:在 Ddedit

(2)双击要修改的文字

(3)选中文字后,单击鼠标右键,选择编辑

(4)下拉菜单:修改→对象→文字→编辑

(二)修改特性

利用修改特性对话框,不仅可以修改文字的内容,还可以对文字的一些特性进行修改,例如文字的比例、高度等。

操作方式:

命令:Ddmodify、Properties

下拉菜单:修改→特性

标准工具栏:

[例 8-16] 绘制如图 8-63 所示的图形。

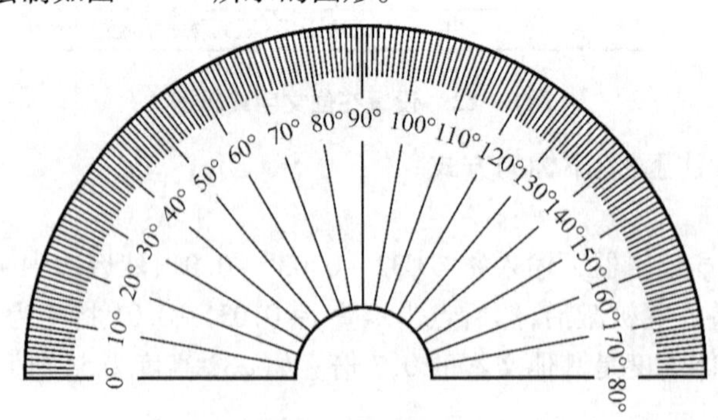

图 8-63 量角器的绘制

作图步骤:

(1)画出半圆;

(2)采用直线命令画长、短两条直线,如图 8-64 所示;

(3)利用 Text 命令标注文字,高度 6,旋转角度 90°,标注完后选择下拉菜单,修改→特性,修改文字宽度比例为 0.5,如图 8-64 所示;

（4）选择环形阵列，短直线阵列数量 181，阵列角度 －181，文字和长直线阵列数量 19，阵列角度 －180，阵列中心均为圆心，如图 8 －65 所示。

（5）然后分别修改文本的数据，即可画出量角器，如图 8 －63 所示。

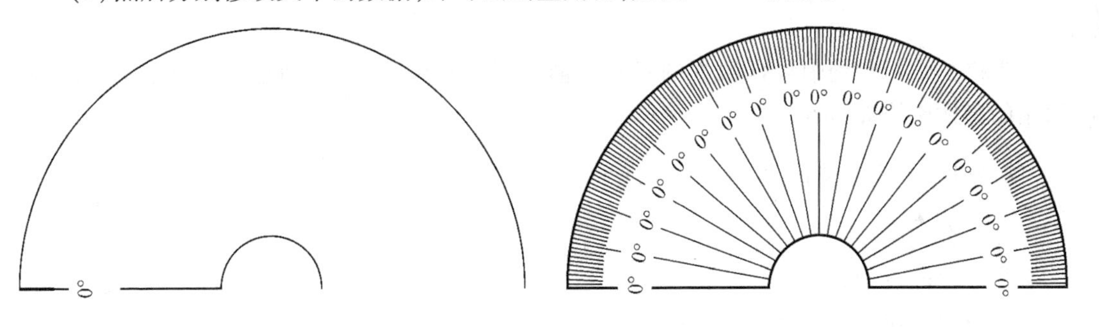

图 8 －64　作图步骤 1　　　　图 8 －65　作图步骤 2

8.5.6　文本的其他功能

文本其他功能包括文字的拼写检查、比例缩放、文字对齐、文字高度的匹配等。

（一）文本的拼写检查

可以检查图形中所有文字的拼写，包括单行文字、多行文字、属性值中的文字、块参照及其关联的块定义中的文字、嵌套块中的文字。

操作方式：

命令：Spell

下拉菜单：工具→拼写检查

（二）缩放文字

可以修改一个或多个文字对象、属性和属性定义（或其插入点）的比例，同时不修改对象的位置。

操作方式：

命令：Scaletext

下拉菜单：修改→对象→文字→比例

文字工具栏：

（三）修改文字的对正方式

使用 Justifytext 命令可以重定义文字的插入点而不移动文字。例如，表格中包含的文字，表中的文字对象靠右对齐而不是靠左对齐。可以选择单行文字对象、多行文字对象、引线文字对象和属性对象。

操作方式：

命令 Justifytext

下拉菜单：修改→对象→文字→对正

文字工具栏：

8.6 表格绘制

表格是在行和列中包含数据的对象。创建表格对象时,首先创建一个空表格,然后在表格的单元中添加内容。

8.6.1 设置表格样式

1. 命令调用

命令:Tablestyle

下拉菜单:格式→表格样式

样式工具栏:

2. 操作步骤

调用命令后出现如图 8-66 所示的对话框。点击新建,出现如图 8-67 所示的对话框。可以输入用户创建的新表格样式名,如图 8-67 新表格样式名为机械专业明细表。

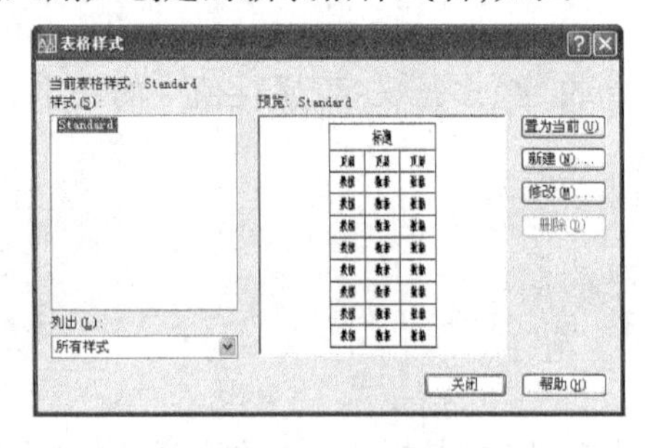

图 8-66 "表格样式"对话框

图 8-67 创建新的表格样式

在图 8-67 的基础上点击继续出现如图 8-68 所示的对话框。

图 8-68 所示的对话框中有三个选项卡:"数据""列标题"和"标题"。

"数据"选项卡:是指对每个数据行单元格进行各种特性的设置。

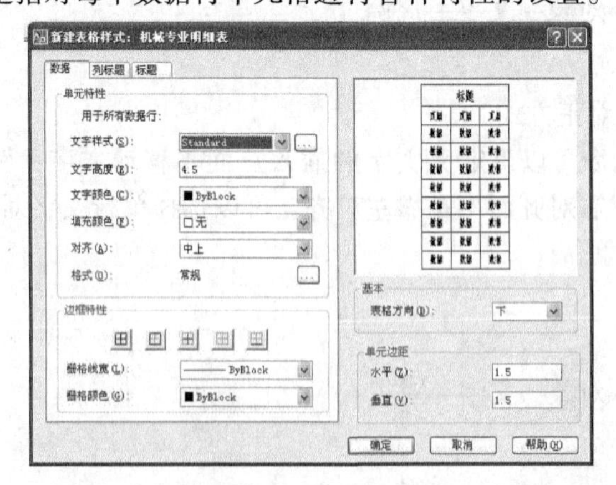

图 8-68 新建表格样式

"列标题"选项卡:是对列标题行(页眉)单元格进行各种特性的设置。

"标题"选项卡:是对标题行单元格进行各种特性的设置。

表格样式的边框特性控制网格线的显示,这些网格线将表格分隔成单元。标题行、列标题行和数据行的边框具有不同的线宽设置和颜色,可以显示也可以不显示。选择边框选项时,会同时更新“表格样式”对话框中的预览图像。

3. 单元特性与单元边距

在单元特性中可以选择图形中的所有文字样式、文字颜色、文字对齐方式、填充颜色,也可以单击“…”按钮显示“文字样式”对话框,从中可以创建新的文字样式。

在单元边距中控制单元边界和单元内容之间的间距。单元边距设置应用于表格中的所有单元。默认设置为0.06(英制)和1.5(公制)。

水平:设置单元中的文字或块与左右单元边界之间的距离。

垂直:设置单元中的文字或块与上下单元边界之间的距离。

文字高度和单元垂直边距决定表格的行高。

1个文字高度约为1.3333个图形单位。

行高 = 1.3333 × 文字高度 + 2 × 单元垂直边距。

8.6.2　表格绘制命令的调用

命令:Table

下拉菜单:绘图→表格

绘图工具栏:

调用命令后出现如图8－69所示的对话框。首先选择事先设定的表格样式,然后根据行、列的要求对表格进行设置。

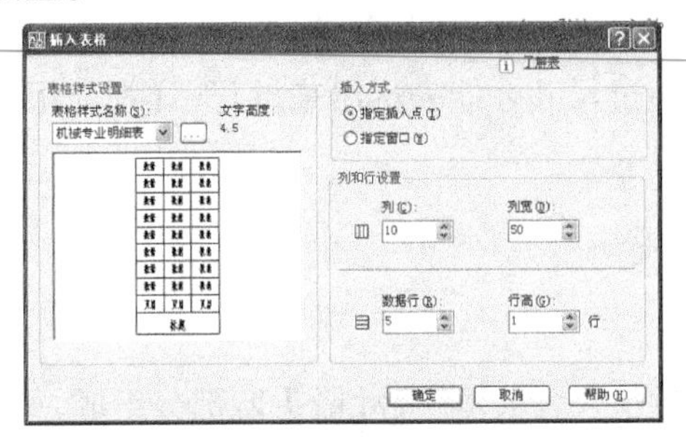

图8－69　表格设置对话框

表格创建完成后,即可出现文本编辑器与所设置的表格如图8－70所示。

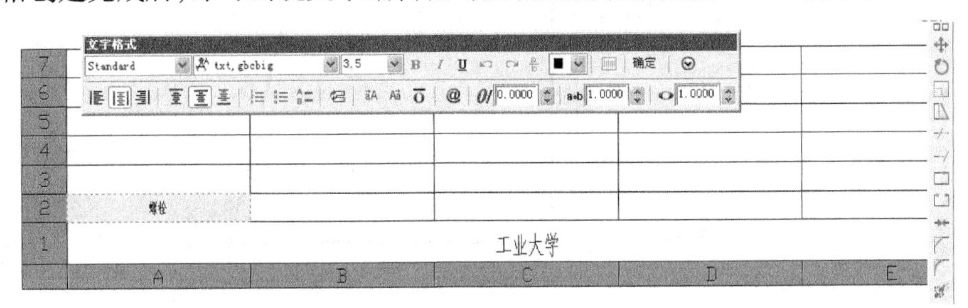

图8－70　表格的输入方式

8.6.3 修改表格单元

1. 利用夹点修改表格

用户可以单击该表格上的任意网格线以选中该表格，然后利用夹点来修改表格。在修改表格时应注意以下几点：

(1)修改表格的高度或宽度时，行或列将按比例变化。修改列的宽度时，表格将加宽或变窄以适应列宽的变化。要维持表宽不变，请在使用列夹点时按住 Ctrl 键。

(2)在单元内单击以选中它，单元边框的中央将显示夹点。在另一个单元内单击可以将选中的内容移到该单元，拖动单元上的夹点可以使单元及其列或行更宽或更小。

(3)要选择多个单元，按住 Shift 键并在另一个单元内单击，可以同时选中这两个单元以及它们之间的所有单元，或单击并在多个单元上拖动。

(4)选中单元后，可以单击鼠标右键，然后使用快捷菜单上的选项来插入/删除列和行、合并相邻单元或进行其他修改。选中单元后，可以使用 Ctrl + Y 组合键来重复上一个操作。

2. 利用“特性”选项板修改表格

在单元格内部单击选中单元格，然后选择修改→特性，或单击鼠标右键选择特性，即可修改单元格的高度、宽度及颜色等特性。

8.7 尺寸标注与编辑

尺寸标注是绘图设计中的一项重要内容，图形的主要作用是表达物体的形状，而物体的大小及确切的位置只有通过尺寸才能表达出来，以下详细介绍尺寸标注的功能及编辑的方法。

8.7.1 尺寸的基本定义

(一)尺寸的组成

尺寸由尺寸线、尺寸界线、尺寸文本、尺寸箭头四部分组成，如图 8 – 71 所示。

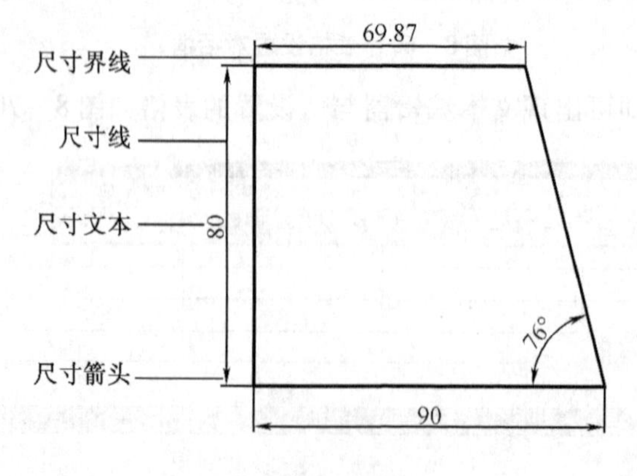

图 8 – 71 尺寸的组成

(二)尺寸标注的类型

(1)线性标注(Dimlin)——包括水平标注(Horizontal)、垂直标注(Vertical)、对齐标注

(Dimali)。

(2)角度标注(Dimang)

(3)半径标注(Dimrad)

(4)直径标注(Dimdia)

(5)坐标标注(Dimord)

(6)引线标注(Leader)

(7)连续标注(Dimcont)和基线标注(Dimbase)。

各种标注见图 8－72 所示。

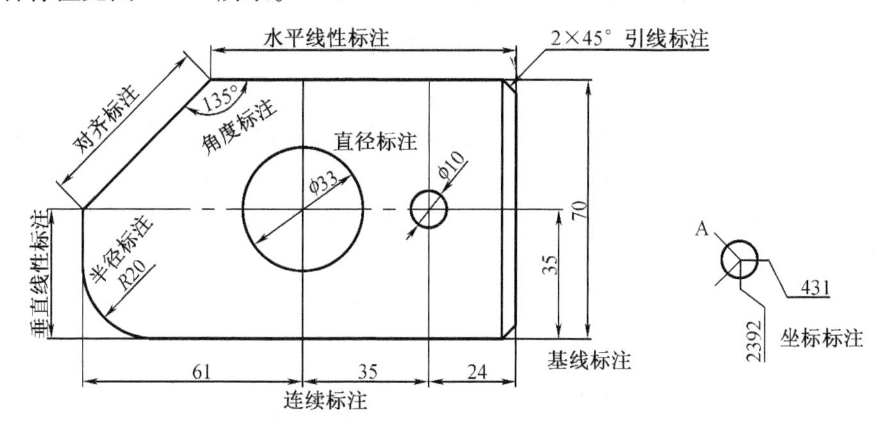

图 8－72　尺寸标注的类型

(三)尺寸关联性的概念

尺寸标注是作为一个图块存在的,即尺寸线、尺寸界线、尺寸文本和尺寸箭头是一个组合实体,当标注的图形被修改时,或单独用夹点拖动尺寸时,系统会自动更新尺寸标注,尺寸文本自动改变的特性就称为尺寸标注的关联性。

尺寸关联性:通过系统变量 Dimaso 来控制。(先设置再标注)

Dimaso——系统变量参数值为 1 时,尺寸标注具有关联性。

Dimaso——系统变量参数值为 0 时,尺寸标注是非关联性。

8.7.2　尺寸标注样式的设置

尺寸标注样式的设置主要就是对尺寸线、尺寸界线、尺寸文本、尺寸箭头、单位、公差等进行设置。CAD 默认的尺寸标注样式是 ISO－25,如图 8－73 所示。某些标注样式不符合国家标准,另外由于各个专业的不同,尺寸标注的要求也不一样,只要将尺寸标注样式设置好了,标注尺寸就非常简了。

(一)尺寸标注样式设置的操作步骤

1. 打开标注样式管理器对话框的操作方式

命令:Dimstyle

下拉菜单:标注→标注样式,如图 8－73 所示。

下拉菜单:格式→标注样式

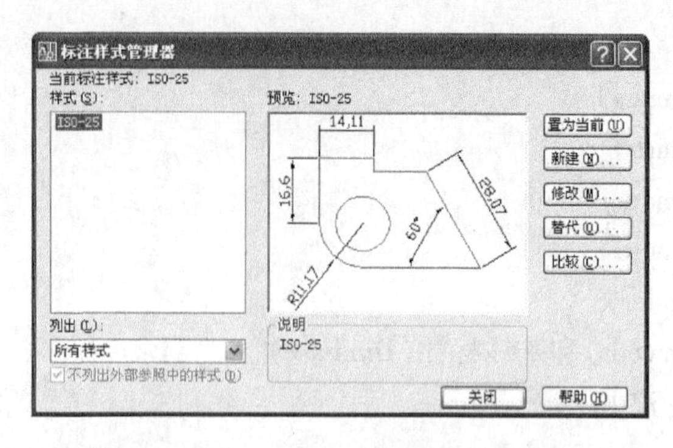

图 8－73　标注样式管理器

2. 父尺寸与子尺寸

尺寸标注的类型共有六种，父尺寸与子尺寸关系如图 8－74 所示，在进行尺寸样式设置时，设置好父尺寸后，一般子尺寸都遵循父尺寸所设置的标准来进行标注尺寸，但有时父尺寸的设置不符合子尺寸的要求，这样在设置好父尺寸后，必须对子尺寸的部分要求再重新设置。当然，也可将尺寸中一部分单独设置。

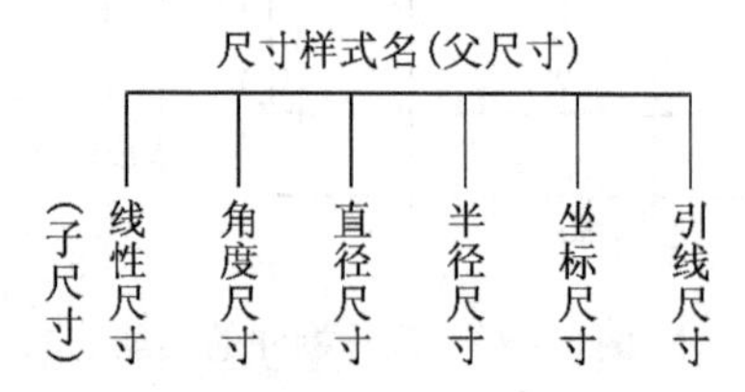

图 8－74　父尺寸与子尺寸的关系

(二)创建新标注样式

由于尺寸样式设置比较繁琐，不同图纸幅面所设置的字体大小、箭头大小、基线间距等不一样，例如建筑图尺寸较大，一般采用 1:100 等比例绘制，而计算机绘图时采用 1:1 绘制，输出时在缩小相应的比例，所以在进行尺寸样式设置时一般以 A0，A1，A2，A3，A4 图纸作为最基本的设置样式。设置好后可以根据图纸放大或缩小的比例在尺寸设置样式中统一调整比例。

1. 建立新的尺寸名

打开图 8－73 所示的对话框点击新建即可出现图 8－75 所示的对话框，用于所有标注，设置新样式名为机械标注(即为父尺寸)，然后点继续。出现如图 8－76 所示对话框。

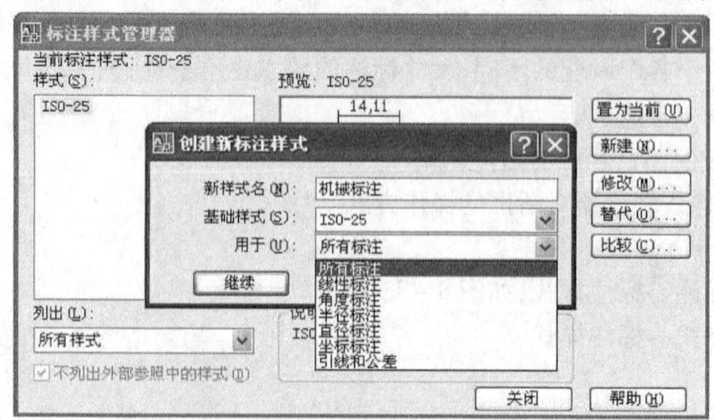

图 8－75　创建新标注样式

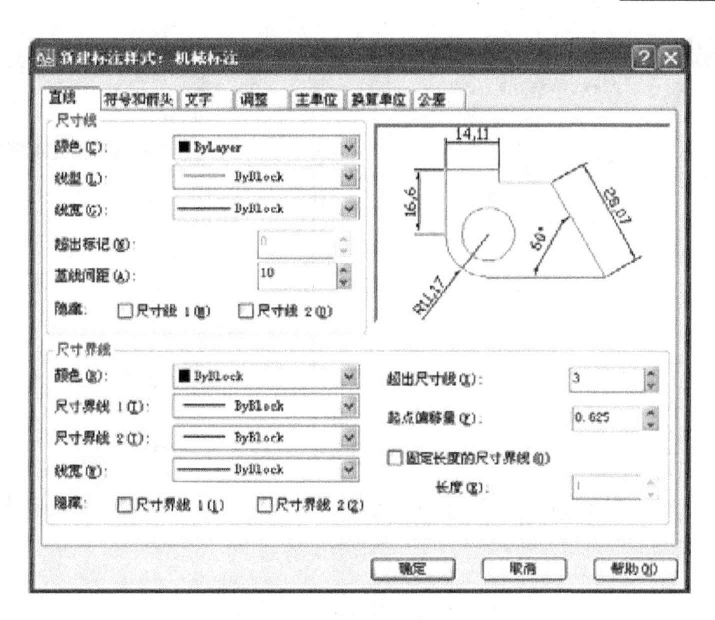

图 8-76　设置尺寸线、尺寸界线

2. 设置尺寸线和尺寸界线

如图 8-76 所示将基线间距设为 10，超出尺寸线设为 3，起点偏移量设置为 0（建筑设置为 3），其余颜色、线型、线宽、尺寸界线等都设置为随层。具体关系见图 8-77 所示。

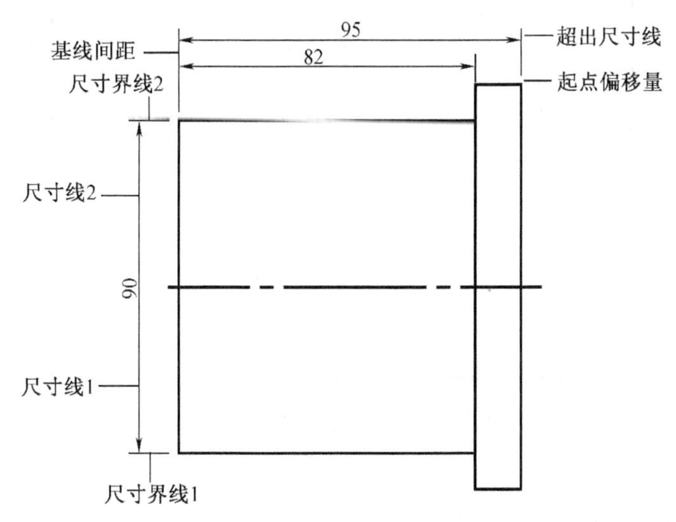

图 8-77　尺寸线、尺寸界线的关系

3. 箭头与弧长的设置

图 8-78 所示将箭头设置为实心闭合，箭头大小为 3。建筑设置时则为建筑标记，如图 8-79 所示。

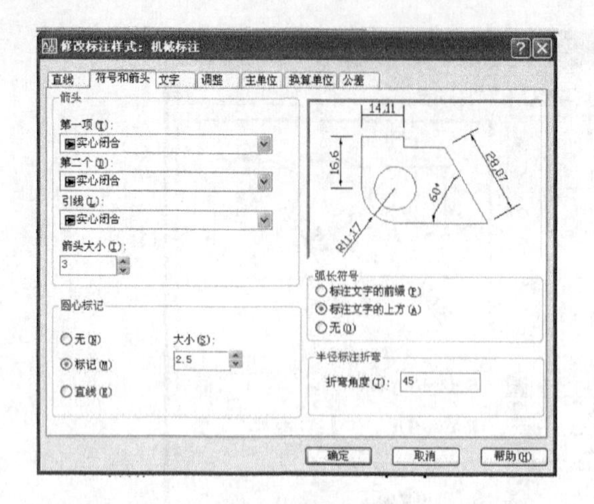

图 8－78　箭头与弧长符号、圆心标记的设置

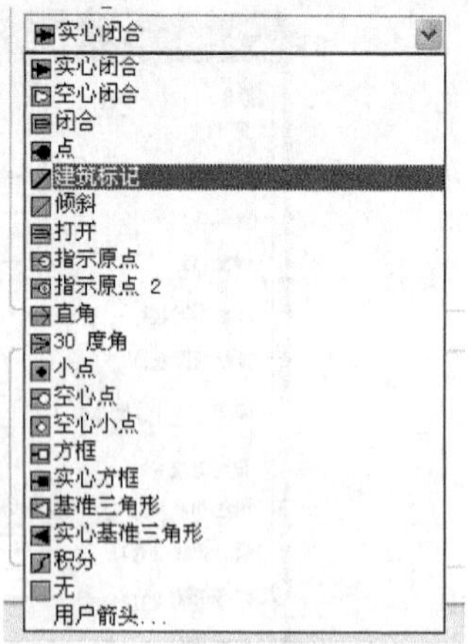

实心闭合
实心闭合
空心闭合
闭合
点
建筑标记
倾斜
打开
指示原点
指示原点 2
直角
30 度角
小点
空心点
空心小点
方框
实心方框
基准三角形
实心基准三角形
积分
无
用户箭头...

图 8－79　建筑标注的箭头

4. 尺寸文本的设置

如图 8－80 所示，文字样式选择 isocp. shx，文字颜色随层，A3 图纸的尺寸文字高度一般设为 3.5。尺寸文本的设置较为繁琐，下面分别以几个示例介绍关于尺寸文本的设置。

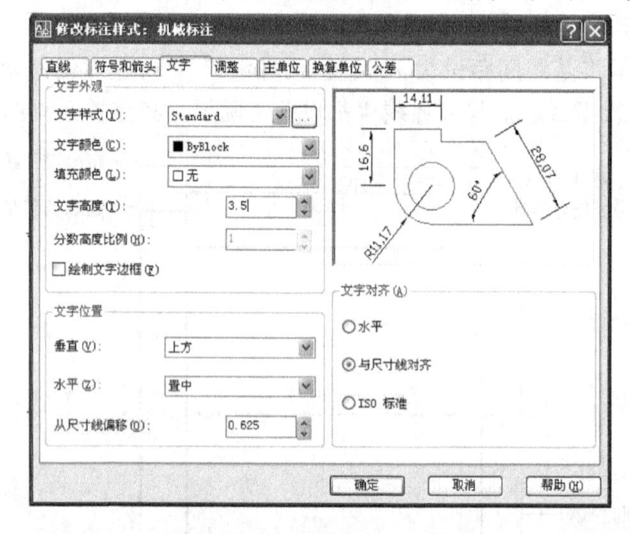

图 8－80　尺寸文本的设置

(1)直径与半径的标注。

①标注图 8－81(a)、(d)样式的设置：

在图 8－80 对话框中：文字位置(垂直→上方、水平→置中)，文字对齐(与尺寸线对齐)。

在图 8－83 对话框中：调整选项(箭头)。

②标注图 8－81(b)、(e)样式的设置：

在图 8－80 对话框中：文字对齐(与尺寸线对齐)。

在图 8－83 对话框中：调整选项(文字或箭头(最佳效果))。

③标注图 8－81(c)、(f)样式的设置：

在图 8－80 对话框中：文字对齐(ISO 标准方式)。

在图 8－83 对话框中：调整选项(文字或箭头(最佳效果))。

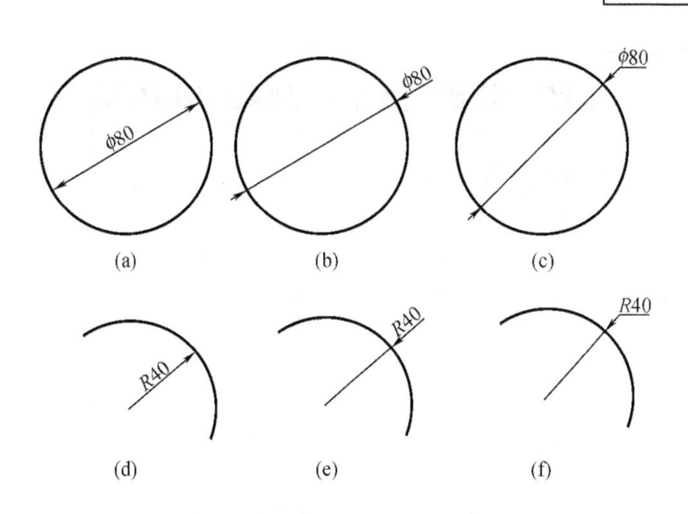

图 8－81 直径与半径的各种不同标注方式

(2)角度的标注

①标注图 8－82(a)、(b)样式的设置:

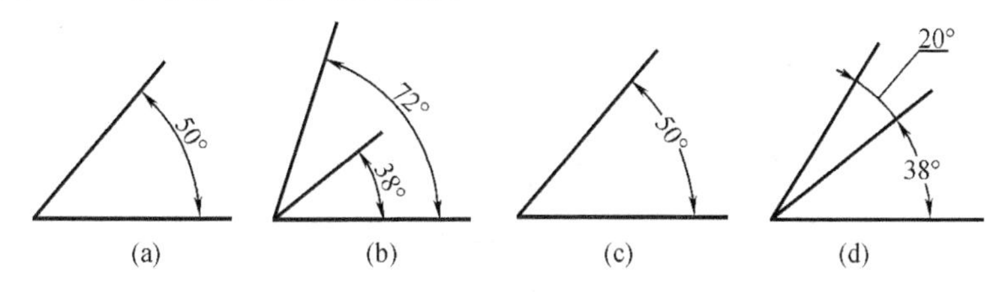

图 8－82 角度的各种不同标注

在图 8－80 对话框中:文字位置(垂直→外部、水平→置中),文字对齐(水平)。

②标注图 8－82(c)、(d)样式的设置:

在图 8－80 对话框中:文字位置(垂直→上方或置中、水平→置中),文字对齐(水平)。

特别提示:在图 8－81、图 8－82 所举的实例中,一种设置只能画出一种样式,要想在图中同时标注出几种不同的直径样式,需分别新建几种不同直径标注样式的父尺寸;或用一种样式标注完后在选择修改下拉菜单中的特性,对每种样式分别进行修改。

5. 尺寸文本与尺寸箭头的调整设置

如图 8－83 所示,此项是根据图纸的要求对文字和箭头进行最佳的设置。在“使用全局比例”的设置中,如果绘图界限非常大,例如绘制建筑施工图时要求绘图界限在 A3 的图纸上增大 100 倍,那么前面的各项还是按照 A3 图纸要求的大小设置,然后在图 8－83“使用全局比例”中将比例设为 100 即可。

6. 主单位的设置

如图 8－84 所示,主要对线性尺寸及角度尺寸的标注格式和精度进行设置。

在前缀和后缀中设置相关的参数,那么采用该标注样式标注图形尺寸都将标注上前缀和后缀所设的参数。图 8－85(a)所示 ϕ55H7 的标注是错误的,这是一个线型尺寸,前面不能加 ϕ。由于在前缀设置了 ϕ,所以出现了错误,因此在前缀后缀设置时应根据需要可以单独设置一个父尺寸。例如在非圆上标注直径时可以设置前缀为直径的符号。一般前缀、后缀不设置,在标注时如果需要修改尺寸内容,可以选择 M 或 T 方式重新确定尺寸文本内容。

图 8－85(b)所示的角度标注,必须将图 8－84 中的角度标注设置为度/分/秒单位格

式，精度设置为 0d00'00"。

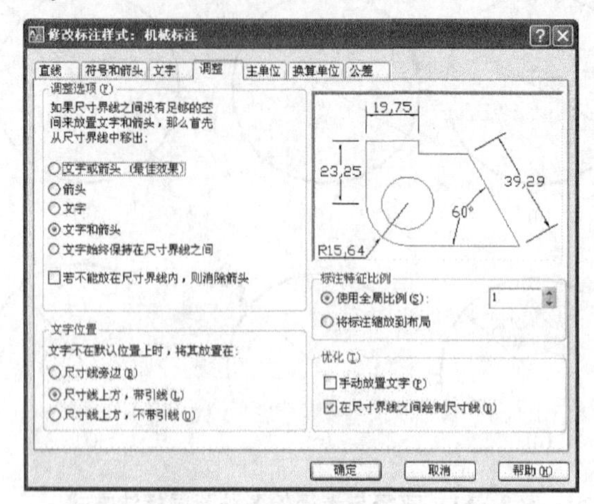

图 8-83　尺寸文本与尺寸箭头的调整

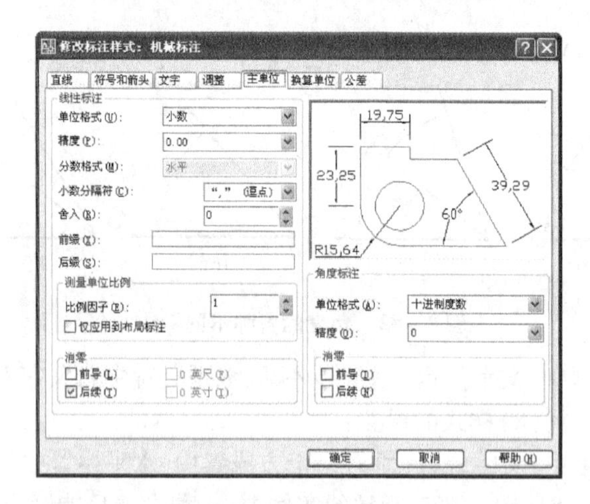

图 8-84　主单位的设置

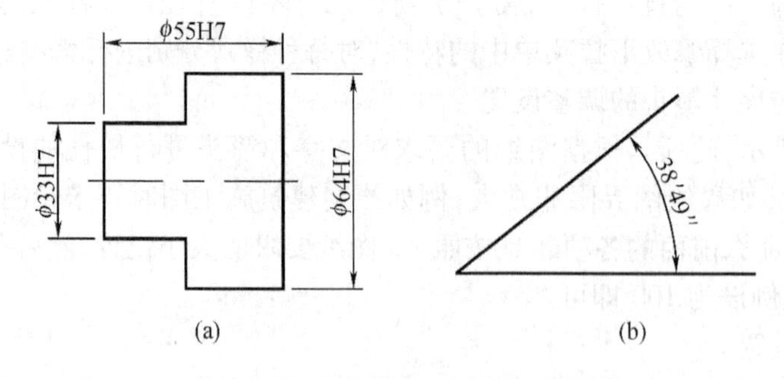

图 8-85　前缀和后缀的设置

7. 公差的设置

如图 8-86 所示，主要对标注公差的格式进行设置，一般用于机械标注。

一旦设置了公差标注，所有的尺寸在标注的过程中都带有公差。所以公差标注最好采用文本编辑器的方式完成，如图 8-87 所示公差的标注。

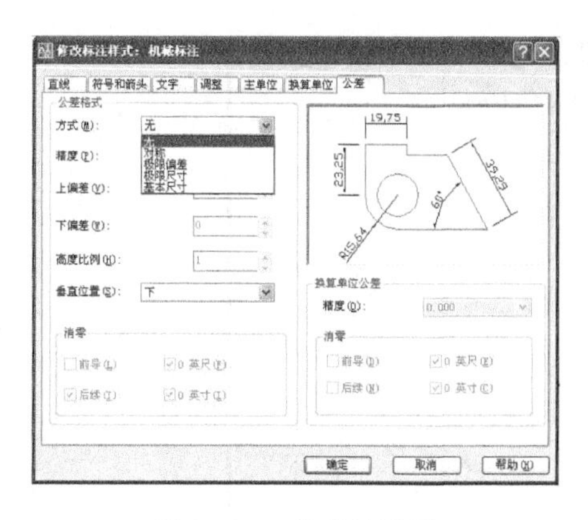

图 8-86　公差的设置

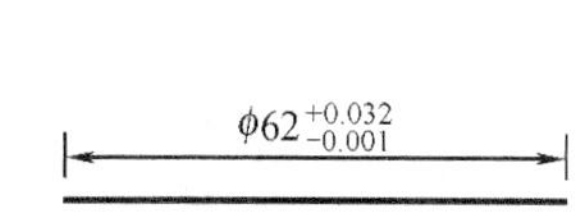

图 8-87　公差的标注

当调用尺寸文本标注命令后提示：

Dimlinear

指定第一条尺寸界线原点或 <选择对象>：

选择标注对象：

[多行文字(M)/文字(T)/角度(A)/水平(H)/垂直(V)/旋转(R)]:M

出现文本编辑器，即可按照 8.5.3 中例 14 的方式标注公差。

在图 8-86 对话框预览中我们可以看出角度文字的书写方向不符合国家标准的规定，这时必须对角度的文字再进行单独的设置，点击新建选择角度标注，如图 8-88 所示。

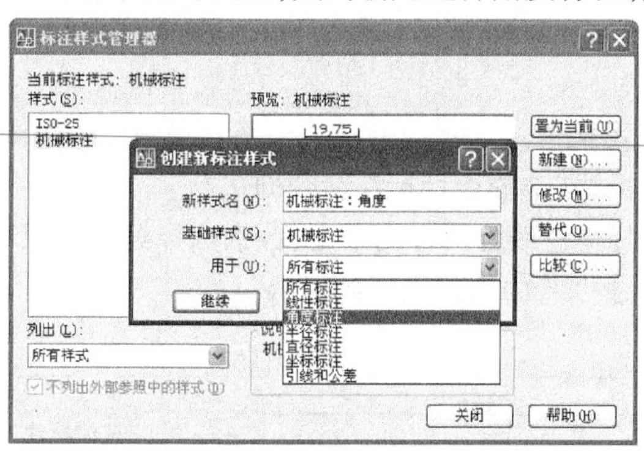

图 8-88　创建机械标注下的角度标注

然后选择继续进入 8-80 所示的对话框中，选择文字对齐方式为水平，其余遵循父尺寸机械标注的设置，点击确定，如图 8-89 所示。其余的子尺寸用户可根据实际情况进行设置，最后选中机械标注置为当前，尺寸标注样式设置完成。如果要对某个尺寸重新设置进入到图 8-88 标准样式管理器中选择修改即可。

以上是尺寸标注样式的设置，可以根据需要新建多个尺寸标注样式，然后可以从样式工具栏中直接选用所需要的尺寸类型即可。

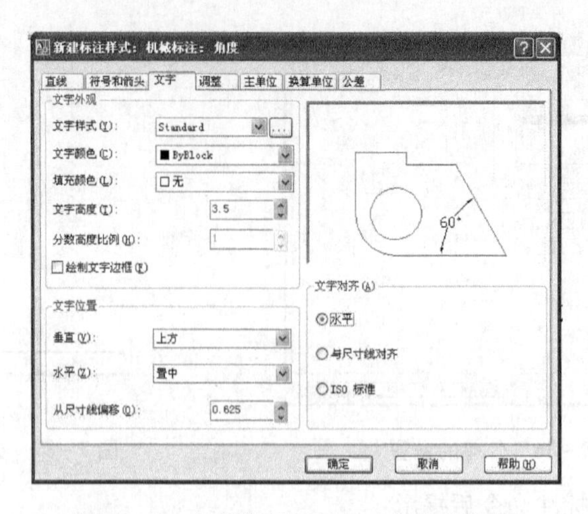

图 8-89　机械标注下子尺寸角度的设置

8.7.3　线性尺寸的标注

设置好尺寸标注样式后就可以进行各种尺寸标注了,线型尺寸包括水平标注、垂直标注、对齐标注。各种尺寸命令操作格式都是以下 3 种形式。

(一)尺寸标注的操作格式

(1)在命令行中输入各种尺寸的命令。例如线性尺寸输入 dimlin;

(2)下拉菜单:标注→各种命令;

(3)标注尺寸工具栏。

(二)线性尺寸标注示例

1. 水平标注和垂直标注(选择线性标注命令即可)

如图 8-90 所示选择标注线性尺寸命令后,分别选择第一个尺寸界限即原点 A 和第二个尺寸界限即原点 B 后命令行中出现以下的提示:

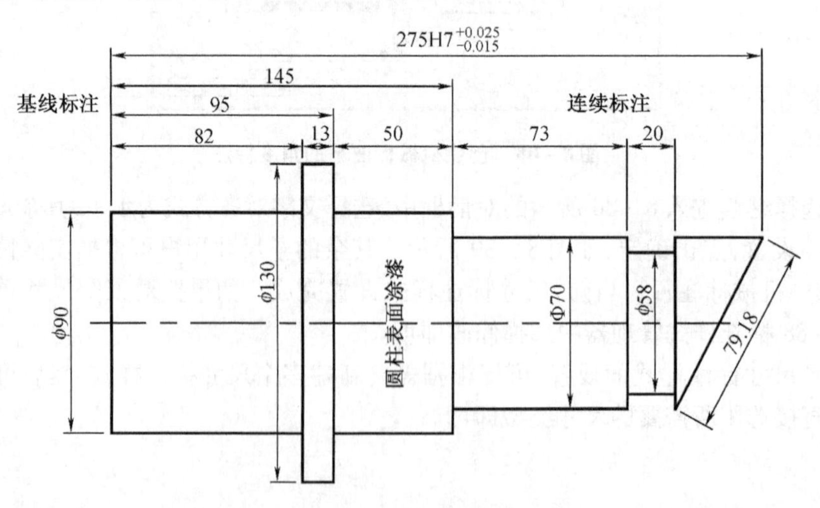

图 8-90　线性尺寸标注示例

[多行文字(M)/文字(T)/角度(A)/水平(H)/垂直(V)/旋转(R)]:

默认的是指定尺寸线位置,可以输入一个数值回车(也可以动态确定)。标注尺寸结束。

如果作图精确,尺寸数字可直接标注,不需要重新输入,若有特殊要求需要改变尺寸数字的数值,那么可以在上面的提示中选择多行文字(M)或文字(T),重新输入尺寸文本。

注:在标注连续标注和基线标注尺寸之前,必须要有一个线性尺寸或角度尺寸的存在,而且连续标注和基线标注要求作图精确,因为在标注过程中不能对尺寸文本进行修改。

8.7.4　引线标注和坐标标注

(一)引线标注的操作格式

用户调用引线标注命令后,按照提示选择需要进行引线标注图形的位置,然后输入文字。若要修改引线的类型,键入"S"进行引线设置,弹出 8-91 所示的对话框,用户可以在它的三个选项卡中设置引线的类型、箭头的形状和注释类型及注释文字的各个特征。

1. 注释

注释类型:共五种,复制对象要求是文字、块参照、公差。

2. 引线和箭头

引线可以设置为直线或曲线。箭头可以根据需要选择。

3. 附着

只有在注释类型为多行文字时才可以使用,用户可以使用此选项卡制定引线末端和多行文字的相对位置。

(二)坐标标注

坐标标注是以坐标圆点作为基准点,标注某一点的坐标尺寸,如图 8-92 所示的 $x=103$, $y=306$ 坐标点的标注。其中要将文本 $x=(y=)$ 在前缀中分别设置好。

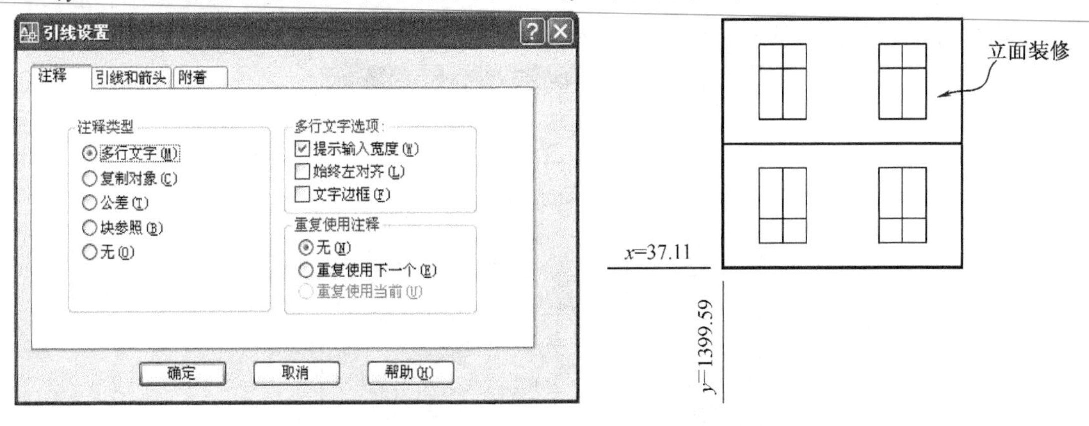

图 8-91　"引线设置"对话框

图 8-92　坐标的标注

8.8　图 案 填 充

在工程设计中,常常要把某种图案(如机械设计中的剖面线、建筑设计中的建筑材料符号)填入某一指定的区域,这就是图案填充。

在进行图案填充的时候,要确定的内容有三个:填充的区域、填充的图案、图案填充的方式。

(一)填充操作

1.命令调用

命令:Hatch、Bhatch

下拉菜单:绘图→图案填充

绘图工具栏:

2.操作步骤:

调用命令后出现如图8-93所示的对话框。

(二)填充图案的选择

当进行图案填充时,首先要确定填充的图案,“图案填充和渐变色”对话框的“图案填充”选项卡下的“类型和图案”区域中显示了在ACAD.PAT文本文件中定义的所有填充图案的名称。通过将新的填充图案的定义添加到ACAD.PAT文件中,可以将其添加到对话框中。

1.类型和图案

(1)预定义

AutoCAD提供了实体填充及50多种行业标准填充图案,可用于区分对象的部件或表示对象的材质。还提供了符合ISO(国际标准化组织)标准的14种填充图案。当选择ISO图案时,可以指定笔宽。笔宽决定了图案中的线宽,用户可以选择所需的图案。

(2)用户定义

临时定义的一种图案是平行线,用户可以通过设置角度及比例来确定平行线之间的距离和方向。

(3)自定义

用户可以自己定制图案的类型,可以参见AutoCAD定制与开发。

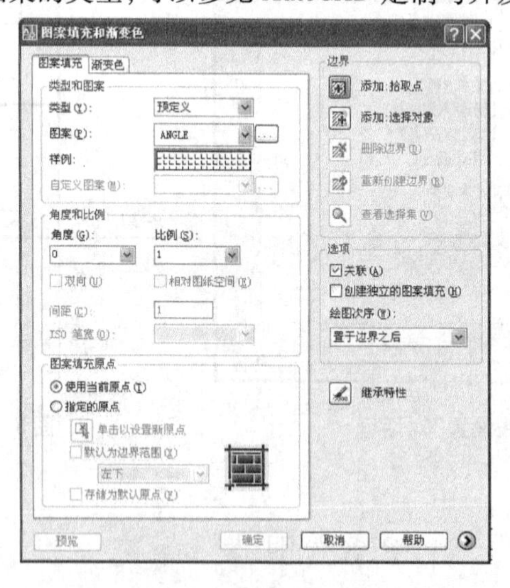

图8-93 “图案填充和渐变色”对话框

2.角度和比例

可根据预览效果随时调整。

3.图案填充原点

默认情况下,填充图案始终相互“对齐”。但是,有时可能需要移动图案填充的起点(称为原点)。如图 8－94 所示,如果创建砖形图案,可能希望在填充区域的左下角以完整的砖块开始。在这种情况下,可以使用“图案填充原点”选项中的指定原点选项。

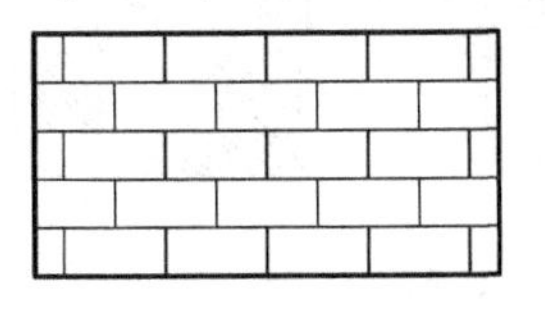
默认图案填充原点

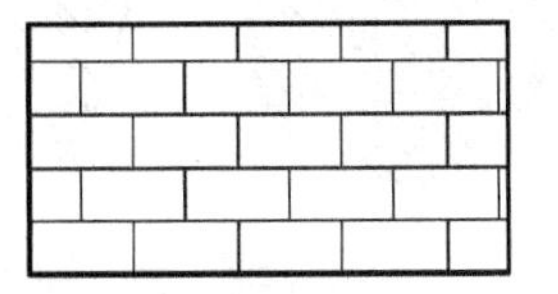
新的图案填充原点

图 8－94　图案填充原点的选择

8.8.1　填充边界

当进行图案填充时,首先要定义填充图案的边界。

1. 边界的概念

命令：Boundary

下拉菜单:绘图→边界

边界可以是直线、多段线、圆、圆弧、椭圆、椭圆弧和样条曲线的组合。可以从多个方法中进行选择以指定图案填充的边界。

(1)指定对象封闭区域中的点。添加拾取点。

这种方式确定填充边界要求图形必须是封闭的,如果填充的不是封闭区域,则可以设置允许间隙(Hpgaptol 系统变量)。任何小于等于允许的间隙中指定的值间隙都将被忽略,并将边界视为封闭。设置 Hpgaptol 系统变量后,将出现“自动封闭边界”的对话框可以根据需要进行选择。

Hpgaptol——默认值为 0,指定对象封闭了该区域并没有间隙。按图形单位输入一个值(从 0～5000)。

(2)选择封闭区域的对象

根据构成封闭区域的选定对象确切边界。点取该按钮,系统临时关闭对话框,并在命令行提示:选择对象,此时用户可根据需要选择对象构成填充边界。这种方式一般用于填充边界不封闭的区域。

(3)将填充图案从工具选项板或设计中心拖动到封闭区域。

可以在工具选项板或设计中心找到 ACAD. PAT,然后选择所需要的图案到填充区域。

2. 选项

关联:控制图案填充或填充的关联。关联的图案填充在用户修改其边界时图案将随边界更新。

创建独立的图案填充:默认情况下,当同时确定几个独立的闭合边界时,图案是一个对象,可以通过创建独立的图案填充将图案变为几个独立的实体。如图 8－95 所示,同时对三个区域填充图案,这样所填的图案是一个对象,当选中一个区域填充时,三个区域的填充都被选中。如果选择图 8－93 对话框中的创建独立的图案填充,即可将三个区域中的图案变为三个对象。

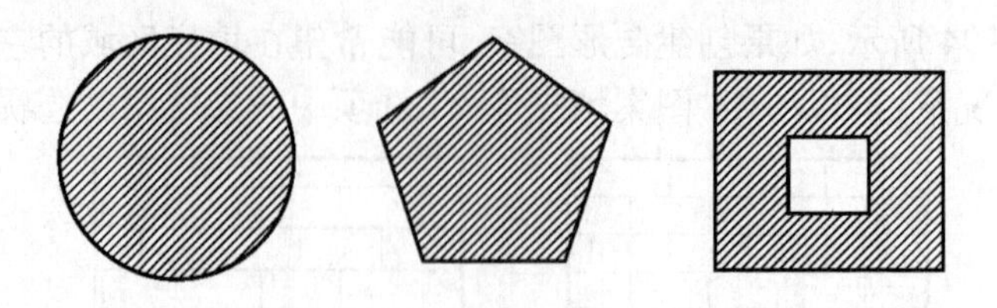

图 8－95　创建独立的图案填充

8.8.2　编辑图案填充

命令：Hatchedit

下拉菜单：修改→对象→图案填充

修改现有图案填充或填充的特性。“图案填充编辑”对话框显示了选定图案填充或填充对象的当前特性。只能修改在“图案填充编辑”对话框中可用的特性。

1. 对象编组

编组是保存的对象集，可以根据需要同时选择和编辑这些对象，也可以分别进行。编组提供了以组为单位操作图形元素的简单方法。

命令：Group

显示“对象编组”对话框，如图 8－96 所示。选择要编组的对象，然后选择“创建编组”。使用此方法可以在创建编组时指定其名称和说明。图形中的对象可能是多个编组的成员，同时这些编组本身也可能嵌套于其他编组中。可以对嵌套的编组进行解组，以恢复其原始编组配置。将图形作为外部参照使用或将它作为块插入时，命名编组将无效。但是，可以通过绑定然后分解外部参照或块，使编组可以用作未命名编组。

2. 系统变量 Pickstyle

当编辑填充图案时，系统变量 Pickstyle 起着很重要的作用，Pickstyle 有以下四种设置。

Pickstyle＝0：禁止组或关联图案选择。即当用户选择图案时，仅选择了图案自身，而不会选择与之关联的对象。

Pickstyle＝1（默认值）：允许组选择。即图案可以被加入到一对象组中。可以在“选择对象”提示下按名称选择编组。

Pickstyle＝2：允许关联的图案选择。

Pickstyle＝3：允许组和关联的图案选择。

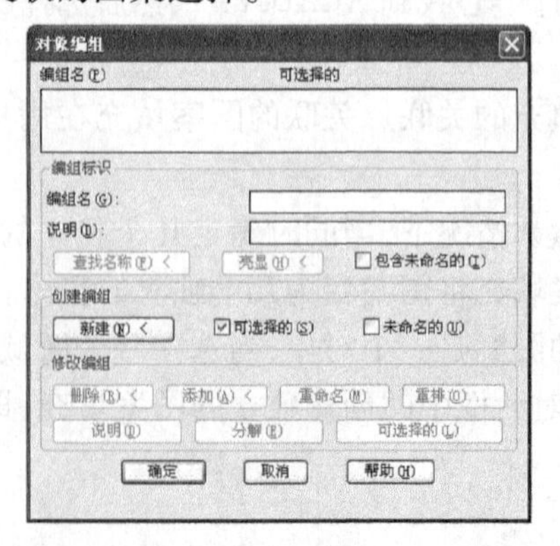

图 8－96　“对象编组”对话框

8.9　图块与属性

在图形的组织中，除图层外另一个相当有效的工具就是图块。图块是一组对象的集合，用户可以将常用到的图形等定义成图块，然后在需要的时候将图块插入到当前图形的指定位置上，并且可以根据需要调整大小比例及旋转角度。作为块定义源，单个图形文件容易创建和管理。符号集可作为单独的图形文件存储并编组到文件夹中。

8.9.1　图块的基本概念与特点

在不同的专业中，设计时常常会遇到一些重复出现的图，如机械专业的粗糙度、螺纹、键；建筑专业的窗户、门、标高符号；电气专业的二极管、三极管、电阻等。如果把这些经常出现的图作成块，存放到一个图形库中，当绘制图形时，就可以作为块插入到其他图形中。这样可以避免大量的重复工作，而且还可以提高绘图速度与质量。块可以是绘制在几个图层上的不同颜色、线型和线宽特性的对象的组合。尽管块总是在当前图层上，但块参照保存了有关包含在该块中对象的原图层、颜色和线型特性信息。可以控制块中对象是保留其原特性还是继承当前的图层、颜色、线型或线宽设置。

每个块定义都包括块名、一个或多个对象、用于插入块的基点坐标值和所有相关属性数据。可以把不同图层上颜色和线型各不相同的对象定义成块。AutoCAD 将层的信息保留在块中，插入块中的对象可以保留原特性，也可以继承所插入图层特性，或继承图形中当前特性设置。图块与图层有以下关系。

1. 图块与当前图层无关

块中的对象不从当前设置中继承颜色、线型和线宽特性。不管当前设置如何，块中对象的特性都不会改变。对于此选择，建议为块定义中每个对象分别设置颜色、线型和线宽特性，创建这些对象时不要使用随块或随层作为颜色、线型和线宽的设置。

2. 图块与当前图层有关

(1)块插入后，原来位于 0 层上对象的颜色、线型(即建立块时 0 层上绘制的图形)等特性将按当前层的颜色和线型绘出。块中的对象仅继承指定给当前图层的颜色、线型和线宽特性。对于此选择，在创建要包括在块定义中的对象之前，将当前图层设置为 0，将当前颜色、线型和线宽设置为随层。

(2)对于图块中其他层上的对象，若图块中有与图形图层同名的图层，则图块中该层将随当前层，而其他层上的对象仍在原来层上绘出，并给当前图形增加相应的层。在创建要包括在块定义中的对象之前，将当前颜色、线型和线宽设置为随层。

(3)如果插入块由多个位于不同图层上对象组成，那么冻结某一对象所在图层后，此图层上属于块上的对象就会变得不可见，而当冻结插入块时的当前层，不管块中各对象处于哪一图层，整个块均变得不可见。对象继承已明确设置当前颜色、线型和线宽特性，这些特性已设置成取代指定当前图层的颜色、线型和线宽。如果未进行明确设置，则继承指定给当前图层的颜色、线型和线宽特性。对此选择创建包括块定义中对象之前，将当前颜色或线型设置为“随块”。

8.9.2　定义内部块与外部块

如果定义的图块只能在当前图形上插入，不能插入于其他图形中的图块就叫作内部块。定义的图块可以插入到任何图形中称为外部块。

(一)内部块的定义

创建的内部块只能在当前图形中调用。

1. 命令调用

命令：Block，Bmake

下拉菜单：绘图→块→创建

绘图工具栏：

2. 操作步骤：

(1)首先将要定义的图块图形画好，如图 8－97 所示的粗糙度符号和标高符号。

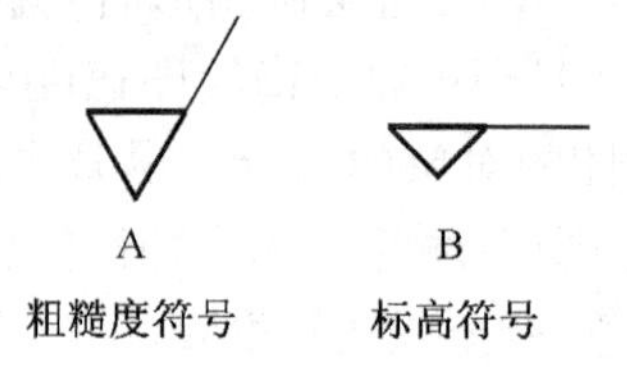

图 8－97　画符号

然后调用内部块命令弹出如图 8－98 所示的“块定义”对话框。

(2)创建块名称：粗糙度

(3)选择对象：选择画好的粗糙度的图形

(4)插入基点：基点的选择非常关键，如果基点选的不合适，那插入的图块与当前图形就很难精确定位，如粗糙度符号规定是 *A* 点指向零件表面，所以定义粗糙度图块的基点应选在 *A* 点。

(5)设置完后点击确定，粗糙度符号的图块即可创建。

同理创建标高符号的图块。

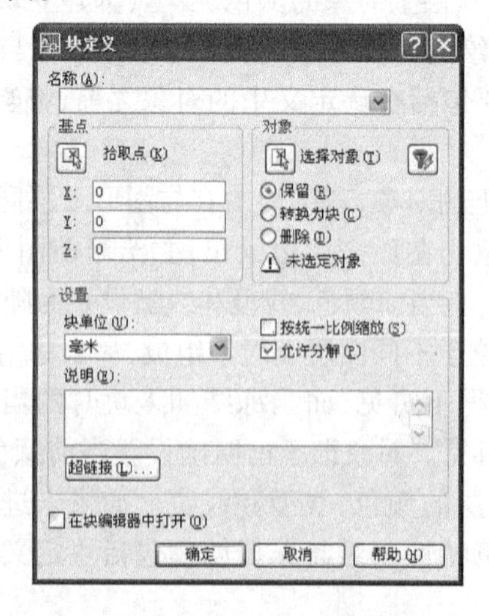

图 8－98　块定义对话框

(二)外部块的定义

外部块也叫写块,可以创建图形文件,作为块插入到其他图形中。作为块定义源,单个图形文件容易创建和管理。符号集可作为单独的图形文件存储并编组到文件夹中。

1. 命令调用

命令:Wblock

2. 操作步骤

(1)打开原有图形或创建新图形;

(2)在命令提示下,输入 Wblock,出现如图 8－99 所示的写块对话框;

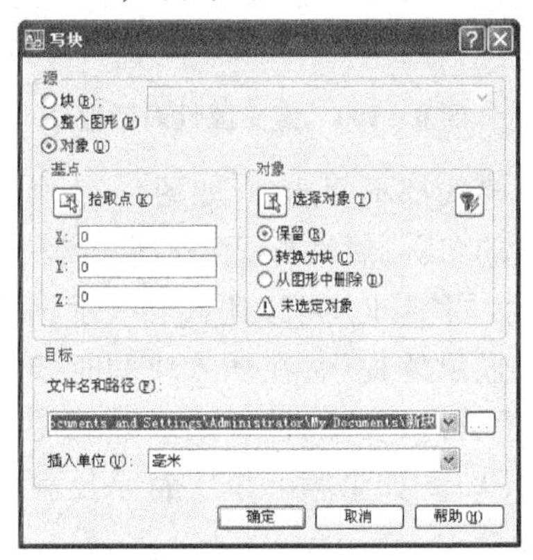

图 8－99　“写块”对话框

(3)在“写块”对话框中选择“对象”,要在图形中保留用于创建新图形的原对象,请确定未选中“从图形中删除”选项,如果选择了该选项,将从图形中删除原对象,如果必要,请使用 Oops 恢复它们;

(4)单击“选择对象”;

(5)使用定点设备选择要定义图块的图形,按 Enter 键完成对象选择;

(6)选择图块的基点,选择方式与要求和内部块一样;

(7)在“目标”下,输入新图形的文件名称和路径,或单击“…”按钮显示标准的文件选择对话框;

(8)单击“确定”按钮,图块即可确定。

8.9.3　属性的基本概念

属性是从属于块的文本信息,它是块的组成部分。图 8－97 所示的粗糙度和标高符号,由于加工的要求或建筑物高度的不同,相应的粗糙度值和标高数值也不一致,因此将随时可以变化的文本定义成属性,在插入时即可随时输入属性值。

1. 命令调用

命令:Attdef、Ddattdef

下拉菜单:绘图→块→定义属性

2. 操作步骤

(1)先画出要创建图块的图形,如图 8－97 所示的粗糙度与标高符号。特别注意在定义属性之前不能创建块。

(2)调用定义属性的命令,出现如图 8－100 所示的对话框。

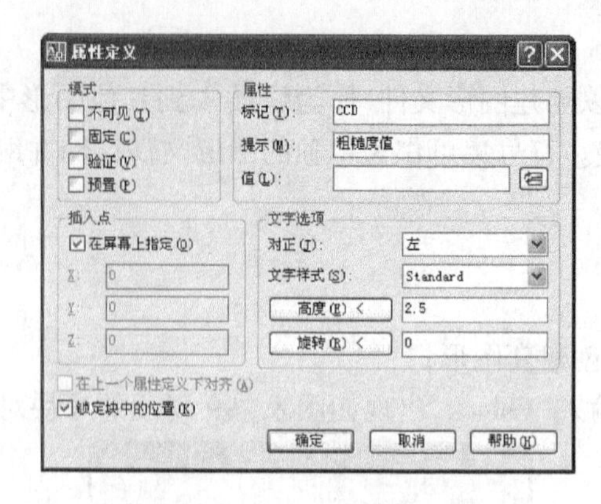

图 8-100　定义属性对话框

(3)在定义属性对话框中,模式都不要选中,如图 8-100 所示。

(4)属性标记:是标识属性的名称,属性标记可以包含除空格或惊叹号(!)之外的任何字符。小写字母会自动转换为大写字母。可以用代号表示,属性标记不能为空。

(5)属性提示:是插入块时显示的提示,在插入块的时候将根据提示输入有关的数据。当插入包含此属性定义块时,显示指定的属性提示。如果需要在提示中显示前导空格,请在字符串前面添加一个反斜杠(\)。如果第一个字符是反斜杠,则在字符串前面再添加一个反斜杠。

(6)属性值:一般是在插入的时候确定,所以定义属性时一般不定义值。指定默认属性值。如果默认值需要前导空格,请在字符串前面添加一个反斜杠(\)。如果第一个字符是反斜杠(\),则在字符串前面再添加一个反斜杠。

(7)文字选项是确定属性文本的对齐方式、高度和旋转角度。

(8)插入点是指属性文本在图块中的位置。

(9)定义完属性后点击确定,即可创建带属性的文字。

(10)定义完属性后,再创建图块,选择全部图形和带属性的文字,创建图块过程如前所述。

注:要创建带属性的图块,必须先定义完属性后才能创建图块。

8.10　属性的编辑

对于已经建立或者已经附着到图块中的属性,都可以进行修改,但是对于不同状态的属性,使用不同的命令进行编辑。

(一)编辑属性定义

功能:在定义块前,修改属性定义。

1. 命令调用

命令:Ddedit

下拉菜单:修改→对象→文字→编辑

"文字"工具栏:A

2. 操作步骤

调用命令后，出现图 8 – 101 所示的对话框。用户可通过图中所示的各个编辑框修改属性定义的标记、提示、默认值。

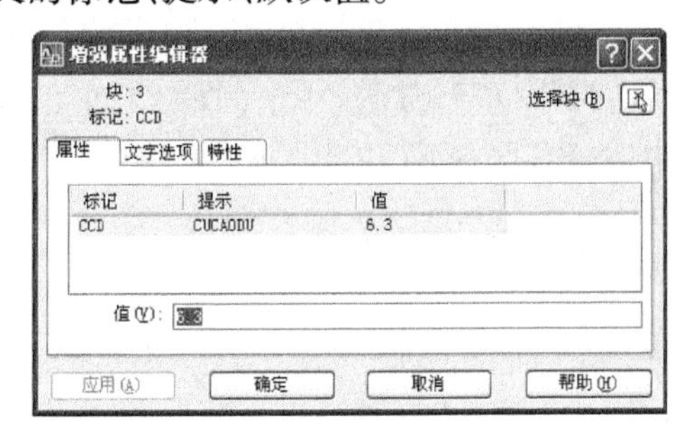

图 8 – 101　修改属性定义的对话框

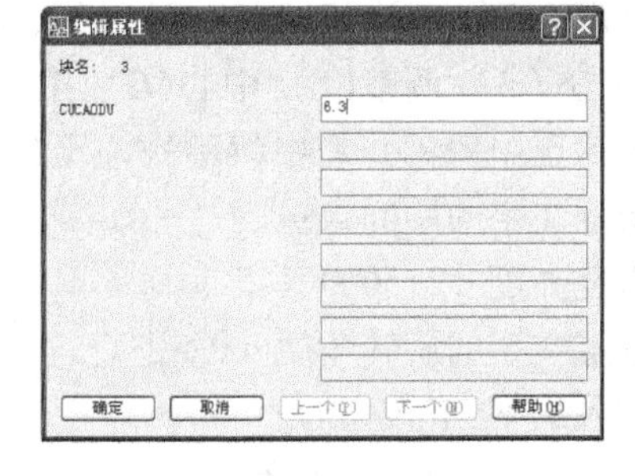

图 8 – 102　编辑属性值对话框

（二）编辑图块属性

这里所说的图块属性，是指已经与图块建立关联的属性，即已经创建图块的属性。

1. 修改属性值

编辑属性值，但不能修改属性的位置、字高、字形等。

命令：Ddatte、Attedit

调用命令后出现如图 8 – 102 所示的对话框。

2. 修改属性的位置、字高、字形等

可以编辑已经附着到块和插入图形的全部属性值及其他特性。

下拉菜单：修改→对象→属性→单个

下拉菜单：修改→对象→文字→编辑

修改Ⅱ工具栏：

调用命令后出现如图 8 – 101 所示的对话框。从增强属性对话框中可以修改属性的值，在文字选项中可以修改旋转角度及文字对齐方式。这时可选用文字选项，重新设定旋转角度，此特性主要是修改文字的颜色、线型等特性。

[例 8 – 17]　将如图 8 – 103 所示的标题栏定义成图块，其中制图姓名、审核姓名、制图日期、审核日期、图名、院校班级是随时变化的量，所以应定义成属性。其余文字按照一般文字书写即可。

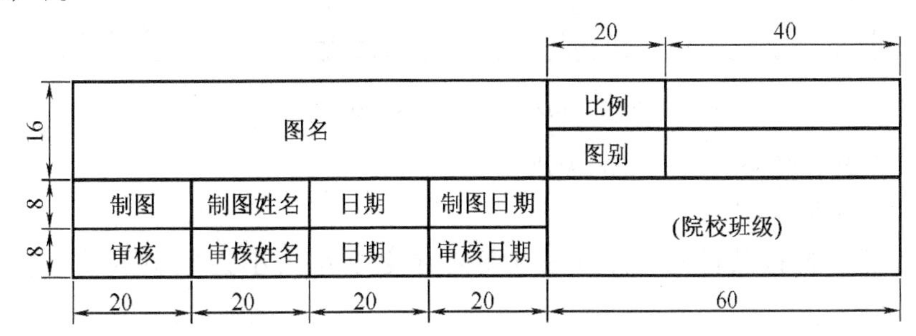

图 8 – 103　标题栏

作图步骤：

（1）首先设置图层、建立文字样式。

(2)按照尺寸要求画出标题栏(标题栏作图步骤省略)不标尺寸。

(3)标注不带属性的文字

命令:Text

指定文字的起点或[对正(J)/样式(S)]:

[对齐(A)/调整(F)/中心(C)/中间(M)/右(R)/左上(TL)/中上(TC)/右上(TR)/左中(ML)/正中(MC)/右中(MR)/左下(BL)/中下(BC)/右下(BR)]:m

指定文字的中间点:4

指定高度<2.5000>:5

指定文字的旋转角度<0>:

输入文字:审核

输入文字:回车结束命令

(4)复制其余的文字

将审核分别复制到其余的位置,复制基点选择左下角,插入基点分别是每个小矩形框内的左下角。

(5)标注带属性的文字

下拉菜单:绘图→块→定义属性

出现8-100所示的对话框,在属性标记和属性提示中分别输入制图姓名。文字高度选择5,对正方式选择中间。插入点也选在小矩形框的中间。然后选择复制命令将制图姓名复制到其余位置。

(6)修改文字

下拉菜单:修改→对象→文字→编辑

调用命令后出现在命令窗口提示:

Ddedit

选择注释对象或[放弃(U)]:选择要修改的文字。

选择修改带属性文字出现如图8-104所示的对话框,根据要求将文字分别修改成图8-103所示的内容。

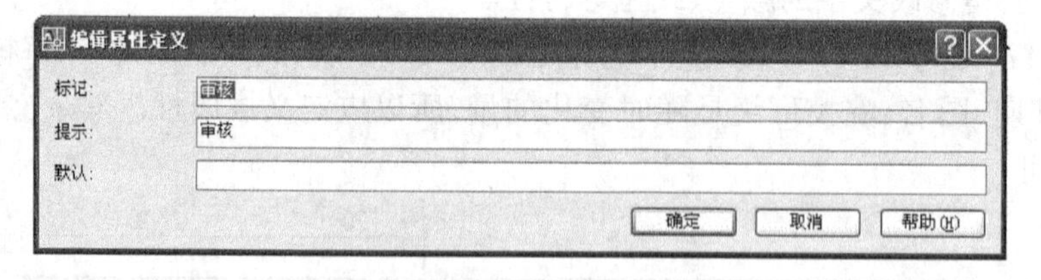

图8-104　修改带属性的文字

(7)修改图名和院校班级文字的大小

下拉菜单:修改→特性

调用命令后在修改特性对话框中分别修改图名文字大小为7,院校班级宽度比例为0.67。

(8)创建图块

调用创建图块的命令将带有属性的标题栏创建为内部块或外部块。在创建图块时要注意选择插入点是标题栏的右下角。

(9)插入图块

调用插入图块的命令,在插入时命令行会提示输入属性值。

8.11　在轴测投影模式下作图

进入轴测模式后如图 8 - 105 所示,用户仍然是利用基本的二维绘图命令来创建直线、椭圆等图形对角,但要注意这些图形对象轴测投影的特点,如水平直线的轴测投影将变为斜线,而圆的轴测投影变为椭圆。

在轴测投影模式下绘制轴测图,选择菜单命令:工具→绘图设置→草图设置,进入“捕捉和栅格”选项,如图 8 - 106 所示,并选中“等轴测捕捉”按钮,激活轴测投影模式。单击“确定”按钮,退出对话框,鼠标处于左轴测面内。按 F5 键切换至顶轴面或右轴测面,进行绘图。

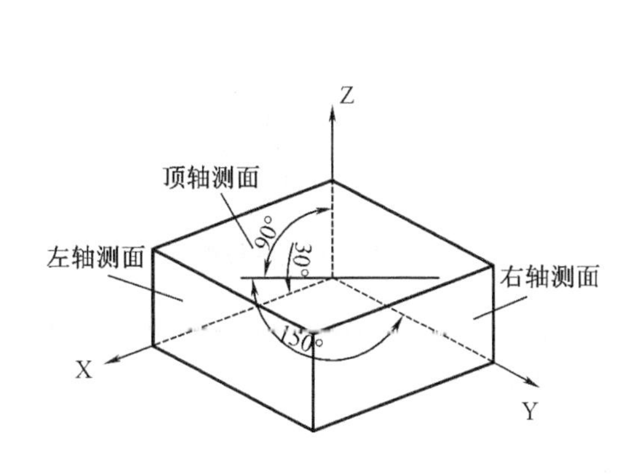

图 8 - 105　轴测投影模式

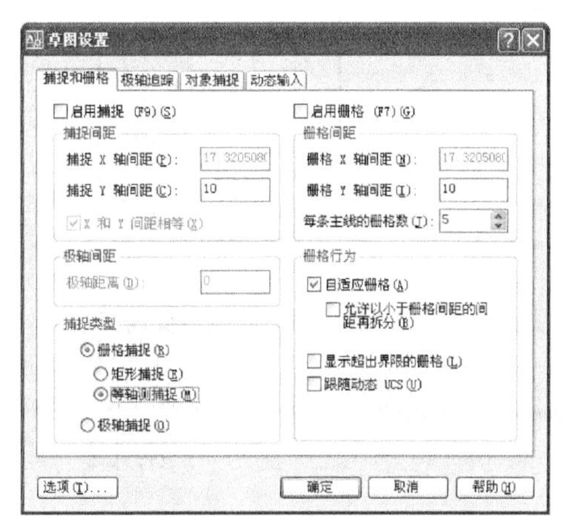

图 8 - 106　草图设置对话框

在轴测模式下画直线常采用 3 种方法。①通过输入点的极坐标来绘制线段。当所绘线段与不同的轴测轴平行时,输入的极坐标角度值将不同。②打开正交模式辅助画线。此时所绘线段将自动与当前轴测面内的某一轴测轴方向一致。③利用极轴追踪、自动追踪功能画线。打开极轴追踪、对象捕捉和自动追踪功能,并设定极轴追踪的角度增量为“30”,这样就能很方便地画出 30°、90°和 150°方向的线段。

[**例** 8 - 18]　绘制如图 8 - 107 所示的图形,并试绘制图 8 - 108 轴测图投影。

作图步骤如下:

(1)激活轴测投影模式。

(2)输入点的极坐标画线。

命令: < 等轴测平面　右 >

命令:line 指定第一点:

指定下一点或[放弃(U)]:@100 <30

指定下一点或[放弃(U)]:@150 <90

指定下一点或[闭合(C)/放弃(U)]:@40 < -150

指定下一点或[闭合(C)/放弃(U)]:@95 < -90

指定下一点或[闭合(C)/放弃(U)]:@60 < -150
指定下一点或[闭合(C)/放弃(U)]:C
命令:<等轴测平面　左>
命令:<正交 开>
命令:line 指定第一点:int 于
指定下一点或[放弃(U)]:100
指定下一点或[放弃(U)]:150
指定下一点或[闭合(C)/放弃(U)]:40
指定下一点或[闭合(C)/放弃(U)]:95
指定下一点或[闭合(C)/放弃(U)]:end

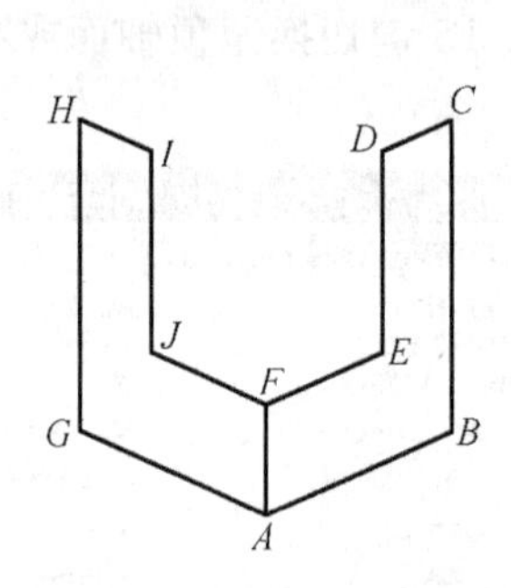

图 8-107　轴测面内画线

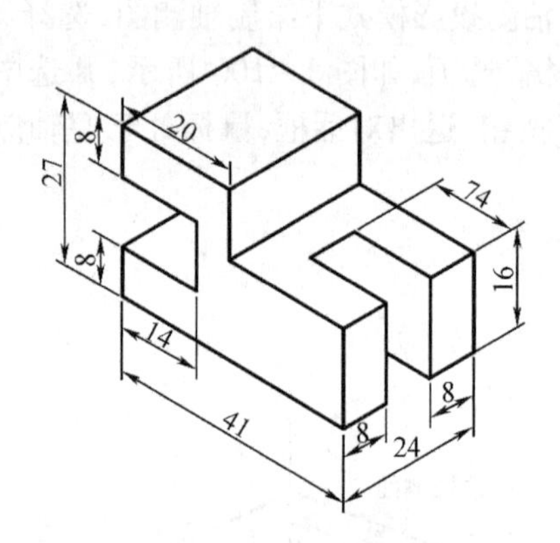

图 8-108　轴测图投影

8.12　三维实体造型

利用 AutoCAD 可以绘出三维线、三维平面及用三维多边形网格表示的曲面,而且不需要 AME 模块就可以直接实现实体造型,并允许用户对其进行相应的布尔运算。本小节只是简单地介绍有关三维绘图的基本概念。

8.12.1　利用基本命令创建实体

AutoCAD 提供了一些基本形体的创建,它们是多段体、长方体、楔体、圆锥体、球体、圆柱体、棱锥面、圆环体。

1. 命令调用

下拉菜单:绘图→实体

实体工具栏:

2. 操作格式:

调用命令后,会在命令行中出现提示,用户可根据提示按照要求进行实体造型,这里就不再详细介绍了。

8.12.2　利用拉伸创建实体

将某些二维对象拉伸,建立新的三维实体。在拉伸过程中,用户不但可以指定拉伸的高度,而且还可以使实体的截面沿着拉伸方向变化,另外,还允许一些二维图形按使用者指定的路径拉伸。要注意拉伸的二维图形必须是一个封闭的对象。

命令调用

下拉菜单:绘图→实体→拉伸

实体工具栏:

[**例** 8-19] 绘制如图 8-109 所示的图形。

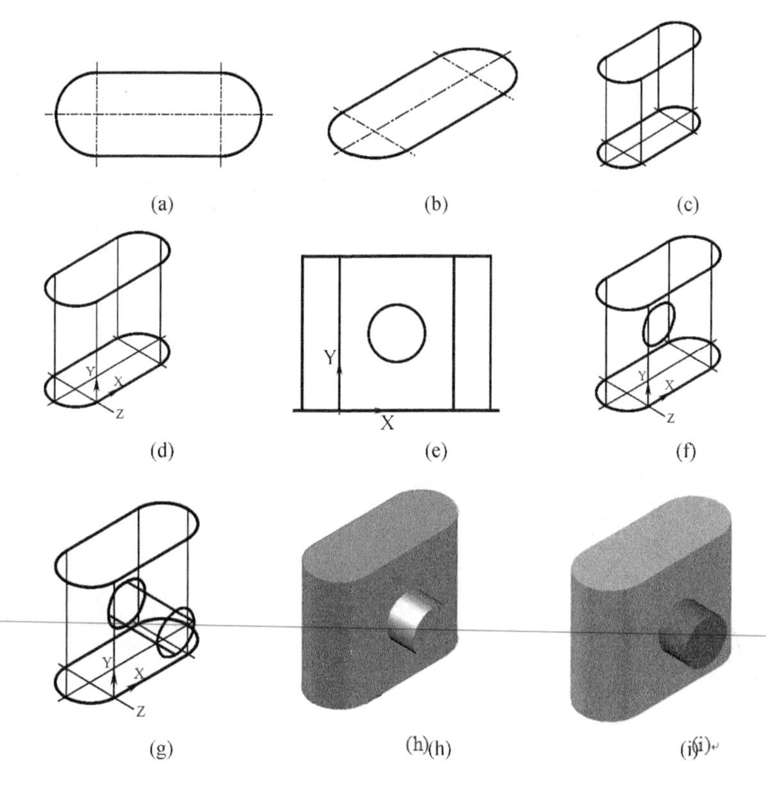

图 8-109 拉伸操作步骤

作图步骤如下:

(1)在平面上绘制二维图形,画完后一定要建面域。将二维图形转换为一个对象,如图 8-109(a)所示。

(2)调整三维视点为西南等轴测,如图 8-109(b)所示。

(3)调用拉伸命令拉伸,如图 8-109(c)所示。

(4)调用 UCS 命令,调整用户坐标系。选择新建——3 点方式,如图 8-109(d)所示。

(5)调用 PLAN 命令,将当前用户坐标系变为当前平面状态,画圆,如图 8-109(e)所示。

(6)调整三维视点为西南等轴测,如图 8-109(f)所示。

(7)拉伸圆,如图 8-109(g)所示。

(8)消隐图形,如图 8-109(h)所示。

(9)渲染图形,如图 8-109(i)所示。

[**例** 8-20] 将如图 8-110 所示的圆沿给定的路径拉伸。

分析:圆和路径不在一个平面上,所以先画出圆,然后利用 UCS 调整用户坐标系,再选择拉伸命令拉伸。

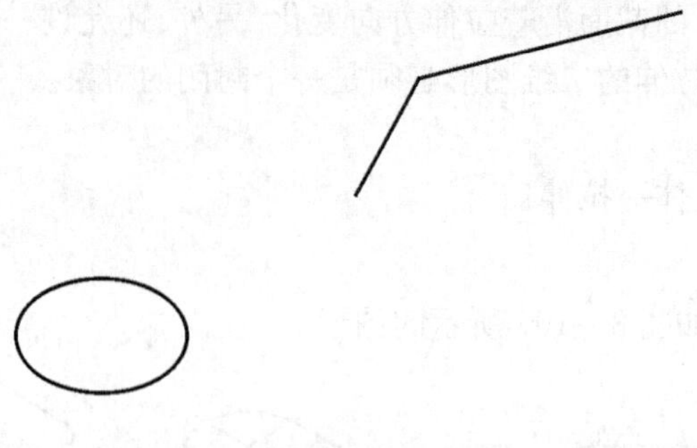

图 8－110　例 8－20 图

作图步骤如下：

(1)选择视点为西南轴测方向，画圆，如图 8－111(a)所示。

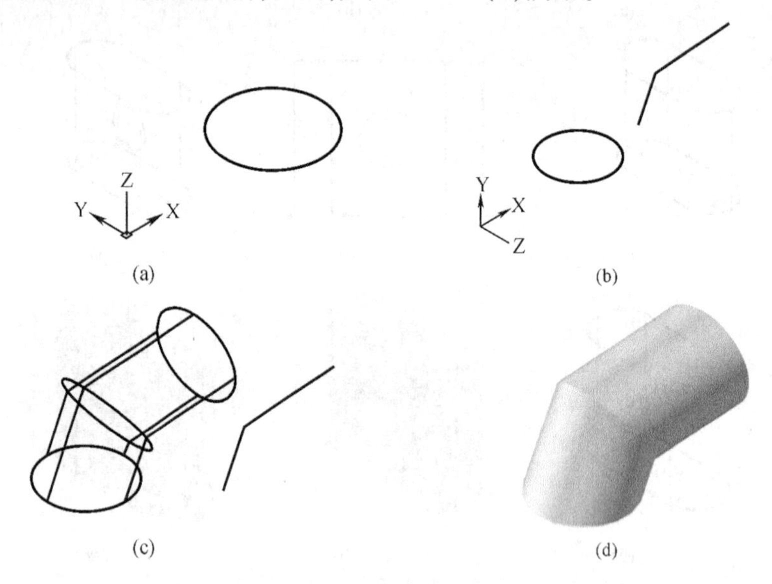

图 8－111　沿路径拉伸步骤

(2)调用 UCS 命令，绕 X 轴旋转 90°。画出路径。路径必须用多段线画出。若用直线画也必须转换成多段线，如图 8－111(b)所示。

(3)选择拉伸命令出现提示：如图 8－111(c)所示。

选择对象：选择圆

指定拉伸高度或[路径(P)]：P

选择拉伸路径或[倾斜角]：选择拉伸路径

(4)渲染图形，如图 8－111(d)所示。

8.12.3　利用旋转创建实体

将某些二维对象绕指定的轴线旋转，从而建立新的三维实体。执行旋转功能时，用于旋转的二维实体。旋转的实体必须是一个封闭的对象。

命令调用

下拉菜单：绘图→实体→旋转

实体工具栏：

[例 8 - 21] 将如图 8 - 112 所示的截面绕轴旋转。

作图步骤如下:

(1)在西南轴测方向上同时画出要旋转的截面和旋转轴,如图 8 - 112(a)所示。

(2)调用旋转命令,旋转截面,如图 8 - 112(b)所示。

(3)消隐,如图 8 - 112(c)所示。

(4)渲染,如图 8 - 112(d)所示。

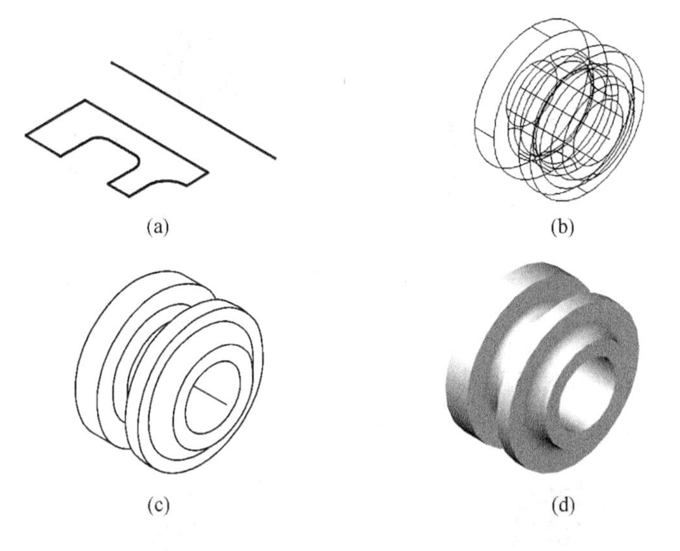

图 8 - 112 旋转操作步骤

8.12.4 对三维实体进行布尔运算

与面域一样,对三维实体也可以进行并(Union)、差(Subtract)、交(Intersection)的布尔运算。

[例 8 - 22] 分别对如图 8 - 113 所示图形进行并、差、交的布尔运算。

图 8 - 113 布尔运算步骤

作图步骤如下:

(1)选择西南轴方向画出球体直径为 120,如图 8 - 114(a)所示。

(2)将视图选作主视图,画圆直径为 30,注意捕捉到球心,如图 8 - 114(b)所示。

(3)调用拉伸命令,拉伸圆柱体,拉伸高度为 400,如图 8 - 114(c)所示。

(4)将视图选作俯视图,进行位置调整,如图 8 - 114(d)所示。

(5)渲染,如图 8 - 113 所示。

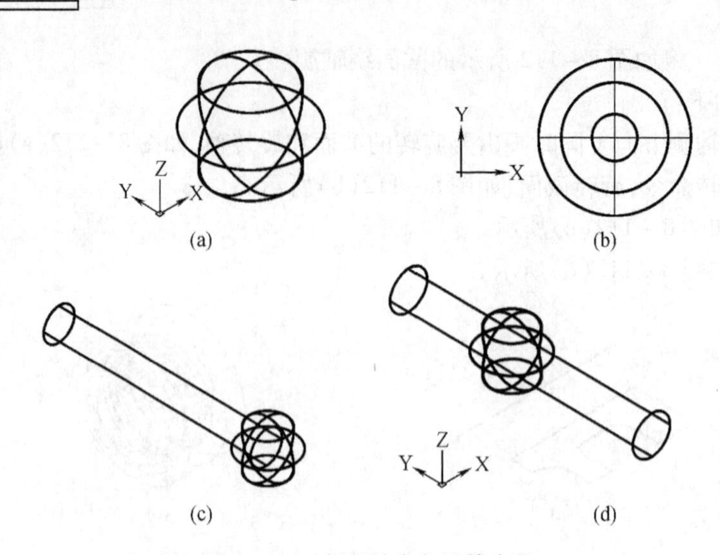

图 8－114　图形的布尔运算步骤

1. 并集

在图 8－114(d)的基础上进行并集运算。调用并集命令,全部选择物体,运算结果将球体和圆柱体合成一个组合体,如图 8－115 所示。

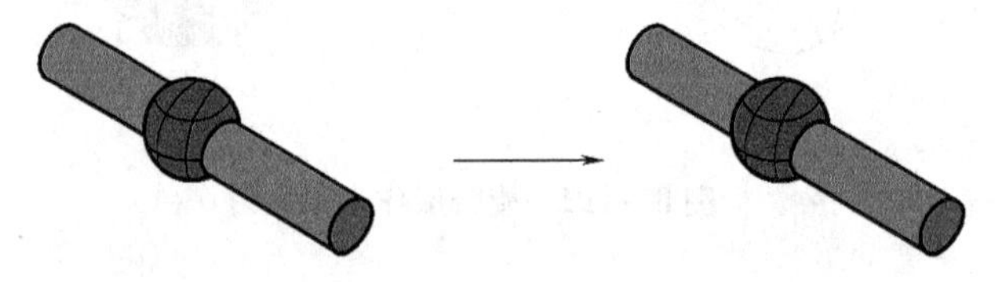

图 8－115　并集运算

2. 差集

在图 8－114(d)的基础上进行差集运算。调用差集命令,先选择被减速的对象(球体),再选择要减的对象(圆柱体),运算结果如图 8－116 所示。

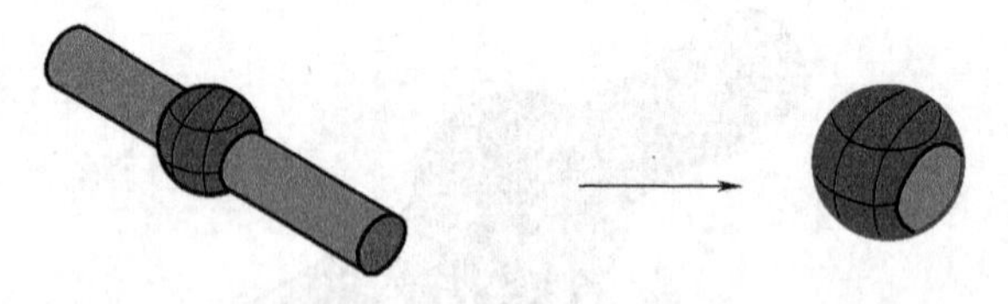

图 8－116　差集运算

3. 交集

在图 8－114(d)的基础上进行交集运算。调用交集命令全部选择物体,结果如图 8－117所示。

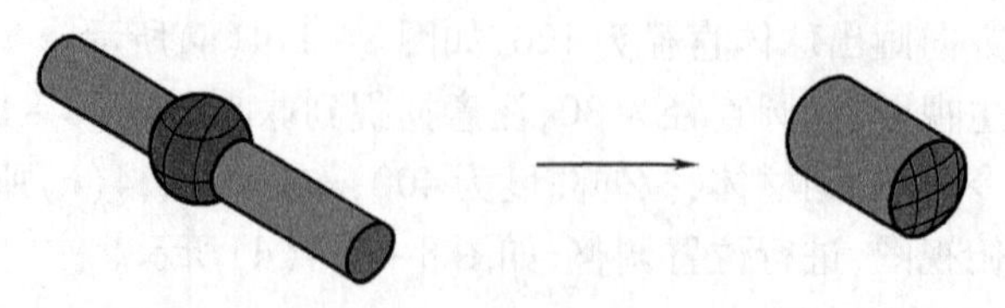

图 8－117　交集运算

8.12.5　剖切实体

命令调用

下拉菜单:绘图→实体→剖切

实体工具栏:

[**例** 8 - 23]　画出如图 8 - 118 所示的三维图形,然后进行剖切。

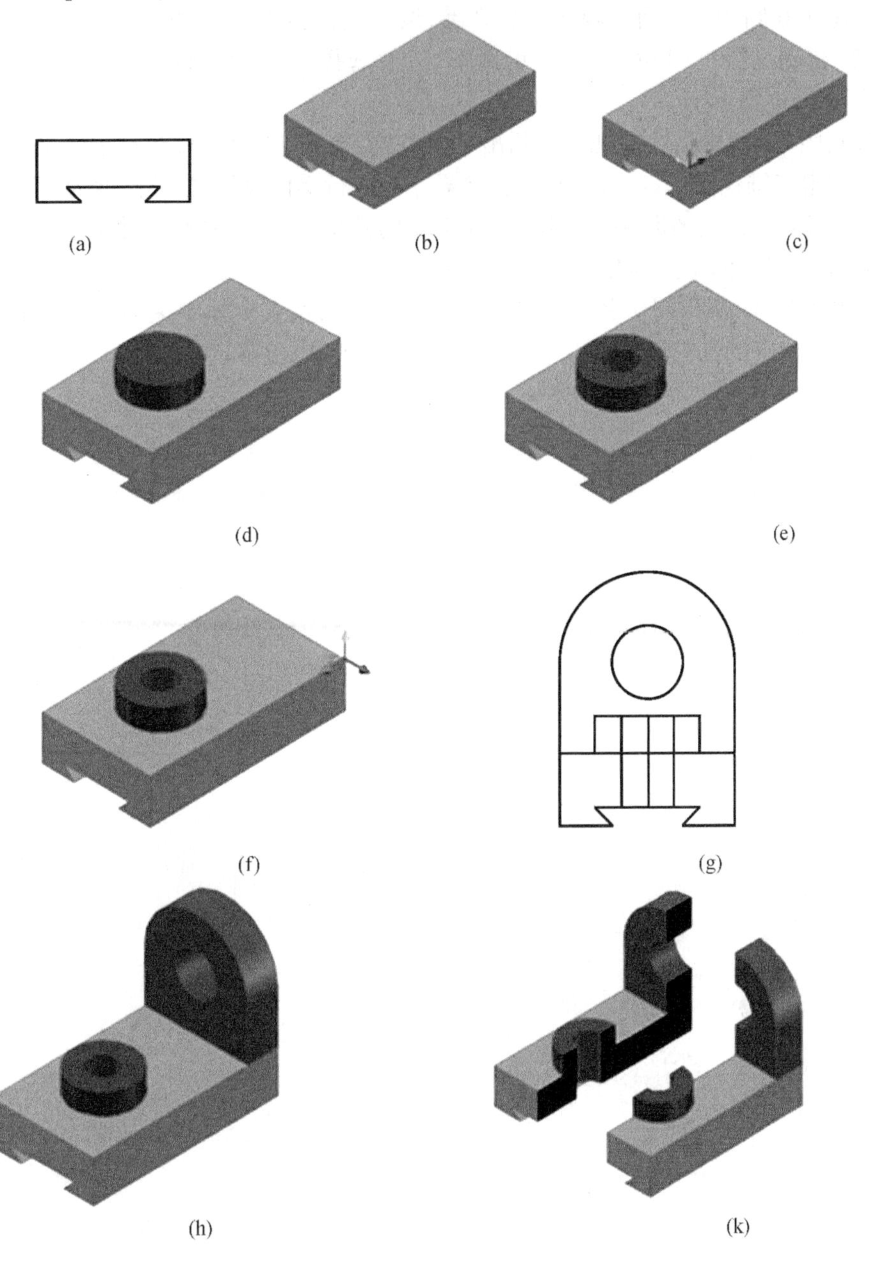

(a)　(b)　(c)

(d)　(e)

(f)　(g)

(h)　(k)

图 8 - 118　剖切实体操作步骤

作图步骤:

(1)设置图形界限为 A3,设置图层中心线、虚线,(也可以直接调用 A3 的样板图)。

(2)首先选择三维视图的视点为左视方向。画出如图 8 - 118(a)所示的图形。

(3)将如图 8 - 118(a)所示的图形建立面域,然后调整三维视图视点为西南方向,选择实体拉伸,拉伸高度为 90°,如图 8 - 118(b)所示。

(4)调用 UCS 命令,将坐标系原点调整到如图 8 - 118(c)所示的位置。

(5)选择三维视图的视点为俯视方向,画出 ϕ30 的圆,选择实体拉伸 ϕ30 的圆,拉伸高度为 10,如图 8 - 118(d)所示。

(6)在 φ30 圆的上表面上画 φ14 的小圆,然后选择实体拉伸,拉伸高度为 - 30,且选择差集运算,得到如图 8 - 118(e)所示的图形,然后选择 UCS 命令将坐标系调整到如图 8 - 118(f)所示的位置。

(7)调用 Plan 命令,在左视图上画出 ϕ20 的圆,得到如图 8 - 118(g)所示的图形。

(8)调整三维视图视点为西南方向,选择立板进行实体拉伸,拉伸高度为 15。选择并集运算,将立板和底板的图形并在一起,再将 ϕ20 的圆进行拉伸,拉伸高度为 15,然后选择差集运算挖出立板上的小孔,如图 8 - 118(h)所示。

(9)剖切实体,调用剖切命令,全部选择对象,然后选取实体中央为剖切平面确定三点即可,点击要留下的部分,即可完成剖切,如图 8 - 118(k)所示。

参考文献

[1]朱辉,曹桄,唐保宁,等.画法几何及工程制图[M].上海:上海科学技术出版社,2003,9.
[2]杨惠英,王玉坤.机械制图[M].北京:清华大学出版社,2011,12.
[3]刘永田,金乐.机械制图基础[M].北京:北京航空航天大学出版社,2009,6.
[4]张樱枝.AutoCAD2010 中文版基础入门与范例精通[M].北京:科学出版社,2010,10.